巧用 ChatGPT

高效搞定Excel数据分析

凤凰高新教育◎编著

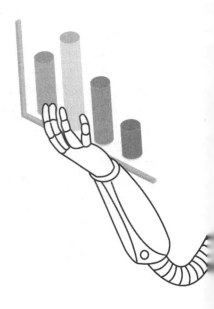

北京大学出版社
PEKING UNIVERSITY PRESS

内 容 简 介

本书以Excel 2021办公软件为操作平台，创新地借助当下最热门的AI工具——ChatGPT，来学习Excel数据处理与数据分析的相关方法、技巧及实战应用，同时也向读者分享在ChatGPT的帮助下进行数据分析的思路和经验。

全书共10章，分别介绍了在ChatGPT的帮助下，使用Excel在数据分析中的应用、建立数据库、数据清洗与加工、计算数据、简单分析数据、图表分析、数据透视表分析、数据工具分析、数据结果展示，最后通过行业案例，将之前学习的数据分析知识融会贯通，应用于实际工作中，帮助读者迅速掌握多项数据分析的实战技能。

本书内容循序渐进，章节内容安排合理，案例丰富翔实，适合零基础想快速掌握数据分析技能的读者学习，可以作为期望提高数据分析操作技能水平、积累和丰富实操经验的商务人员的案头参考书，也可以作为各大、中专职业院校，以及计算机培训班的相关专业的教学参考用书。

图书在版编目(CIP)数据

巧用ChatGPT高效搞定Excel数据分析 / 凤凰高新教育编著. — 北京：北京大学出版社，2023.11
ISBN 978-7-301-34414-9

Ⅰ.①巧… Ⅱ.①凤… Ⅲ.①人工智能 – 应用 – 表处理软件 Ⅳ.①TP391.13

中国国家版本馆CIP数据核字（2023）第174747号

书　　　名	巧用ChatGPT高效搞定Excel数据分析
	QIAOYONG ChatGPT GAOXIAO GAODING Excel SHUJU FENXI
著作责任者	凤凰高新教育　编著
责任编辑	王继伟
标准书号	ISBN 978-7-301-34414-9
出版发行	北京大学出版社
地　　　址	北京市海淀区成府路205号　100871
网　　　址	http://www.pup.cn　　　新浪微博：@北京大学出版社
电子邮箱	编辑部 pup7@pup.cn　总编室 zpup@pup.cn
电　　　话	邮购部 010-62752015　发行部 010-62750672　编辑部 010-62570390
印　刷　者	河北滦县鑫华书刊印刷厂
经　销　者	新华书店
	787毫米×1092毫米　16开本　20.5印张　494千字
	2023年11月第1版　2023年11月第1次印刷
印　　　数	1–3000册
定　　　价	79.00元

为什么编写并出版这本书

数据分析在当今的信息化时代扮演着至关重要的角色。随着技术的不断发展和数据的爆炸式增长，各个行业都面临着大量的数据积累和管理挑战。在这个背景下，数据分析成了理解、解释和利用数据的关键手段。

Excel作为一款功能强大的电子表格软件，广泛应用于数据处理、分析和可视化等领域。然而，在处理大量数据或复杂任务时，我们可能会面临烦琐的操作和其他困难。这时，我们可以使用ChatGPT来高效搞定Excel数据处理。

在ChatGPT的帮助下，可以快速地进行数据清洗、排序和筛选、图表制作等数据分析操作，把枯燥的数据进行可视化处理，最终制作成数据报表，将分析结果清晰地展现在众人面前。

ChatGPT是一项新的科技，学习如何利用ChatGPT在Excel数据处理中的优势，更高效地处理和分析数据，提升工作效率和质量，是当务之急。

为此，我们编写了这本《巧用ChatGPT高效搞定Excel数据分析》图书。本书系统全面地介绍了如何借助ChatGPT工具，高效地完成Excel中的各种数据处理任务，以便在工作中轻松应对海量数据，找到数据的规律，为工作和决策提供更有力的支持。

本书的特色有哪些

本书具有以下特色。

（1）ChatGPT指导，学习简单。本书通过在ChatGPT中提问，引入章节内容，通过ChatGPT的回答，了解和学习数据分析的相关知识，并在ChatGPT的指导下完成案例操作，让ChatGPT成为我们的老师，随时解决疑难问题。

（2）案例翔实，实用性强。本书精心选择了数据分析的相关内容，其中的案例涵盖了各行各业的数据处理需求，通过具体案例的讲解，引导读者学习数据处理的方法和技巧。这样的学习方式能够增加代入感，帮助读者更好地理解和应用所学知识。

（3）实用功能，学以致用。在数据处理中，并非所有的功能和技巧都适用于实际工作中的情况。而本书注重选取实用的功能和技巧，确保读者学到的知识能够直接应用于工作中，提高工作效率和质量。

（4）图文并茂，易学易会。本书内容丰富详尽，讲解了什么是数据分析、数据的获取、数据的整理、公式计算、函数应用、排序和筛选、统计图表、数据透视表、预算与规划等相关方面的实战应用方法。同时，在每个操作步骤后面配备同步操作图示，通过图文讲解，让读者能够更轻松、更快速地掌握知识内容和实际操作技能。

（5）实战技巧，高手支招。本书在相关章节末尾设置了"ChatGPT答疑解惑"专栏，安排了24个操作技巧，紧密围绕章节主题进行查缺补漏，补充介绍正文示例中未涉及的知识点、实用操作技巧等，帮助读者巩固学习成果，进一步提高实操技能，从而做到真正的"高效办公"。

（6）配套资源，轻松学习。①提供与书中知识讲解同步的学习文件（包括素材文件与结果文件）；②提供与书中内容同步的多媒体教学视频；③提供制作精美的PPT课件。

除了书，您还能得到什么

除了本书，读者还将获得以下超值的免费学习资源。

（1）《ChatGPT的调用方法与操作说明手册》电子书。

（2）《国内AI语言大模型简介与操作手册》电子书。

（3）"Excel完全自学教程"教学视频。

（4）"10招精通超级时间整理术"教学视频。

（5）"5分钟教你学会番茄工作法"教学视频。

如果你是一个新手，不用担心学不会，可以先学习"Excel完全自学教程"教学视频，然后再学习本书内容就能轻松上手。

如果你想学会时间管理，提高职场工作效率，可以学习"10招精通超级时间整理术"和"5分钟教你学会番茄工作法"教学视频。

温馨提示：以上资源，请用微信扫描右侧二维码关注公众号，输入图书77页的资源下载码，获取下载地址及密码。

资源下载　　　　官方微信公众号

创作者说

本书由"凤凰高新教育"策划并组织老师编写，他们具有丰富的Excel数据分析应用实战经验，对于他们的辛苦付出，在此表示衷心的感谢！

在本书的编写过程中，我们竭尽所能地为您呈现最好、最全的实用功能，但仍难免有疏漏和不妥之处，敬请广大读者不吝指正。

第1章 用ChatGPT学习Excel数据分析

第2章 建立数据分析资料库

第 6 章 数据的可视化分析应用

第 7 章 使用数据透视表与 透视图分析数据

用 ChatGPT 学习 Excel 数据分析

本章导读

Excel是一款功能强大的电子表格软件，也是数据分析师必备的工具之一。而ChatGPT是一款由OpenAI开发的强大语言模型，拥有广泛的知识和能力。那么，在进行数据分析时，带着ChatGPT一起学习会起到什么作用呢？让我们一起来看一看。

知识要点

- 了解ChatGPT的原理、用法和应用场景。
- 了解如何用ChatGPT辅助学习Excel数据分析。

1.1 了解ChatGPT

相信很多读者都听说了最近大火的ChatGPT，那么ChatGPT是什么？又有什么作用呢？由于ChatGPT是一款能够聊天的AI产品，不如让它自己来为读者答疑解惑。

1.1.1 ChatGPT是什么

如果问ChatGPT是什么，很多人脑海里浮现的就是：OpenAI公司于2022年11月推出的一个基于大型语言模型的人工智能聊天机器人应用服务。那么，如果让智能的ChatGPT做个自我介绍，会不会让我们更了解它？

> ⌨ 提问：什么是ChatGPT？

ChatGPT:

　　ChatGPT是一个基于深度学习技术的自然语言处理模型，它的核心部分是GPT模型。GPT模型是一个预训练的语言模型，能够自动生成符合语法和语义规则的自然语言文本。ChatGPT是基于GPT模型的一种应用，专门用于对话场景中的智能对话。

　　ChatGPT的工作原理是：首先将用户输入的自然语言文本经过处理，转化为计算机可以理解的向量表示；然后将向量输入ChatGPT模型中，模型会自动产生符合语法和语义规则的自然语言响应；最后将响应返回给用户，完成一轮对话。

　　ChatGPT的优点是：可以适应多种对话场景，能够进行智能的问答、闲聊、客服等对话任务；可以处理复杂的自然语言输入，理解上下文和语义；可以自动学习和优化对话效果，随着使用经验的增加，对话质量会越来越好。

　　ChatGPT在智能对话领域中有广泛的应用，可以应用于智能客服、智能助手、智能问答、智能教育等领域。它可以提供快速、准确、自然的响应，帮助用户解决问题，提高用户体验。

　　从以上回答中，我们对ChatGPT有了一个更详细的了解，也认识到ChatGPT是一个十分强大的语言模型，它的功能和特点可以为自然语言处理领域的研究和应用带来新的突破。同时，读者也对AI技术的发展和应用有了更深入的理解。

1.1.2　ChatGPT的工作原理

　　因为ChatGPT是一种可以自己生成文本的"聪明程序"，能够学习和模仿人类写作的方式，再加上它庞大的知识资料库，当我们提出问题时，它可以理解和预测语言中的联系和逻辑，直接提供问题的答案。

　　听起来很神奇的操作，它到底是怎么做到的呢？

　　提问： 详细解释ChatGPT的工作原理。

ChatGPT:

　　ChatGPT是一种基于预训练语言模型的智能对话模型，其核心原理是利用GPT模型的生成能力，实现人机之间的自然语言对话。下面将详细解释ChatGPT的原理。

　　1. GPT模型的预训练：ChatGPT的核心是GPT模型，其预训练的过程已在前面介绍过。GPT模型是一种基于Transformer架构的预训练语言模型，可以自动学习大规模文本数据的语言模式和规律，并生成符合语法和语义规则的自然语言文本。GPT模型在预训练阶段主要通过以下两个任务进行学习。

　　（1）语言建模任务：输入一个文本序列，预测下一个单词。

　　（2）掩码语言建模任务：随机掩盖输入文本中的某些单词，预测掩盖的单词。

　　通过这两个任务的学习，GPT模型可以学习到词语之间的语义和语法关系，并生成符合语言规则的文本序列。

　　2. 对话生成：ChatGPT的主要目标是生成符合对话场景要求的自然语言文本。在对话生成过程中，ChatGPT将会先接收用户输入的文本，并将其转化为一种内部表示形式，也就是上下文表示。

ChatGPT 模型将使用这个上下文表示作为输入，生成回应的自然语言文本。具体来说，ChatGPT 模型在生成过程中会采用自回归的方式，即每次生成一个单词时，都将前面已经生成的部分序列作为输入。这个过程会持续进行，直到模型生成符合对话场景要求的文本序列。

3. 上下文处理：在对话生成过程中，ChatGPT 还需要对输入的上下文进行处理，以便更好地理解用户的意图和生成符合对话场景要求的回应。具体来说，ChatGPT 将会把输入的上下文拆分成若干个句子，每个句子都会被转化成一个向量表示，并被输入 GPT 模型中进行处理。在生成回应时，ChatGPT 还会使用上下文的历史信息，以便更好地理解用户的意图和上下文语境，生成更加准确和符合对话场景要求的回应。

4. 微调：ChatGPT 模型的预训练过程可以学习到大量的语言模式和规律，但是对于具体的对话场景来说，模型需要进一步微调，以适应特定的任务需求和语境。在微调阶段，ChatGPT 模型将会使用少量的标注。

从以上回答中，可以得知 ChatGPT 的强大之处，随着数据库的更新和 AI 的不断发展进步，在未来，ChatGPT 将会在更多领域中产生更多的应用和创新，为人类带来更便捷的沟通和信息交流方式。

1.1.3　如何使用 ChatGPT

下面我们就来了解如何使用 ChatGPT，具体操作步骤如下。

第1步　打开浏览器，访问 ChatGPT 的官方网站（https://chat.openai.com/），如图 1-1 所示，单击【Sign up】按钮。

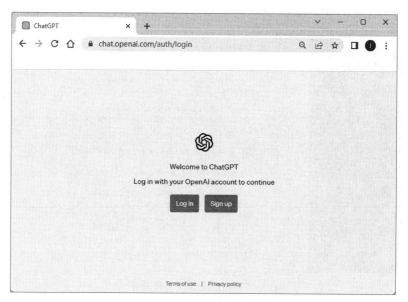

图 1-1　ChatGPT 登录页面

第2步　按照提示进行注册，注册完成后单击【Log in】按钮登录 ChatGPT 系统。登录后的页面如图 1-2 所示。

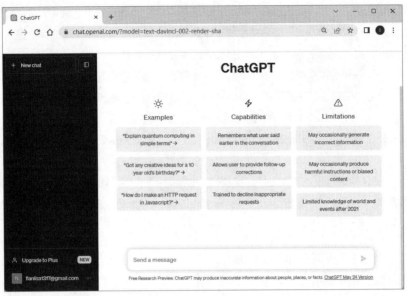

图 1-2　ChatGPT 用户界面

第3步 ▶ 页面的下方有一个文本框，我们只要在其中输入想要提问的内容，然后单击右侧的小飞机按钮，就可以同 ChatGPT 进行交互了。直接用中文提问，会得到中文的回答，效果如图 1-3 所示。如果 ChatGPT 未能正确响应，或者用户对结果不满意，可以单击文本框上方的【Regenerate response】按钮重新生成一次答案。

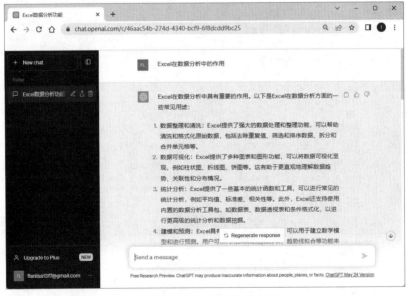

图 1-3　与 ChatGPT 进行交互

第4步 ▶ 相较过去的一些智能问答系统，ChatGPT 有一个明显的改进就是可以保留之前对话中的内容，并从中提取信息。例如，在前面的例子中，我们提到了"Excel"，那么之后的问答中，ChatGPT 会理解我们说的分析工具就是指"Excel"，效果如图 1-4 所示。

图 1-4　与 ChatGPT 进行连续交互

第5步▶ 同 ChatGPT 的每一组对话，会在页面的左侧列出，可以单击列表切换对话，效果如图 1-5 所示。

图 1-5　切换 ChatGPT 对话

1.1.4　ChatGPT的应用场景

通过上一小节的体验，我们已经可以初步感受到 ChatGPT 的强大和方便。那么，就让我们再来问问它，它还能给我们提供哪些帮助。

> ⏎ **提问：** 请讲一讲 ChatGPT 有哪些应用场景。

> ⑤ **ChatGPT：**
>
> ChatGPT 是一种自然语言处理技术，它的应用场景非常广泛。下面是一些 ChatGPT 常见的应用场景。
>
> 1. 对话生成：ChatGPT 可以用于智能客服、虚拟聊天伴侣等场景，根据用户的提问或回答自动生成相应的内容，提供人机交互的服务。
>
> 2. 文本生成：ChatGPT 可以自动生成文章、故事、诗歌等文本内容，可以用于自动写作、文学创作等领域，让人工智能也可以创造出具有一定质量的文本作品。
>
> 3. 机器翻译：ChatGPT 可以将一种语言翻译成另一种语言，可以应用于跨语言通信、文本翻译等领域。
>
> 4. 文本摘要：ChatGPT 可以自动提取文章中的关键信息，生成文章摘要，方便人们快速了解文章主题和内容。
>
> 5. 情感分析：ChatGPT 可以根据文本的语言和语气，分析出文本中的情感倾向，可以应用于市场调研、舆情监测等领域。
>
> 6. 智能问答：ChatGPT 可以应用于智能音箱、智能客服等场景，根据用户提出的问题自动生成回答内容，帮助人们解决问题。
>
> 总之，ChatGPT 可以应用于各种自然语言处理场景，为人们提供更加高效、便捷的服务。未来，随着技术的不断发展，ChatGPT 还将在更多领域中得到应用和创新。

从以上回答中，可以看出 ChatGPT 的应用场景非常广泛，而随着人工智能技术的不断发展和应用，还将应用于更多场景。

1.2 ChatGPT在Excel数据分析中有哪些用途

在接触 ChatGPT 之前，很多人都认为这是一个用于处理语言文字的工具，于数据分析并没有太多的帮助。而实际上，好的工具可以应用于多个方面，ChatGPT 不仅可以为数据分析提供有用的信息和建议，还可以优化数据分析的结果。

1.2.1 帮助学习理解概念、名词术语、规则

在正式学习数据分析之前，我们可以通过 ChatGPT 了解数据分析的概念、名词术语和规则。

1. 理解概念

什么是数据分析？从字面上理解，就是对现有数据进行分析。而实际上，我们要学习的数据分析是指通过科学的统计方法和严谨的分析技巧，首先对数据进行整理和汇总，然后再进行加工处理，最后对处理过的有效数据进行分析，最大化地利用数据信息，直面问题的根本。

🔟 **提问：** 什么是数据分析？

🌀 **ChatGPT：**

　　数据分析是指使用各种统计和计算方法来研究和理解数据的过程。数据分析的目的是从数据中发现模式、趋势、关联和规律，以便做出有意义的结论和支持决策。数据分析可以应用于各种领域，包括商业、科学、医疗、政治和社会等，其应用范围非常广泛。

　　在数据分析的过程中，首先需要收集和整理数据；然后进行预处理和清洗，以消除数据中的错误和异常值；之后应用各种统计和机器学习技术来探索数据，并根据发现的结果做出推断和结论；最后需要将分析结果可视化呈现，以便更好地理解和传达数据的含义。

　　如果认为 ChatGPT 解释的内容还不是很全面，可以进一步追问它。

🔟 **提问：** 为什么要进行数据分析？

🌀 **ChatGPT：**

　　数据分析有多种应用场景，其主要目的是帮助人们从大量数据中获取有意义的信息，并基于这些信息做出更好的决策。

　　以下是一些数据分析的常见应用场景。

　　1. 商业分析：通过分析销售数据、市场数据、客户数据等信息，帮助企业制定更有效的销售策略、提高客户满意度、减少成本等。

　　2. 科学研究：通过分析实验数据、观测数据等信息，帮助科学家研究和理解自然现象、发现新知识、验证假设等。

　　3. 医疗健康：通过分析医疗数据、生物医学数据等信息，帮助医生和研究人员诊断疾病、预测病情、开发新药物等。

　　4. 政治社会：通过分析选民数据、社会调查数据等信息，帮助政治家和社会工作者制定更有效的政策、推进社会变革等。

　　总之，数据分析可以帮助人们更好地理解数据，从而做出更明智的决策，提高效率，减少成本，创造更大的价值。

　　而应用到现实生活中，例如，市场运营需要分析数据，以了解当前产品的市场反馈，从而制定合理的销售策略；市场研发需要分析用户的需求数据，以了解用户对产品的需求，找到正确的研发方向；人力资源部需要分析员工的考核成绩，以掌控员工的工作能力和归属动向，力求让每一位员工都能在合适的工作岗位上发光发热……

2. 名词术语

　　在进行数据分析时，我们经常会使用"番数""倍数""比例""比率"等分析指标和术语，在进行数据分析之前，第一任务就是要熟悉它们。

🔟 **提问：** 什么是平均数？

ChatGPT:

平均数（Mean）是指在一组数值中所有数值之和除以该组数值的个数。它是统计学中最基本的度量中心，通常用来表示一组数据的典型值。

在 Excel 中，可以使用 AVERAGE 函数来计算一组数值的平均数。例如，对于数值列 A1 到 A10，可以使用如下公式计算平均数。

```
=AVERAGE(A1:A10)
```

平均数在数据分析中非常重要，它可以用来描述一组数据的中心趋势，并作为判断异常值的依据之一。在实际应用中，平均数也常被用来作为评价指标，例如，评价某个产品的平均销售额、评价某个城市的平均房价等。需要注意的是，平均数容易受到极端值的影响，因此在使用时需要结合其他指标一起考虑，以得出更准确的结论。

举例说明一下，比如，销售部统计了今年每个人的销售业绩，通过计算销量平均数，可以得到总平均数。将每一位销售人员的销量与平均数相比较，就可以发现哪些销售人员的销量高于平均数，需要保持；哪些销售人员的销量低于平均数，需要继续努力，如图 1-6 所示。

图 1-6　平均数

温馨提示 ●

我们日常生活中提到的"平均数"通常都是指算术平均数。除了算术平均数，还有几何平均数、调和平均数等。

提问： 什么是相对数与绝对数？

ChatGPT:

相对数是指数据与另一个数据或总体的关系，通常以百分比或比率表示。相对数的计算不依赖具体数值，而是依赖与其相关联的其他数据。例如，市场份额是相对数，它表示公司在某一市场中的销售额与整个市场销售额的比率。

绝对数是指具体的数据量或数值，通常以整数或小数表示。绝对数是不依赖其他数据的，它们独立于其他数据存在。例如，一家公司的年度销售额是绝对数，它表示该公司在一年中的实际销售额。

如果你还是不知道什么是相对数，什么是绝对数，可以参看图 1-7 中的数据。

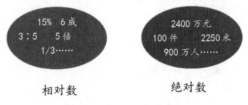

图 1-7　相对数与绝对数

提问： 什么是番数与倍数？

ChatGPT:

番数和倍数都是描述比率的概念，不同之处在于它们的计算方式。

番数指的是比率的倒数，即一个数相对于另一个数的比例关系的倒数。比如，某个产品的不合格率是 0.05，那么合格率就是 1-0.05=0.95，也就是说，合格率是不合格率的 20 倍，或者说不合格率是合格率的 1/20 番。

倍数则是指两个数相除得到的比值，通常用来描述增长或减少的程度。例如，某公司去年的销售额为 100 万元，今年的销售额为 150 万元，那么今年的销售额是去年的 1.5 倍，或者说去年的销售额增长了 50%。

总的来说，番数是绝对数的倒数，倍数是相对数的一种，它们都是用来描述比例关系的概念，但是计算方式不同，适用于不同的情况。

温馨提示●

倍数一般表示数量的增长或上升幅度，如果需要表示减少或下降的数量，可以使用百分比等数值，例如，"成本降低了 50%"。

提问： 什么是百分比与百分点？

ChatGPT:

百分比是指一个数值与整体数值的比值，乘 100 后的结果。例如，如果一家公司的总销售额为 100 万元，其中 A 部门的销售额为 30 万元，那么 A 部门的销售额占总销售额的比例为 30%。

百分点则是指两个百分比之间的差值。例如，如果某一年的通货膨胀率为 3%，而另一年的通货膨胀率为 6%，那么这两年之间的通货膨胀率差值为 3 个百分点。百分点的计算方法就是直接将两个百分比的数值相减，不需要再将其乘 100。

总之，百分比是相对数值，百分点是绝对数值。

提问： 什么是频数与频率？

ChatGPT:

频数和频率都是描述数据分布的统计量。

频数是指在一组数据中某个数值出现的次数。比如，在一组成绩数据中，80 分的频数是 5，表示 80 分在这组成绩中出现了 5 次。

频率则是指某个数值出现的次数与总数的比值，常用百分数来表示。比如，在一组成绩数据中，80 分的频率是 20%，表示 80 分所占的比例为 20%。

频数和频率是可以互相转化的，通过将频数除以总数得到频率，通过将频率乘总数得到频数。在数据分析中，频率更为常用，因为它可以将不同数据集的数据进行比较，不会受到样本总数的影响。

提问： 什么是比例与比率？

ChatGPT:

比例和比率是两个与百分数相关的概念，用于描述两个量之间的关系。

比例是指两个量之间的比值，通常以分数或小数的形式表示。例如，如果有 6 个红球和 4 个蓝球，那么红球与蓝球的比例为 6/4 或 1.5/1。

比率是指两个量之间的比值，通常以百分数的形式表示。例如，如果有 600 个男性和 400 个女性，那么男性和女性的比率为 60%/40% 或 3/2。

比例和比率都可以用来比较两个量之间的关系，但是它们的表达方式不同。比例通常用于描述数量上的比较，而比率通常用于描述百分比上的比较。在实际应用中，根据情况选择合适的比例和比率可以更好地解释数据。

提问：什么是同比与环比？

ChatGPT:

同比和环比是两种常用的数据比较方法，主要用于描述同一指标在不同时间段的变化情况。

同比（Year-over-Year，YoY）是指当前时间段与去年同期相比较的变化百分比。例如，某公司今年第一季度的销售额为 100 万元，去年同期第一季度的销售额为 80 万元，则今年第一季度销售额同比增长了 25%。

环比（Quarter-over-Quarter，QoQ）是指当前时间段与上一时间段相比较的变化百分比。例如，某公司第二季度的销售额为 120 万元，第一季度的销售额为 100 万元，则第二季度销售额环比增长了 20%。

同比和环比是衡量数据变化趋势的重要指标，可以帮助分析人员判断某项指标的增长速度、季节性变化等情况。需要注意的是，在使用同比和环比进行数据分析时，应该根据具体的业务场景和指标特点选择适当的比较方法。

图 1-8 所示是 2022 年 1 季度数据和 2023 年 1 季度数据的对比，这就是同比。图 1-9 所示是 2023 年 1 季度数据和 2023 年 2 季度数据的对比，这就是环比。

图 1-8　同比　　　　　　　　　　　　　　　　　图 1-9　环比

3. 规则

数据分析的目的是让决策者根据数据的导入做出更好的决策。所以，我们在进行数据分析时需要遵循一定的规则，以保证数据的准确性、有效性。

提问：数据分析的规则是什么？

ChatGPT:

数据分析需要遵守一些规则和原则，以确保分析结果的准确性和可靠性。以下是一些数据分析的规则。

　　1. 数据清洗：数据分析的第一步是确保数据的准确性和完整性，因此需要对数据进行清洗。数据清洗包括去除重复数据、处理缺失数据、处理异常数据等。

　　2. 数据可视化：数据分析的结果通常需要以图表或其他可视化方式呈现。良好的数据可视化可以帮助人们更好地理解数据，发现数据中的趋势和模式，并且可以更容易地将数据结果传达给他人。

　　3. 数据采样：数据集过大时，需要采用数据采样的方法进行分析。采样是从总体中抽取一部分样本进行分析，以代表整个总体，避免分析结果偏差。

　　4. 数据统计：数据统计是数据分析的核心部分，包括描述性统计、推断统计等。描述性统计用于描述数据的基本特征，如均值、方差、标准差等；推断统计则用于对数据总体进行推断，如假设检验、置信区间等。

　　5. 数据解释：分析结果需要进行解释，包括对分析结果的意义、数据的局限性、数据分析中的偏差等方面进行解释。

　　6. 数据验证：验证分析结果的可靠性和准确性是数据分析的重要一环，可以使用交叉验证等方法进行数据验证。

　　7. 数据保护：数据分析中需要遵守相关的数据保护法规，保障数据的隐私和安全。在使用敏感数据时需要特别小心。

　　8. 数据更新：数据分析需要时刻关注数据的更新，及时更新数据分析结果，以确保数据分析的时效性和可靠性。

1.2.2　帮助解决学习中的疑难问题

　　以前在学习数据分析时，遇到疑难问题你会怎么做？寻求前辈的帮助，在百度、谷歌、知乎上搜索，还是满世界翻书找答案？有了 ChatGPT 的加持之后，你可以轻松地得到解答。

　　例如，我们想要求平均数，但是又不知道使用哪个函数，可以向 ChatGPT 寻求帮助。

🗣 提问：在 Excel 中求平均数应该用什么函数？

🟢 **ChatGPT:**

在 Excel 中求平均数，可以使用 AVERAGE 函数。它的语法为：

```
AVERAGE(number1, [number2], …)
```

其中，number1、number2 等为需要计算平均值的数字或数字区域。

例如，若要求 A1 到 A10 的平均数，可以使用以下公式。

```
=AVERAGE(A1:A10)
```

温馨提示 ●

　　ChatGPT 可以联系上下文，在提问时，如果上文中已经提及了 Excel，那下文中的回答方向将自动联系到 Excel，不需要特别指定。

1.2.3 协助实战操作与应用

在进行数据分析时，如果不知道某个功能的操作步骤，也可以通过询问 ChatGPT 来协助操作。例如，我们想知道怎样插入数据透视表，可以直接问 ChatGPT。

提问： 怎么插入数据透视表？

ChatGPT：

在 Excel 中，可以按照以下步骤插入数据透视表。

1. 确认数据表格的格式。数据透视表需要源数据以表格形式呈现，即有表头（第一行为列标题）和数据区域（每一行为一条数据记录）。

2. 选中数据区域。可以直接拖选或单击单元格选中整个数据区域。

3. 单击【插入】选项卡中的【数据透视表】按钮。在弹出的【数据透视表创建向导】中，可以选择【从现有的工作表中选择位置】或【放置在新工作簿中】。

4. 根据需要设置数据透视表的选项。在向导中可以设置数据透视表的行、列和值区域，以及筛选和样式等选项。

5. 单击【完成】按钮，生成数据透视表。

6. 可以根据需要对数据透视表进行修改和调整。例如，可以添加、删除或移动行、列和值，更改汇总方式，应用过滤器和样式等。

注意，数据透视表中的数据是根据源数据动态计算得出的，因此当源数据发生变化时，数据透视表也会相应地更新。

1.3 Excel数据分析有哪些工具

Excel 中的数据分析工具有很多，不同的工具又有不同的作用，为了更好地使用数据工具，了解数据工具是第一步。

1.3.1 排序和筛选

排序和筛选是最基本的数据分析方法。当面对众多数据源中的数据时，经常需要从中找出最大、最小、符合某项条件的数据等，此时就可以使用排序和筛选工具来完成。

下面跟着 ChatGPT 一起来了解什么是排序和筛选。

提问： 什么是筛选和排序？

ChatGPT：

排序和筛选是 Excel 中的两种常用数据处理方法。

排序是指将数据按照某一列或多列的值的大小、字母的顺序、日期的先后等规则进行排列。排序可以帮助我们快速找到最大值、最小值，或者按照一定顺序进行排列，以更好地理解数据。

筛选是指根据某些条件对数据进行筛选，将符合条件的数据筛选出来，从而更方便地分析和处理数据。例如，我们可以根据某一列的数值大小筛选数据，或者根据某一列的文本内容筛选数据，以便更好地理解和处理数据。

例如，如果想让销售总额从低到高排列，就可以使用排序的方法来处理，如图 1-10 所示。

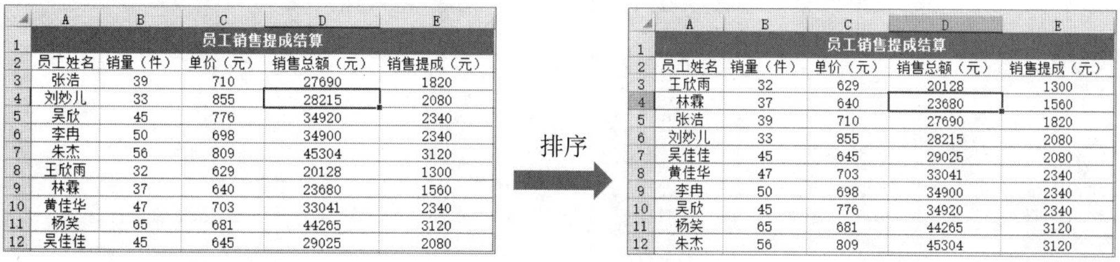

	A	B	C	D	E
1	员工销售提成结算				
2	员工姓名	销量（件）	单价（元）	销售总额（元）	销售提成（元）
3	张浩	39	710	27690	1820
4	刘妙儿	33	855	28215	2080
5	吴欣	45	776	34920	2340
6	李冉	50	698	34900	2340
7	朱杰	56	809	45304	3120
8	王欣雨	32	629	20128	1300
9	林霖	37	640	23680	1560
10	黄佳华	47	703	33041	2340
11	杨笑	65	681	44265	3120
12	吴佳佳	45	645	29025	2080

	A	B	C	D	E
1	员工销售提成结算				
2	员工姓名	销量（件）	单价（元）	销售总额（元）	销售提成（元）
3	王欣雨	32	629	20128	1300
4	林霖	37	640	23680	1560
5	张浩	39	710	27690	1820
6	刘妙儿	33	855	28215	2080
7	吴佳佳	45	645	29025	2080
8	黄佳华	47	703	33041	2340
9	李冉	50	698	34900	2340
10	吴欣	45	776	34920	2340
11	杨笑	65	681	44265	3120
12	朱杰	56	809	45304	3120

图 1-10　排序

如果只想要查看数据中符合某个条件的数据，使用筛选功能，可以暂时隐藏不需要查看的数据。例如，要查看销量大于 40 件的数据，通过筛选后，结果如图 1-11 所示。

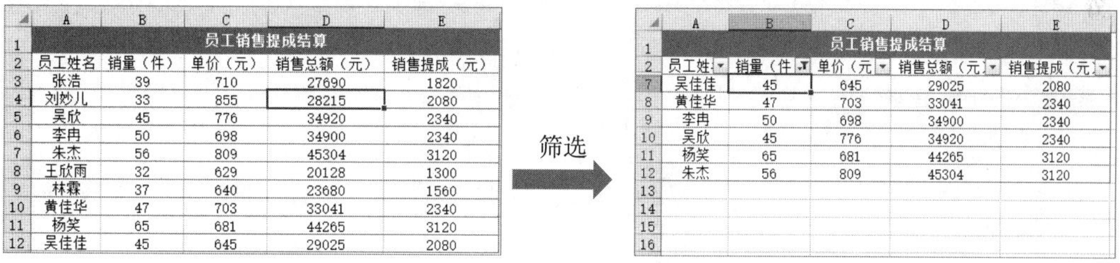

	A	B	C	D	E
1	员工销售提成结算				
2	员工姓名	销量（件）	单价（元）	销售总额（元）	销售提成（元）
3	张浩	39	710	27690	1820
4	刘妙儿	33	855	28215	2080
5	吴欣	45	776	34920	2340
6	李冉	50	698	34900	2340
7	朱杰	56	809	45304	3120
8	王欣雨	32	629	20128	1300
9	林霖	37	640	23680	1560
10	黄佳华	47	703	33041	2340
11	杨笑	65	681	44265	3120
12	吴佳佳	45	645	29025	2080

	A	B	C	D	E
1	员工销售提成结算				
2	员工姓	销量（件	单价（元	销售总额（元	销售提成（元
7	吴佳佳	45	645	29025	2080
8	黄佳华	47	703	33041	2340
9	李冉	50	698	34900	2340
10	吴欣	45	776	34920	2340
11	杨笑	65	681	44265	3120
12	朱杰	56	809	45304	3120
13					
14					
15					
16					

图 1-11　筛选

1.3.2 数据透视表

数据透视表是一种交互式的表，可以根据数据的不同项目快速进行统计，并动态更改数据的版面布置，从不同的角度分析数据。

如果对于数据透视表的概念还不明白，也没有关系，来看看 ChatGPT 是怎么理解的。

提问：什么是数据透视表？

ChatGPT：

数据透视表是一种在Excel中用于快速汇总和分析大量数据的工具。它可以根据数据源创建数据模型，将数据进行分类、汇总、排序和计算，从而生成交互式报表。数据透视表可以自动对数据进行分组，根据汇总方式进行计算，并在交互式报表中动态显示数据。通过数据透视表，用户可以快速了解数据中的趋势、模式和关系，进而做出更加明智的决策。数据透视表功能强大，适用于各种类型的数据分析任务，比如，销售报表、人力资源报表、财务报表等。

例如，某文具批发公司每天会记录较多的销售数据，如图 1-12 所示，在每周盘点时，需要对数据进行分析。常见的分析内容有：不同日期不同产品的销量、不同产品不同地区的销量、不同销售员的总销量、不同产品的总销量等。

此时，就可以通过制作数据透视表来查看不同条件下的数据，图 1-13 所示是统计的不同日期不同产品的销量。

图 1-12　数据表　　　　　　　图 1-13　不同日期不同产品的销量

通过调整字段，还可以轻松地统计出不同产品不同地区的销量，如图 1-14 所示；不同销售员的总销量，如图 1-15 所示；不同产品的总销量，如图 1-16 所示。

图 1-14　不同产品不同地区的销量　　图 1-15　不同销售员的总销量　　图 1-16　不同产品的总销量

所以，我们不难看出数据透视表强大的数据分析功能，它不仅可以快速生成报表，还能快速切换报表数据，并根据数据进行排序、筛选等，如图 1-17 和图 1-18 所示。

图 1-17　进行排序　　　　　　图 1-18　进行筛选

1.3.3 图表

图表是制作数据分析报告时展现数据的重要形式，通过图表中图形的变化，可以展现数据的规律，从中发现隐藏的重要数据。

关于图表，来看看 ChatGPT 是怎么解释的。

提问： 什么是图表？

ChatGPT：

图表是用图形方式呈现数据的一种方法，可以更直观地展示数据的分布、趋势、关系等信息。通过将数据转换成图表，人们可以更容易地理解数据的含义，从而做出更好的决策。图表通常包括柱状图、折线图、饼图、散点图等。它们都有各自的特点和适用场景，可以根据不同的数据类型和需求进行选择和制作。在数据分析中，图表是一种非常重要的工具，可以帮助我们更好地理解和分析数据，发现数据中的规律和趋势，从而得出更有价值的结论。

通过 ChatGPT 我们认识了图表，图表的优点在于可以将数据直观地呈现在观众面前，在数据分析中占有不可取代的位置，如图 1-19 所示。

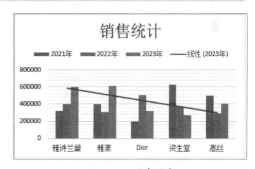

图 1-19 图表分析

1.3.4 条件格式

Excel 中的条件格式功能可以快速地从众多数据中找出数据的规律，是数据分析中必不可少的工具。那么，ChatGPT 又是怎么解释条件格式的呢？

提问： 什么是条件格式？

ChatGPT：

条件格式是指根据不同的条件自动为单元格或单元格区域设置不同的格式，如颜色、字体、边框等，以突出显示数据的特定方面。它可以使数据更加直观，更容易理解和分析。常见的条件格式包括数据条、色阶、图标集等。通过使用条件格式，用户可以快速地从大量数据中发现规律和趋势，从而更好地做出决策。

通过 ChatGPT 了解了什么是条件格式后，如果现在需要找出数据源中符合要求的数据，例如，在销售统计表中，要突出显示销售数量低于 20 的数据，就可以使用条件格式，如图 1-20 所示。

	A	B	C	D	E
1	编号	货品名称	单价	销售数量	销售金额
2	A01	格力	¥ 2,865	23	¥ 65,895
3	A02	志高	¥ 6,725	14	¥ 94,150
4	A03	科龙	¥ 3,436	25	¥ 85,900
5	A04	TCL	¥ 4,695	16	¥ 75,120
6	A05	长虹	¥ 5,682	13	¥ 73,866
7	A06	伊莱克斯	¥ 4,693	17	¥ 79,781
8	A07	春兰	¥ 3,857	29	¥ 111,853
9	A08	大金	¥ 5,988	18	¥ 107,784
10	A09	LG	¥ 2,566	17	¥ 43,622
11	销售总额		¥		737,971

图 1-20 条件格式分析

1.3.5 分类汇总

在进行数据分析时，如果想要统计各项目的总

和，同时对比各项目总和的大小，就可以使用分类汇总功能。

如果由 ChatGPT 来解释，大家可能会有更清晰的了解。

⌨ **提问：什么是分类汇总？**

⟡ ChatGPT：

分类汇总是一种将大量数据按照特定条件进行分组，并统计每组数据的方法。在 Excel 中，可以通过分类汇总将数据按照某一列或多列中的不同值进行分组，并计算每组数据的总和、平均值、最大值、最小值等汇总信息。

分类汇总可以帮助我们更加直观地了解数据的分布情况，以及不同分组之间的差异。例如，我们可以通过分类汇总将销售数据按照不同的产品进行分组，了解每种产品的销售情况及销售额的占比。此外，分类汇总还可以帮助我们发现数据中的异常值，例如，某个产品的销售额与其他产品相比明显偏高或偏低。

了解了分类汇总后，一起来看看分类汇总的实例。例如，在销售数据表中记录了各销售地区的销量情况，数据包括省份、城市、卖场、时间、产品名称、单价、数量、销售额等，如果要查看城市的分类汇总，使用分类汇总功能对所在城市进行分类汇总即可，效果如图 1-21 所示。

	A	B	C	D	E	F	G	H
1	所在省份（自治区/直辖市）	所在城市	所在卖场	时间	产品名称	单价	数量	销售额
2	浙江	杭州	学府路店	1月	冰箱	¥ 4,050.00	43	¥ 174,150.00
3	浙江	杭州	学府路店	1月	空调	¥ 3,700.00	38	¥ 140,600.00
4	浙江	杭州	学府路店	1月	电视	¥ 3,800.00	29	¥ 110,200.00
5	浙江	杭州	两路店	1月	电视	¥ 4,050.00	31	¥ 125,550.00
6	浙江	杭州	两路店	1月	冰箱	¥ 3,650.00	33	¥ 120,450.00
7	浙江	杭州	两路店	1月	空调	¥ 3,800.00	43	¥ 163,400.00
8	浙江	杭州	学府路店	2月	冰箱	¥ 4,050.00	33	¥ 133,650.00
9	浙江	杭州	学府路店	2月	空调	¥ 3,700.00	38	¥ 140,600.00
10	浙江	杭州	学府路店	2月	电视	¥ 3,800.00	29	¥ 110,200.00
11	浙江	杭州	两路店	2月	电视	¥ 4,050.00	31	¥ 125,550.00
12	浙江	杭州	两路店	2月	冰箱	¥ 3,650.00	31	¥ 113,150.00
13	浙江	杭州	两路店	2月	空调	¥ 3,800.00	33	¥ 125,400.00
14		杭州 汇总						¥1,582,900.00
15	安徽	合肥	1号店	1月	电视	¥ 3,800.00	30	¥ 114,000.00
16	安徽	合肥	1号店	1月	冰箱	¥ 3,990.00	23	¥ 91,770.00
17	安徽	合肥	1号店	1月	空调	¥ 3,990.00	51	¥ 203,490.00
18	安徽	合肥	2号店	1月	空调	¥ 4,050.00	36	¥ 145,800.00
19	安徽	合肥	2号店	1月	电视	¥ 3,990.00	51	¥ 203,490.00
20	安徽	合肥	2号店	1月	冰箱	¥ 3,800.00	43	¥ 163,400.00
21	安徽	合肥	3号店	1月	空调	¥ 4,050.00	38	¥ 153,900.00
22	安徽	合肥	3号店	1月	电视	¥ 3,990.00	29	¥ 115,710.00
23	安徽	合肥	3号店	1月	冰箱	¥ 3,800.00	31	¥ 117,800.00
24	安徽	合肥	1号店	2月	电视	¥ 3,800.00	33	¥ 125,400.00
25	安徽	合肥	1号店	2月	冰箱	¥ 3,990.00	43	¥ 171,570.00
26	安徽	合肥	1号店	2月	空调	¥ 3,990.00	29	¥ 115,710.00
27	安徽	合肥	2号店	2月	空调	¥ 4,050.00	36	¥ 145,800.00
28	安徽	合肥	2号店	2月	电视	¥ 3,990.00	51	¥ 203,490.00
29	安徽	合肥	2号店	2月	冰箱	¥ 3,800.00	38	¥ 144,400.00
30	安徽	合肥	3号店	2月	空调	¥ 4,050.00	29	¥ 117,450.00
31	安徽	合肥	3号店	2月	电视	¥ 3,990.00	31	¥ 123,690.00
32	安徽	合肥	3号店	2月	冰箱	¥ 3,800.00	29	¥ 110,200.00
33		合肥 汇总						¥2,567,070.00

图 1-21 分类汇总分析

1.3.6 模拟分析器

在对表格中的数据进行分析时，常常需要对数据的变化情况进行模拟，并分析和查看数据变化之后所导致的其他数据变化的结果。在生产和经营决策过程中，也会遇到需要安排人力、物力、财力的两难时刻，此时我们可以使用模拟分析器来进行多种情况的模拟分析。

很多人对模拟分析器不了解，那么第一步就让ChatGPT帮助我们迈进。

🗨 **提问：** 什么是模拟分析器？

Ⓢ **ChatGPT：**

　　模拟分析器（Simulation Analyzer）是一种基于Excel的工具，用于分析不确定性问题。它使用蒙特卡罗方法（Monte Carlo Method）来模拟随机事件，并对结果进行统计分析，以便更好地理解和量化不确定性对结果的影响。通常，这种工具用于风险管理、投资分析、决策分析等领域。

　　模拟分析器可以对输入数据进行随机变化，以模拟实际情况下可能发生的不确定性。例如，如果你正在做一个投资分析，你可以使用模拟分析器来模拟投资回报率的分布，以了解不同回报率水平下的风险和收益。然后你可以使用该工具来计算投资组合的风险和收益，并绘制出风险收益曲线，以帮助你做出更明智的投资决策。

了解了模拟分析器的定义之后，下面看一看在案例中具体是如何使用的。例如，在向银行贷款时，需要计算不同借款金额和不同还款期数下的等额还款额，就可以使用模拟分析器来完成，如图 1-22 所示。

	A	B	C	D	E	F
1	借款金额	年利率	借款年限	年还款期数	还款期数	等额还款额
2	500000	5.90%	15	1	15	¥51,145.53
3						
4	借款金额			还款期数		
5	¥51,145.53	2	3	4	5	6
6	¥ 200,000.00	¥ 108,934.53	¥ 74,683.57	¥ 57,586.19	¥ 47,350.19	¥ 40,544.83
7	¥ 300,000.00	¥ 163,401.80	¥ 112,025.36	¥ 86,379.28	¥ 71,025.28	¥ 60,817.24
8	¥ 400,000.00	¥ 217,869.06	¥ 149,367.14	¥ 115,172.38	¥ 94,700.38	¥ 81,089.65
9	¥ 450,000.00	¥ 245,102.70	¥ 168,038.03	¥ 129,568.93	¥ 106,537.93	¥ 91,225.86

图 1-22　模拟分析器分析

1.3.7　规划求解

规划求解可以将一些限制条件和目标函数输入，然后通过运算求解出最优解，使用的范围很广，例如，在生产优化、资源分配、运输计划等方面都可以使用规划求解。

那么，ChatGPT又是怎么解释规划求解的呢？

🗨 **提问：** 什么是规划求解？

Ⓢ **ChatGPT：**

　　规划求解（Solver）是Excel中一个内置的求解器，可以用于求解最优化问题。它通过改变一个或多个决策变量的值，使目标函数能够达到最优值或在满足某些约束条件的前提下取得最优值。

　　在Excel中，规划求解可以通过设置目标函数和约束条件，来求解诸如最大化利润、最小化成本、达成特定的目标等问题。它可以应用于各种领域，例如，生产计划、供应链管理、金融、市场营销等。

　　需要注意的是，规划求解是一种较为复杂的工具，需要一定的数学和计算机基础才能灵活使用。同时，求解器也不一定能够找到全局最优解，可能会停留在局部最优解或没有解的状态。因此，在使用规划求解时，需要谨慎选择变量和约束条件，并结合实际情况进行分析和判断。

在 ChatGPT 解释了规划求解后，来了解一下实际应用。例如，在生产时需要合理地调配资源，利用有限的人力、物力、财力等资源，得到最佳的经济效果，达到产量最高、利润最大、成本最小、资源消耗最少的目标，如图 1-23 所示。

	单元格	名称	终值	递减成本	目标式系数	允许的增量	允许的减量
			Microsoft Excel 16.0 敏感性报告				
			工作表：[规划求解.xlsx]Sheet1				
			报告的建立：2023/3/25 15:54:13				
可变单元格							
9	$E$3	产品甲 生产数量	48.46153846	0	1.2	0.8	0.128571429
10	$E$4	产品乙 生产数量	5.384615385	0	1.5	0.18	0.6

约束	单元格	名称	终值	阴影价格	约束限制值	允许的增量	允许的减量
15	$B$5	合计 成本1	210	0.069230769	210	14	38
16	$C$5	合计 成本2	290.7692308	0	320	1E+30	29.23076923
17	$D$5	合计 成本3	280	0.184615385	280	18.0952381	17.5

图 1-23　规划求解分析

本章小结

本章主要介绍了 ChatGPT 的基本信息、使用方法和应用场景，以及如何将其应用在 Excel 数据分析的学习过程中。通过 ChatGPT 可以更好地解决学习中遇到的困难，也更便于理解专业的名词术语，让学习事半功倍。最后还介绍了 Excel 中常用的数据分析工具，为下一步进行数据分析打好基础。

第 2 章

建立数据分析资料库

本章导读

　　在进行数据分析之前，首先需要建立数据分析资料库，可以说数据的录入与获取是数据分析的第一步。本章先通过ChatGPT了解各类型的数据，然后再详细介绍各种数据类型的输入方法，以及如何快速地输入批量数据、设置数据验证和导入数据。

知识要点

- 通过ChatGPT认识不同类型的数据。
- 掌握批量数据的录入方法。
- 掌握设置数据验证的方法。
- 掌握收集数据的途径。
- 掌握导入外部数据的方法。

2.1 通过ChatGPT学习不同类型的数据

　　随着信息时代的到来，数据已经成为人们日常工作和生活中不可或缺的一部分。了解和掌握不同类型的数据对于提高工作效率和决策水平具有重要意义。Excel中可以输入的数据类型包括数值型、文本型、日期型等，每种类型都有其特点和应用场景。

2.1.1 文本型数据

　　在Excel中，文本型数据是指以文本形式呈现的数据。与数值型数据不同，文本型数据通常不进行数学计算，而是用于标识、描述或分类信息。那么，ChatGPT是怎么解释文本型数据的呢?

> 🔟 **提问：** 什么是文本型数据？

ChatGPT：

　　文本型数据是一种在计算机系统中以文本形式存储和处理的数据。它包含了各种文本内容，如字母、数字、符号、日期、时间、描述性文字等。文本型数据通常用于标识、描述、分类、记录和展示信息。

　　在 Excel 中，文本型数据可以是单个的文字、短语、句子，也可以是长文本、备注或说明。它们可以用于命名单元格、列标题、产品名称、客户信息、员工姓名等。文本型数据可以使用各种文本函数和格式设置选项进行处理和呈现，如合并单元格、文本对齐、文本换行、文本颜色等。

　　文本型数据在各种工作场景中都得到了广泛应用，包括数据分析、报告撰写、客户管理、项目管理、表格数据录入等。通过正确使用文本型数据，我们可以更好地组织和解释信息，实现数据的清晰呈现和更精确的数据处理。

　　从以上回答中，我们理解了文本型数据的含义。而输入文本型数据的方法很简单，只需要将光标定位到单元格，再进行输入就可以了。而一些不需要进行计算的数字也可以保存为文本形式，如电话号码、身份证号码等。所以，文本并没有严格意义上的概念，而 Excel 也将许多不能理解的数值和公式数据都视为文本。

　　但是，在输入编号数据时，如果编号的开头为 0，直接输入数据后，系统会自动省略编号前的 0，此时可以先将单元格格式设置为文本型，然后再进行输入，操作方法如下。

　　第1步 ▶ 打开"素材文件\第 2 章\商品订购表 .xlsx"，选中要输入编号的单元格区域，右击，在弹出的快捷菜单中选择【设置单元格格式】选项，如图 2-1 所示。

　　第2步 ▶ 打开【设置单元格格式】对话框，在【数字】选项卡的【分类】列表框中选择【文本】选项，然后单击【确定】按钮，如图 2-2 所示。

图 2-1　选择【设置单元格格式】选项

图 2-2　选择【文本】选项

　　第3步 ▶ 返回工作表，在设置了文本格式的单元格中输入以 0 开头的编号，即可正常显示，在单元格的左上角会出现一个绿色小三角，提示这些数字是文本型数据，如图 2-3 所示。

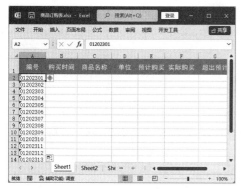

图 2-3　输入数据

2.1.2　数值型数据

　　数值是代表数量的数字形式，如工厂的生产力及利润、学生的成绩、个人的工资等。数值可以是正数，也可以是负数，但共同的特点是都可以进行数值计算，如加、减、求平均值等。除了数字，还有一些特殊的符号也被 Excel 理解为数值，如百分号（%）、货币符号（$）、科学记数法符号（E）等。

　　那么，在 ChatGPT 眼中，数值型数据又是如何解释的呢？

提问：什么是数值型数据？

ChatGPT：

　　数值型数据是指用数字表示的数据，例如，整数、小数、百分比、日期和时间等。它们通常用于进行计算、统计和分析。在 Excel 中，数值型数据用于存储和处理各种数值信息，比如，销售额、成本、数量、比率等。

　　与文本型数据不同，数值型数据可以进行数学运算，如加法、减法、乘法和除法。你可以使用数值型数据进行各种计算，例如，计算总和、平均值、最大值和最小值。此外，你还可以利用数值型数据创建图表和图形，以可视化数据的趋势和关系。

　　数值型数据在很多领域中都很重要，比如，财务分析、市场研究、科学实验等。通过对数值型数据的分析，我们可以发现趋势、评估绩效、做出决策。因此，了解和正确处理数值型数据对于工作和决策都非常重要。

　　从以上回答中，我们了解了什么是数值型数据，而录入数值型数据的方法与录入文本型数据几乎相同。只是在自然界中，数字的大小是无穷无尽的，而在 Excel 中表示和存储的数字最大只精确到 15 位有效数字。如果输入的整数数字超出 15 位，那么 15 位之后的数字会变为零。如 123456789123456789，输入 Excel 后就变为了 123456789123456000。如果是大于 15 位有效数字的小数，则会将超出的部分截去。

　　对于一些很大或很小的数值，Excel 会自动以科学记数法来表示，如 123456789123456，会以科学记数法表示为 1.23457E+14，表示 1.23457×10^{14}。

温馨提示●

如果需要输入 18 位的身份证号码，可以在输入数据之前将其设置为文本格式，设置方法见 2.1.1 小节。

在新建的表格中，所有单元格都采用了默认的常规数字格式，而根据实际情况，我们可以根据需要设置数字格式。

例如，在"商品订购表 1"工作簿中，预计购买的商品数量和实际购买的商品数量有差别，在计算预计与实际的差距时，我们可以设置负数的格式，突出显示超出预计的商品数量，操作方法如下。

第1步 打开"素材文件\第 2 章\商品订购表 1.xlsx"，选中要统计超出预计量的单元格区域，然后单击【开始】选项卡【数字】组中的【数字格式】按钮 ，如图 2-4 所示。

第2步 打开【设置单元格格式】对话框，在【数字】选项卡的【分类】列表框中选择【数值】选项，然后在右侧的【小数位数】微调框中设置小数位数为"0"，在【负数】列表框中选择一种负数样式，完成后单击【确定】按钮，如图 2-5 所示。

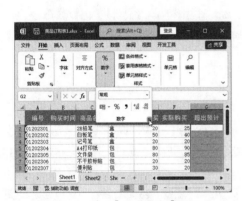

图 2-4 单击【数字格式】按钮

图 2-5 设置数值格式

第3步 返回工作表，在 G2 单元格中输入公式"=E2-F2"，如图 2-6 所示。

第4步 按【Enter】键确认，并将公式填充至下方，即可看到设置了数字格式后的效果，如图 2-7 所示。

图 2-6 输入公式

图 2-7 查看效果

2.1.3　货币型数据

货币型数据在商业和金融领域中扮演着重要的角色。无论是企业的财务管理、个人的预算规划，还是市场分析和经济研究，货币型数据都是不可或缺的。

那么，什么是货币型数据呢？一起来听听ChatGPT的解释。

> 🔟 **提问：** 什么是货币型数据？

> ⊛ **ChatGPT：**
>
> 货币型数据是一种数值类型，用于表示货币的金额或金钱的数值。它通常用于记录和计算与金钱相关的数据，如财务报表、预算、销售额、成本、工资等。
>
> 货币型数据具有以下特点。
>
> 1. 数值表示：货币型数据以数值形式表示，通常采用货币符号（如美元符号 $ ）或货币代码（如USD）作为前缀或后缀。
>
> 2. 精确计算：货币型数据需要进行精确计算，保留小数点后的位数以确保准确的数值计算。
>
> 3. 金融运算：货币型数据可用于进行各种金融运算，如加法、减法、乘法和除法等。
>
> 4. 货币格式化：货币型数据常常需要进行格式化，以便显示适当的货币符号、千位分隔符和小数点位数。
>
> 在Excel等电子表格软件中，通常可以将数据格式设置为货币格式，以便正确显示和计算货币型数据。这样可以方便地进行各种金融计算和分析，并确保数据的准确性和可读性。

从以上回答中，可以得知货币型数据也属于数值型数据，为了方便区分货币型数据，我们可以将相关数据设置为货币型数据，操作方法如下。

第1步 ▶ 打开"素材文件\第 2 章\商品订购表 2.xlsx"，选中要设置数据格式的单元格区域，单击【开始】选项卡【数字】组中的【数字格式】下拉按钮，在弹出的下拉菜单中选择【货币】选项，如图 2-8 所示。

第2步 ▶ 返回工作表，在单元格中输入数据，即可看到已经自动添加了货币符号，如图 2-9 所示。

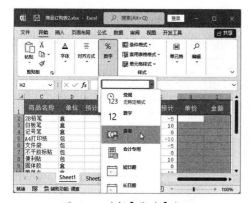

图 2-8　选择【货币】选项

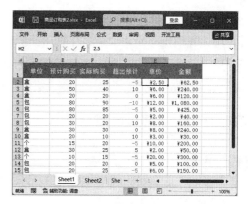

图 2-9　查看货币符号

> **温馨提示 ●**
> 如果要为货币格式设置更丰富的样式，如设置小数位数、货币符号、负数样式等，可以进入【设置单元格格式】对话框中进行详细设置。

在设置货币型数据时，可以看到有一个选项是"会计专用"数据格式，如果不清楚两者之间的区别，可以在 ChatGPT 中提问获取答案。

提问： 会计专用格式和货币格式的区别是什么？

ChatGPT：
会计专用格式和货币格式是 Excel 中的两种不同的数字格式。它们之间的区别在于如何显示和处理数字。

1. 会计专用格式（Accounting Format）：会计专用格式是一种用于显示货币数值的格式。它以货币符号（如美元符号 $）开始，使用千位分隔符，并在小数点后显示两位小数。与普通的数字格式不同，会计专用格式会对负数进行特殊处理，将其用括号括起来表示负值。这种格式通常用于财务报表、预算和财务分析等会计相关的工作。

2. 货币格式（Currency Format）：货币格式也是一种用于显示货币数值的格式，它也以货币符号开始，并使用千位分隔符。与会计专用格式不同的是，货币格式默认只显示两位小数，并将负数以减号表示。这种格式常用于一般的货币计算和显示。

因此，区别可以总结如下。

（1）会计专用格式会使用括号来表示负数，而货币格式会使用减号来表示负数。

（2）会计专用格式显示小数点后两位，而货币格式默认显示小数点后两位。

（3）会计专用格式更常用于财务报表和会计分析，而货币格式适用于一般的货币计算和显示。

在 Excel 中，根据具体需求可以选择适合的格式来呈现和处理数字，以确保数据的准确性和易读性。

以上回答清楚地解释了会计专用格式和货币格式的区别，在使用时就可以根据需求和使用场景，选择合适的数字格式以使数据更加清晰、准确地传达信息，并提高数据处理和表达的效果。

2.1.4 日期和时间型数据

在日常的数据处理和分析中，日期和时间是一类重要的数据类型。无论是在个人生活中还是商业环境中，我们经常需要记录、计算和分析与日期和时间相关的信息。Excel 作为一款强大的电子表格软件，提供了丰富的功能来处理和管理日期和时间型数据。

那么，在 ChatGPT 的世界里，是怎么解释日期和时间型数据的呢？

提问： 什么是日期和时间型数据？

ChatGPT：
日期和时间型数据是一种在 Excel 中用于表示日期和时间的数据类型。它们用于记录和处理与日期和时间相关的信息，例如，事件发生时间、工作计划、项目截止日期等。在 Excel 中，日期和时间型数据可以不同的格式进行显示，如年–月–日、月/日/年、小时:分钟:秒等。

日期型数据通常以整数形式存储，其中整数部分代表自指定的基准日期（如 1900 年 1 月 1 日或 1904 年 1 月 1 日）以来的天数。时间型数据则以小数形式存储，其中小数部分代表一天中的时间。

Excel 提供了丰富的日期和时间函数，使对日期和时间型数据进行计算、格式化和分析变得更加方便。通过使用这些函数，可以进行日期之间的计算、日期格式转换、时间间隔的计算等操作，以满足不同的需求。

日期和时间型数据在许多领域中都起着重要的作用，特别是在日程安排、项目管理、数据分析等工作中。准确地理解和处理日期和时间型数据能够提高工作的效率和准确性，确保数据的一致性和可靠性。

从以上回答中，我们了解了什么是日期和时间格式。在实际工作中，如果要在单元格中输入时间，可以时间格式直接输入，如输入 "15:30:00"。在输入时间数据时，系统默认按 24 小时制输入，如果要按 12 小时制输入，就需要在输入的时间后加上 "AM" 或 "PM" 字样表示上午或下午。

如果要在单元格中输入日期，可以在年、月、日之间用 "/" 或 "–" 隔开。例如，在单元格中输入 "23/10/1"，按【Enter】键后就会自动显示为日期格式 "2023/10/1"。

如果要使输入的日期或时间以其他格式显示，例如，输入日期 "2023/10/1" 后自动显示为 "2023 年 10 月 1 日" 的格式，就需要设置单元格格式了，操作方法如下。

第1步 ▶ 打开 "素材文件\第 2 章\商品订购表 3.xlsx"，选中要设置数据格式的单元格区域，单击【开始】选项卡【数字】组中的【数字格式】下拉按钮，在弹出的下拉菜单中选择【其他数字格式】选项，如图 2-10 所示。

第2步 ▶ 打开【设置单元格格式】对话框，在【数字】选项卡的【分类】列表框中选择【日期】选项，在右侧的【类型】列表框中选择一种日期格式，完成后单击【确定】按钮，如图 2-11 所示。

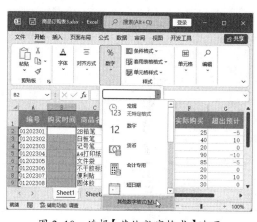

图 2-10　选择【其他数字格式】选项

图 2-11　设置日期格式

第3步 ▶ 在设置了日期格式的单元格区域中，使用任意日期输入方法输入日期，如图 2-12 所示。

第4步 ▶ 输入完成后按【Enter】键，即可看到输入的日期自动转换为设置的日期格式，然后输入其他日期即可，如图 2-13 所示。

图 2-12　输入日期

图 2-13　查看日期格式

2.1.5　使用自定义数据格式

在编辑工作表时，经常会输入位数较多的员工编号、学号、证书编号，如RGB2023001、RGB2023002 等，此时用户会发现编号的部分字符是相同的，若重复地录入会非常烦琐，且易出错，此时可以通过自定义数据格式快速输入。

例如，要在"员工档案表"工作簿中输入工号，操作方法如下。

第1步 ● 打开"素材文件\第 2 章\员工档案表.xlsx"，选中要设置数据格式的单元格区域，单击【开始】选项卡【数字】组中的【数字格式】按钮□，如图 2-14 所示。

第2步 ● 打开【设置单元格格式】对话框，在【数字】选项卡的【分类】列表框中选择【自定义】选项，在右侧的【类型】文本框中输入""CQ2023ZH"000"（"CQ2023ZH"是固定不变的内容），完成后单击【确定】按钮，如图 2-15 所示。

图 2-14　单击【数字格式】按钮

图 2-15　设置自定义格式

第3步 ▶　返回工作表，在单元格区域中输入编号后的序号，如"1"，如图 2-16 所示。

第4步 ▶　按【Enter】键确认，即可显示完整的编号，使用相同的方法输入其他编号即可，如图 2-17 所示。

图 2-16　输入序号　　　　　　　　　　　　　图 2-17　查看编号

2.2　掌握填充数据的规律

在使用Excel表格输入数据时，会遇到一些比较复杂但又有规律的数据，如果挨个输入不免浪费时间，也容易发生错漏。此时，可以使用填充功能，快速输入这些规律数据，例如，使用填充柄填充数据、输入等差序列、输入等比序列、自定义填充序列等。

2.2.1　自动填充数据

在Excel工作簿中输入数据时，最常用的方法是将光标定位到Excel工作表，然后输入数据。可是，当面对众多有规律而且较长的序号时，也要一个一个地输入吗？这时，使用Excel的填充功能，可以轻松完成数据输入。

1. 左键拖曳填充

使用左键拖曳填充柄可以快速填充连续序列、日期、时间、公式及格式和内容，以提高工作效率并确保数据的一致性。例如，在"员工信息表"工作簿中，员工的工号前段基本相同，在输入时，就可以通过左键拖曳来完成，操作方法如下。

第1步 ▶　打开"素材文件\第 2 章\员工信息表 .xlsx"，在单元格中输入工号，选中该单元格，然后将光标移动到该单元格的右下角，当光标变为+形状时，按住鼠标左键不放并拖动，如图 2-18 所示。

第2步 ▶　拖动到合适的位置后，释放鼠标，即可看到数据已经填充为序列，如图 2-19 所示。

图 2-18　拖动鼠标　　　　　　　　　　图 2-19　查看数据

> **教您一招：快速填充数据**
>
> 　　在单元格中输入工号，选中该单元格，然后将光标移动到该单元格的右下角，当光标变为╋形状时双击，即可快速向下填充数据。但如果只是一个孤立的单元格，并不会触发填充效果。

　　在进行数据填充时可以发现，将光标移动到所选单元格的右下角时，光标会变为一个十字箭头╋，这就是填充柄。通过单击并拖曳填充柄，可以选择要填充的方向和范围，然后释放鼠标，Excel 会自动填充相应的内容。在拖动完成并释放鼠标后，将出现一个【自动填充选项】按钮。单击这个按钮，可以展开填充选项列表，选择其中的选项就可以轻松改变数据的填充方式，如图 2-20 所示。

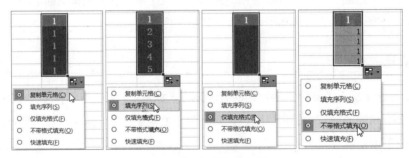

图 2-20　自动填充选项

2. 右键拖曳填充

　　使用鼠标右键拖曳，同样也可以填充数据，但是与使用鼠标左键不同，按住鼠标右键拖曳填充柄到目标单元格，释放鼠标后，将弹出一个快捷菜单，在这个快捷菜单中，可以选择更多的填充选项。

　　例如，要在"考勤表"工作簿中输入工作日，可以使用右键拖曳，选择只填充工作日，操作方法如下。

　　第1步　打开"素材文件\第 2 章\考勤表.xlsx"，在 A3 单元格中输入起始日期，选中该单元格，然后将光标移动到该单元格的右下角，当光标变为╋形状时，按住鼠标右键不放拖动，到目标位置后释放鼠标，在弹出的快捷菜单中选择【填充工作日】选项，如图 2-21 所示。

第2步▶ 即可看到已经自动填充了工作日，如图 2-22 所示。

图 2-21　选择【填充工作日】选项

图 2-22　查看填充数据

温馨提示●

在图 2-21 所示的快捷菜单中选择【序列】选项，打开【序列】对话框，在其中可以设置更多填充选项。

3. 自定义填充序列

在编辑工作表数据时，经常需要填充序列数据。Excel 提供了一些内置序列，用户可以直接使用。对于经常使用而内置序列中没有的数据序列，则需要进行自定义，这样以后便可填充自定义的序列，从而加快数据的输入速度。

例如，要自定义"行政部、销售部、财务部、开发部、市场部"序列，操作方法如下。

第1步▶ 打开"素材文件\第 2 章\行政管理表.xlsx"，在【文件】选项卡中选择【更多】选项，在弹出的菜单中选择【选项】选项，如图 2-23 所示。

第2步▶ 打开【Excel 选项】对话框，单击【高级】选项卡【常规】栏中的【编辑自定义列表】按钮，如图 2-24 所示。

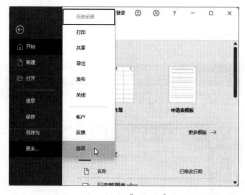

图 2-23　选择【选项】选项

图 2-24　单击【编辑自定义列表】按钮

第3步▶ 打开【自定义序列】对话框，在【输入序列】文本框中输入自定义序列的内容，单击【添加】按钮，将输入的数据序列添加到左侧的【自定义序列】列表框，然后依次单击【确定】按钮退出，如图 2-25 所示。

第4步 ▶ 返回工作表，在单元格中输入自定义序列的第一个内容，再利用填充功能拖动鼠标，即可自动填充自定义的序列，如图 2-26 所示。

图 2-25 添加自定义序列

图 2-26 填充自定义序列

2.2.2 填充相同数据

在制作表格时，经常会遇到需要在多个单元格中输入相同数据的情况，如果逐个输入，或者是使用复制粘贴的方法，都比较耗时还容易出错，此时可以选择以下方法。

1. 在多个单元格中输入相同数据

在输入数据时，有时需要在一些不连续的单元格中输入相同数据，为了提高输入速度，可以按照以下方法在多个单元格中快速输入相同数据。

例如，要在"答题卡"工作簿的多个单元格中输入"A"，操作方法如下。

第1步 ▶ 打开"素材文件\第2章\答题卡.xlsx"，按【Ctrl】键，选择要输入"A"的多个单元格，输入"A"，如图 2-27 所示。

第2步 ▶ 按【Ctrl+Enter】组合键确认，即可在选中的多个单元格中输入相同内容，如图 2-28 所示。

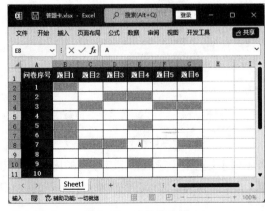

图 2-27 选择单元格

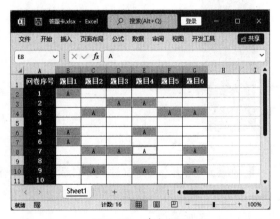

图 2-28 填充数据

2. 空白单元格一次填充

如果要将空白单元格统一填充数据，使用上面的方法填充数据时是不是也要依次选中单元格再进行填充呢？当然不用，利用Excel提供的"定位条件"功能选择空白单元格，然后再进行填充，简单快捷。

例如，上一个案例已经在"答题卡"工作簿中输入了A和B的选项，剩下的空白单元格只需填入C即可，如果要一次性将C填写到其他空白单元格，操作方法如下。

第1步 ● 在工作表的数据区域中，选中任意单元格，单击【开始】选项卡【编辑】组中的【查找和选择】按钮，在弹出的下拉菜单中选择【定位条件】选项，如图 2-29 所示。

第2步 ● 弹出【定位条件】对话框，选中【空值】单选按钮，然后单击【确定】按钮，如图 2-30 所示。

图 2-29 选择【定位条件】选项

图 2-30 选中【空值】单选按钮

第3步 ● 返回工作表，即可看到数据区域中的所有空白单元格呈选中状态，输入需要的数据内容，如"C"，按【Ctrl+Enter】组合键，即可快速填充所选空白单元格，如图 2-31 所示。

3. 在多个工作表中同时输入相同数据

在输入数据时，不仅可以在多个单元格中输入相同数据，还可以在多个工作表的同一个单元格中输入相同数据。例如，要在"6 月""7 月""8 月"3 张工作表中同时输入相同数据，操作方法如下。

第1步 ● 新建一个名为"新进员工考核表"的空白工作簿，通过新建工作表，使工作簿中含有3张工作表，然后将3张工作表分别命名为"6 月""7 月""8 月"，如图 2-32 所示。

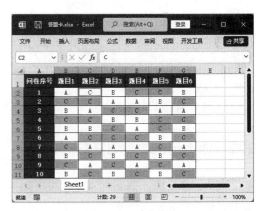

图 2-31 填充数据

第2步 ● 按住【Ctrl】键不放，依次单击工作表对应的标签，从而选中需要同时输入相同数据的多张工作表，本例选中"6 月""7 月""8 月"3 张工作表，直接在当前工作表（如"6 月"）中输入需要的数据，如图 2-33 所示。

图 2-32　新建工作表

图 2-33　输入数据

第3步 ▶ 完成内容的输入后，使用鼠标右击任意工作表标签，在弹出的快捷菜单中选择【取消组合工作表】选项，取消多张工作表的成组状态，如图 2-34 所示。

第4步 ▶ 切换到 "7 月" 或 "8 月" 工作表，即可看到在相同位置输入了相同内容，如图 2-35 所示。

图 2-34　选择【取消组合工作表】选项

图 2-35　查看填充数据

2.2.3　使用记忆功能填充数据

在单元格中输入数据时，可以使用 Excel 的记忆功能，快速输入与当前列中其他单元格相同的数据，从而提高输入效率。

例如，要在 "销售清单" 工作簿中输入当前列中其他单元格中的数据，操作方法如下。

第1步 ▶ 打开 "素材文件\第 2 章\销售清单.xlsx"，选中要输入与当前列其他单元格相同数据的单元格，按【Alt+↓】组合键，在弹出的下拉列表中将显示当前列的所有数据，此时可选择需要录入的数据，如图 2-36 所示。

第2步 ▶ 选择完成后，当前单元格中将自动输入所选数据，如图 2-37 所示。

图 2-36　选择数据

图 2-37　查看填充数据

2.3 设置数据验证

在制作表格时，使用数据验证可以限定单元格中可输入的内容，如单元格中输入的文本长度、文本内容、数值范围等。设置了数据验证的单元格，可以为填写数据的人提供提示信息，减少输入错误，提高工作效率。

在使用数据验证之前，可以先通过 ChatGPT 来了解一下数据验证是什么。

> 💬 **提问**：什么是数据验证？

ChatGPT：

数据验证是指在 Excel 中设置规则和限制，以确保数据的准确性、完整性和一致性。通过数据验证，可以定义数据输入的范围、格式、条件和约束，以防止错误或无效数据的输入。

数据验证可以应用于单个单元格或一系列单元格，以确保输入的数据满足特定的条件。例如，可以设置数据验证规则，要求输入的数字在特定范围内、日期在特定时间段内、文本符合特定的格式，或者基于其他单元格的值进行条件验证等。

通过数据验证，可以实现以下目标。

1. 防止错误数据的输入：可以设置数据验证规则，限制数据的输入范围，防止输入无效或不合理的数据，如负数、超出指定范围的数值等。

2. 提高数据的准确性：通过强制用户按照指定的格式输入数据，可以确保数据的准确性和一致性。

3. 增强数据的完整性：可以设置必填字段的验证规则，确保用户在输入数据时不会遗漏必要的信息。

4. 提供数据选择的限制：可以通过数据验证，限制用户从预定义列表中选择数据，确保输入的数据在指定的选项范围内。

通过合理地设置数据验证规则，可以提高数据的质量和可靠性，减少错误和不一致的发生。数据验证是 Excel 中一个强大的功能，可用于各种数据输入和管理场景，从简单的数据验证到复杂的条件验证，都能有效地帮助你控制和管理数据。

综上所述，我们可以通过设置数据验证，提高数据的准确性，为数据分析打下坚实的基础。那么，接下来就一起来学习如何使用数据验证。

2.3.1 创建下拉选择列表简单输入

如果在单元格中要填写几项固定的内容，可以创建下拉列表，输入时只要从中选择固定内容即可。

例如，要在"员工信息登记表"工作簿中为"所属部门"设置下拉选择列表，操作方法如下。

第1步 ▶ 打开"素材文件\第 2 章\员工信息登记表 .xlsx"，选中要设置内容限制的单元格区域，然后单击【数据】选项卡【数据工具】组中的【数据验证】按钮，如图 2-38 所示。

第2步 ▶ 弹出【数据验证】对话框，在【允许】下拉列表中选择【序列】选项，在【来源】文本框中输入以英文逗号为间隔的序列内容，然后单击【确定】按钮，如图 2-39 所示。

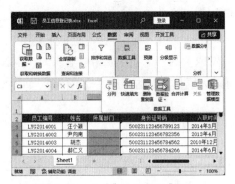

图 2-38　单击【数据验证】按钮

图 2-39　设置数据验证

第3步 ▶ 返回工作表，单击设置了下拉选择列表的单元格，其右侧会出现一个下拉箭头，单击该箭头，将弹出一个下拉列表，单击某个选项，即可快速在该单元格中输入所选内容，如图 2-40 所示。

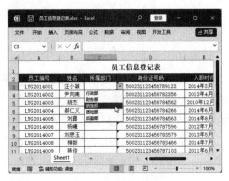

图 2-40　选择数据

> **温馨提示●**
>
> 　　在设置下拉选择列表时，在【数据验证】对话框的【设置】选项卡中，一定要确保【提供下拉箭头】复选框为选中状态（默认是选中状态），否则选择设置了数据验证下拉列表的单元格后，不会出现下拉箭头，从而无法弹出下拉列表供用户选择。

2.3.2 设置文本的输入长度

有些单元格中的数据规定了固定的长度，为了加强输入数据的准确性，可以限制单元格的文本输入长度，当输入的内容超过或低于设置的长度时，系统就会出现错误提示的警告。

例如，在"身份证号码采集表"工作簿中设置单元格中输入的文本长度，操作方法如下。

第1步 打开"素材文件\第 2 章\身份证号码采集表.xlsx"，选中要设置文本长度的单元格区域，打开【数据验证】对话框，在【允许】下拉列表中选择【文本长度】选项，在【数据】下拉列表中选择【等于】选项，设置文本长度为【18】，完成后单击【确定】按钮，如图 2-41 所示。

第2步 返回工作表，在单元格中输入内容时，若文本长度不等于 18 位，则会出现错误提示的警告，如图 2-42 所示。

图 2-41　设置数据验证

图 2-42　查看数据验证

2.3.3　设置数值的输入范围

在录入表格数据时，如果对数据范围有要求，可以为数据设置输入范围，避免输入错误。

例如，在"商品定价表"工作簿中设置数值的输入范围，操作方法如下。

第1步 打开"素材文件\第 2 章\商品定价表.xlsx"，选中要设置数值输入范围的单元格区域 B2:B11，打开【数据验证】对话框，在【允许】下拉列表中选择【整数】选项，在【数据】下拉列表中选择【介于】选项，分别设置允许输入的最小值和最大值，如最小值为【500】，最大值为【800】，完成后单击【确定】按钮，如图 2-43 所示。

第2步 返回工作表，在 B2:B11 单元格区域中输入 500～800 之外的数据时，会出现错误提示的警告，如图 2-44 所示。

图 2-43　设置数据验证

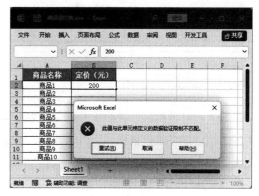

图 2-44　查看数据验证

2.3.4 只允许在单元格中输入数值

如果你只想在某个单元格中输入数值，只要使用公式来设置就可以了。设置完成后，如果输入数值以外的数据，都会弹出错误提示。

例如，要在"冰箱销售统计"工作簿中设置销量单元格区域只能输入数值，操作方法如下。

第1步 ▶ 打开"素材文件\第 2 章\冰箱销售统计.xlsx"，选中要设置内容限制的单元格区域，本例选中 B3:B14 单元格区域，然后单击【数据】选项卡【数据工具】组中的【数据验证】按钮，如图 2-45 所示。

第2步 ▶ 弹出【数据验证】对话框，在【允许】下拉列表中选择【自定义】选项，在【公式】文本框中输入"=ISNUMBER(B3)"（ISNUMBER 函数用于测试输入的内容是否为数值，B3 是指选择单元格区域的第一个活动单元格），完成后单击【确定】按钮，如图 2-46 所示。

图 2-45　单击【数据验证】按钮

第3步 ▶ 经过以上操作后，如果在 B3:B14 单元格区域中输入除数值外的其他内容，就会出现错误提示的警告，如图 2-47 所示。

图 2-46　设置数据验证条件公式

图 2-47　查看数据验证

2.3.5 重复数据禁止输入

在录入表格数据时，身份证号码、发票号码之类的数据都具有唯一性，为了避免在输入过程中因为输入错误而导致数据相同，可以通过"数据验证"功能防止输入重复数据。

例如，在"员工档案表"工作簿中设置单元格区域不允许输入重复值，操作方法如下。

第1步 ▶ 打开"素材文件\第 2 章\员工档案表.xlsx"，选中要设置防止重复输入的单元格区域，本例选中 A2:A12 单元格区域，打开【数据验证】对话框，在【允许】下拉列表中选择【自定义】选项，在【公式】文本框中输入 "=COUNTIF($A$2:$A$12,A2)<=1"，完成后单击【确定】按钮，如图 2-48 所示。

第2步 返回工作表，当在 A2:A12 单元格区域中输入重复数据时，就会出现错误提示的警告，如图 2-49 所示。

图 2-48　设置数据验证

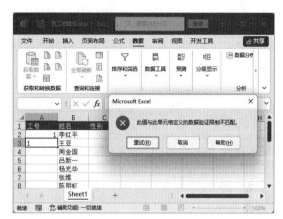

图 2-49　查看数据验证

2.4 收集数据源的途径

在数据分析之前，首先需要有数据库的支持，只有收集了相关的数据，才能进一步建立数据模型，发现数据规律和相关性，从而解决问题，实现预测。

2.4.1 数据来源分析

如果只是简单的数据分析，如对当月销售数据进行分析，可以使用公司的数据库，但要实现更多目的，如数据预测、数据趋势等，就需要不同渠道的各种数据的支持。例如，公开出版物、互联网、市场调查、购买数据等，都是收集数据的好方法，接下来一一讲解这些方法。

1. 公司数据库

公司从成立开始，就记录了众多数据，如不同时间的产量、销售数据、盈利数据等，这是数据分析的最佳数据资源。

2. 公开出版物

在分析发展前景、行业增长数据、社会行为等数据时，可以在众多公开出版的书籍中寻找数据源。例如，《中国统计年鉴》《中国社会统计年鉴》《世界发展报告》《世界经济年鉴》等统计类出版物。

3. 网络数据

在网络时代，很多网络平台都会定期发布相关的数据统计，而利用搜索工具，可以快速地收集到所需的数据。例如，国家及地方统计局网站、各行业组织网站、政府机构网站、传播媒体网站、大型综合门户网站等，都可以找到想要的数据。图 2-50 所示是国家统计局发布的 2023 年 4 月份社会消费品零售总额增长数据，数据全面且有效。

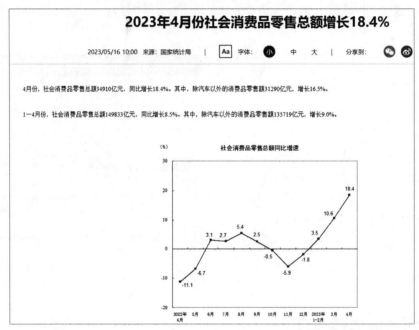

图 2-50　查阅数据

4. 市场调查

在进行数据分析时，用户的需求与感受是分析产品的第一要素，为了获取相关的信息，需要使用各种手段来了解产品的反馈信息，分析市场范围，了解市场的现状和发展空间，为市场预测和营销决策提供客观、准确的数据资料。在进行市场调查时，一般可以通过问卷调查、观察调查、走访调查等形式来完成。

5. 数据收集机构

在信息时代，数据呈爆发式增长，为了获取第一手的数据信息，不妨选择专业的数据收集机构来完成数据的收集工作。然而，数据收集机构虽然有庞大的数据库，但也因为数据众多，在进行数据分析时，需要整理出适合当前需要的数据。

2.4.2　收集互联网类数据源

前面我们了解了 5 种数据的收集方式，其中公司数据库、公开出版物、市场调查和数据收集机构得到的数据源都比较固定。而来源于网络的数据范围最广，也是目前使用得较多的类型。

那么，下面就从收集互联网类数据源开始，在 ChatGPT 的帮助下，寻找收集数据源的方法。

🔟 提问：怎么收集互联网类数据源？

⑤ ChatGPT：

收集互联网类数据源是一个广泛且多样化的任务，以下是一些常见的方法和途径。

1. 网络爬虫：使用网络爬虫技术，自动化地访问互联网上的网页，并抓取所需的数据。可以根据需求编写爬虫程序，提取文本、图片、链接等信息，并存储为结构化数据。

2. 开放数据接口（API）：许多互联网服务提供商和平台都提供了开放的API接口，允许开发者访问和获取特定的数据。通过查阅API文档和注册开发者账号，可以获取相关数据，如社交媒体数据、地理位置数据、天气数据等。

3. 数据提供商：有一些数据提供商专门收集和提供互联网类数据。可以购买这些数据服务，获取特定领域的数据集，如市场调研数据、用户行为数据、行业报告等。

4. 开放数据平台：许多政府机构、科研机构和组织都提供了开放数据平台，发布各种类型的公共数据集。可以访问这些平台，获取公共数据集，如经济指标、环境数据、人口统计数据等。

5. 社交媒体监测：通过监测社交媒体平台上的内容和互动，可以获取用户意见、市场趋势、舆情分析等数据。使用专业的社交媒体监测工具，可以追踪特定关键词、主题或品牌，并收集相关数据。

6. 在线调查和用户反馈：通过设计在线调查、问卷或用户反馈机制，直接向目标用户群体收集数据。可以在网站、应用程序或社交媒体上发布调查，并邀请用户参与。这种方法可以获得用户对产品、服务、体验等方面的意见和反馈。

7. 数据挖掘和机器学习：利用数据挖掘和机器学习技术，分析互联网上的大量数据源。通过文本挖掘、情感分析、主题建模等方法，提取和整理有价值的信息。

在收集互联网类数据源时，需要注意法律和隐私问题。确保数据的合法获取，并遵守相关的数据保护法规和隐私政策。此外，要注意数据质量和准确性，对数据进行筛选、清洗和验证，确保数据的可靠性和适用性。

从以上回答中，可以得知更多的信息获取渠道，但是目标并不明确。例如，我们想用上面第 4 种方法来收集数据，但又不知道有哪些开放数据平台，此时可以再次提问。

🔟 **提问：** 请推荐汽车类的开放数据平台。

---

⑤ ChatGPT：

以下是一些常见的汽车类开放数据平台，它们提供了关于汽车行业的各种数据供用户访问和利用。

1. 车轮数据（CarQuery API）：这是一个开放的汽车数据平台，提供了关于汽车品牌、型号、规格、性能等方面的数据，可用于构建汽车信息查询和比较的应用程序。

2. 汽车之家开放平台：汽车之家是中国最大的汽车垂直网站之一，其开放平台提供了各种汽车相关数据，包括车型数据、车辆报价、销量数据等，可用于开发汽车信息查询、比较和评估的应用程序。

3. 汽车数据实验室（Car Data Lab）：这是一个由德国工程学院（RWTH Aachen University）创建的开放数据平台，提供了大量关于汽车性能、燃油经济性、排放等方面的数据，可用于汽车研究和开发领域。

4. NHTSA开放数据：美国国家公路交通安全管理局（NHTSA）提供了开放的汽车安全数据，包括事故数据、召回信息、车辆规格等，可用于分析和研究汽车安全性能和相关问题。

> 5. 维基百科汽车分类: 维基百科是一个用户编辑的在线百科全书，其中包含了丰富的关于汽车的信息和分类。用户可以通过访问维基百科的汽车分类页面，获取有关汽车品牌、型号、历史、技术等方面的数据。
>
> 　　这些汽车类开放数据平台提供了丰富的汽车相关数据，涵盖了车型、性能、安全、报价等方面的信息。用户可以通过这些平台获取数据，用于汽车领域的研究、开发和决策。注意，在使用这些数据时，要遵守相应的数据使用政策和规定，并注意数据的准确性和可靠性。

　　看了上面的回答之后，想要再次收集信息，是不是就有了更明确的目标？通过开放数据平台，用户可以访问和检索大量的数据集，包括结构化数据、实时数据、历史数据等，我们可以轻松地浏览、筛选和下载数据，满足不同的数据访问和使用需求。

2.4.3　收集电商类数据源

　　严格来说，电商类数据也属于互联网数据中的一类，但近年来电商的发展趋势越来越明显，所以单独将其罗列出来。再在 ChatGPT 中寻找收集电商类数据源的方法。

> 🔟 **提问:** 怎么收集电商类数据源？

> **⑤ ChatGPT:**
> 收集电商类数据源可以采用多种方法和途径。以下是一些常见的收集电商类数据源的方法。
> 　　1. 网络爬虫: 使用网络爬虫技术，通过自动化程序访问电商网站并抓取所需数据。可以针对不同的电商平台和页面，提取商品信息、销售信息、用户评价等数据。
> 　　2. API接口: 许多电商平台提供开放的API接口，可以通过调用这些接口获取特定的数据。根据不同平台的API文档，可以获取商品信息、订单数据、用户数据等。
> 　　3. 数据提供商: 有一些数据提供商专门收集和提供电商数据，可以购买他们的数据服务来获取所需的数据。这些数据提供商会整理和更新各种电商数据，如销售数据、市场趋势、竞争对手信息等。
> 　　4. 社交媒体监测: 通过监测社交媒体平台上的相关话题、讨论和评论，可以获取关于电商产品、品牌、服务等方面的用户反馈和意见。这些数据可以用于了解市场需求、改进产品等方面。
> 　　5. 用户调研和调查: 通过进行用户调研和调查，可以直接向目标用户群体收集电商相关的数据。可以通过问卷调查、面谈或焦点小组访谈等方式，了解用户的购物习惯、偏好、满意度等信息。
> 　　6. 数据交换合作: 与电商平台、数据提供商、其他企业等建立合作关系，进行数据交换和共享。可以通过共享数据来获得更全面和准确的电商数据，互相受益。
> 　　在收集电商类数据源时，需要注意保护用户隐私和遵守相关的法律和法规。确保数据的合法获取和使用，并采取适当的安全措施来保护数据的机密性和完整性。此外，数据收集应关注数据的质量和准确性，确保收集到的数据能够满足分析和决策的需求。

　　从以上回答中，可以看出收集电商类数据源的方法与收集互联网类数据源的方法大致相同，为了获取更详细的数据，也可以再次提问，如"如何通过网络爬虫查询洗衣机的销量""请推荐几个电商类数据提供商的信息"等。

2.4.4　收集金融类数据源

金融类数据在今天的商业和投资决策中扮演着重要的角色。了解金融市场的趋势、分析金融产品的表现和评估投资风险都需要可靠和全面的金融数据。然而，要获得准确和及时的金融数据并非易事。下面就用ChatGPT学习如何收集金融类数据源。

> 🔟 提问：怎么收集金融类数据源？

⑤ ChatGPT：

收集金融类数据源是进行金融分析和决策的重要一环，以下是一些常见的方法和途径。

1. 金融数据提供商：有许多专门的金融数据提供商，如财经新闻机构、金融数据平台、市场研究公司等。这些提供商会收集和整理各类金融数据，包括股票行情、市场指数、财务报表、宏观经济数据等。可以购买这些数据服务，获取所需的金融数据。

2. 金融机构和交易所：金融机构和交易所通常会提供一定范围的金融数据，包括股票、债券、期货、外汇等的交易数据。可以查阅相关机构和交易所的网站，了解数据订阅和获取的方式。

3. 开放数据接口（API）：一些金融机构和金融科技公司提供开放的API接口，允许开发者访问和获取金融数据。通过查阅API文档和注册开发者账号，可以获取特定金融数据，如股票行情、财务数据、交易数据等。

4. 政府机构：许多国家的政府机构和中央银行会发布各种经济数据和金融指标，如GDP、通货膨胀率、利率等。这些数据通常可以在政府机构的网站上找到，如国家统计局、央行等。

5. 金融新闻和报告：阅读金融新闻和报告是获取行业动态和市场趋势的一种方式。许多新闻机构和金融机构都提供免费或订阅的新闻和报告服务，提供对金融市场的评论和分析。

6. 数据挖掘和机器学习：利用数据挖掘和机器学习技术，分析金融市场和交易数据，挖掘潜在的模式和趋势。可以使用相关的数据挖掘和机器学习工具，处理大量的金融数据，提取有用的信息。

在收集金融类数据源时，需要注意数据的准确性和及时性。金融数据是时效性强的数据，及时更新和获取最新的数据非常重要。同时，要遵守相关的法律和监管要求，确保数据的合法获取和使用。对于金融数据的使用和分析，也要注意数据的保密性和安全性，避免泄露。

以上是一些常见的金融类数据源，数据源提供了丰富的金融数据，包括市场行情、股票交易数据、财务报表、宏观经济指标等。通过这些数据源，我们可以深入了解金融市场的运行情况，做出更明智的投资和经营决策。

2.5　导入数据源

除了在工作表中手动输入数据，在Excel中还有一个重要的录入数据的方式——导入外部数据。我们可以导入的外部数据很多，包括文本数据、其他工作簿中的数据、Access数据、网站数据等。本节将介绍几种常见的外部数据导入方式。

2.5.1 导入文本数据

在日常工作中，有一些数据是以文本文件保存的，如果想要将这些数据输入Excel电子表格中，可以通过导入文本数据功能来完成。

例如，从考勤机里导出的员工打卡记录是以文本文件格式来保存的，如果想要将打卡记录导入Excel中，操作方法如下。

第1步 ▶ 打开 "素材文件\第 2 章\10 月考勤表 .xlsx"，选中放置数据的单元格，如 A1 单元格，然后单击【数据】选项卡【获取和转换数据】组中的【从文本/CSV】按钮，如图 2-51 所示。

第2步 ▶ 打开【导入数据】对话框，选择 "素材文件\第 2 章\考勤表 .txt" 文本文件，然后单击【导入】按钮，如图 2-52 所示。

图 2-51　单击【从文本/CSV】按钮　　　　图 2-52　选择文件

第3步 ▶ 在打开的对话框中，在【文件原始格式】下拉列表中选择【无】选项，然后单击【加载】按钮，如图 2-53 所示。

第4步 ▶ 返回工作表，即可看到文本文件中的数据已经导入了工作表中，单击【表设计】选项卡【工具】组中的【转换为区域】按钮，如图 2-54 所示。

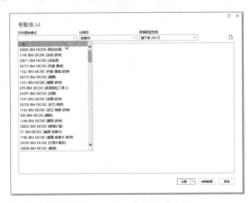
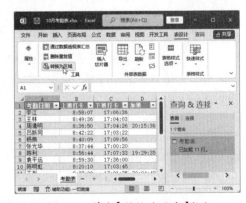

图 2-53　单击【加载】按钮　　　　　图 2-54　单击【转换为区域】按钮

第5步 ▶ 在弹出的提示对话框中单击【确定】按钮，如图 2-55 所示。

第6步 ▶ 操作完成后，即可看到文本文件导入后的最终效果，如图 2-56 所示。

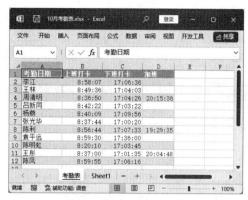

图 2-55　单击【确定】按钮

图 2-56　查看导入数据

2.5.2　导入Access数据

公司数据库中的资料是数据分析的最佳来源，可是Access的数据分析功能较弱。使用Excel的导入功能，将Access中的数据导入表格中，可以更好地分析数据。

例如，要在"联系人列表"工作簿中导入Access中的数据，操作方法如下。

第1步 打开"素材文件\第2章\联系人列表.xlsx"，选中放置数据的单元格，单击【数据】选项卡【获取和转换数据】组中的【获取数据】下拉按钮，在弹出的下拉菜单中选择【来自数据库】选项，然后在弹出的子菜单中选择【从Microsoft Access数据库】选项，如图 2-57 所示。

第2步 打开【导入数据】对话框，选择"素材文件\第2章\联系人列表.accdb"文件，完成后单击【导入】按钮，如图 2-58 所示。

图 2-57　选择【从Microsoft Access 数据库】选项

第3步 打开【导航器】对话框，在【显示选项】目录下选择【联系人】选项，然后单击【加载】按钮，如图 2-59 所示。

图 2-58　选择文件

图 2-59　单击【加载】按钮

第4步 返回工作表，即可看到数据库中的数据已经导入了工作表中，单击【表设计】选项卡【工具】组中的【转换为区域】按钮，在弹出的提示对话框中单击【确定】按钮，如图 2-60 所示。

第5步 操作完成后，即可看到 Access 数据库文件导入后的最终效果，如图 2-61 所示。

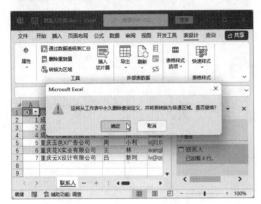

图 2-60　单击【确定】按钮

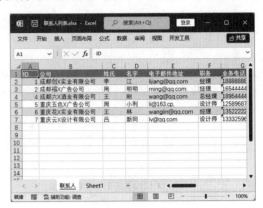

图 2-61　查看导入数据

2.5.3　导入网站数据

想要及时、准确地获取需要的数据，就不能忽略网络资源。在国家统计局等专业网站上，我们可以轻松获取网站发布的数据，如产品报告、销售排行、股票行情、居民消费指数等。

例如，要将国家统计局发布的"第四次全国经济普查公报"数据（网址为 http://www.stats.gov.cn/sj/zxfb/202302/t20230203_1900530.html）导入 Excel 工作表中，操作方法如下。

第1步 打开"素材文件\第 2 章\第四次全国经济普查公报.xlsx"，选中放置数据的单元格，单击【数据】选项卡【获取和转换数据】组中的【自网站】按钮，如图 2-62 所示。

第2步 打开【从 Web】对话框，选中【基本】单选按钮，在【URL】文本框中输入要导入数据的网站，然后单击【确定】按钮，如图 2-63 所示。

图 2-62　单击【自网站】按钮

图 2-63　输入网站地址

第3步 打开【导航器】对话框，在【显示选项】目录下选择需要导入的数据，本例选择【Table0】，然后单击【加载】按钮，如图 2-64 所示。

第4步 ▶ 返回工作表，即可看到网站中的数据已经导入了工作表中，单击【表设计】选项卡【工具】组中的【转换为区域】按钮，在弹出的提示对话框中单击【确定】按钮，如图 2-65 所示。

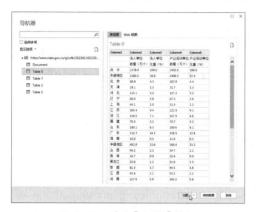

图 2-64　单击【加载】按钮

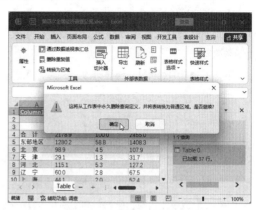

图 2-65　单击【确定】按钮

第5步 ▶ 操作完成后，即可看到导入网站数据后的最终效果，如图 2-66 所示。

2.6　ChatGPT答疑解惑

通过前面知识的学习，相信读者已经掌握了数据的录入与获取的相关技能。下面结合本章内容，让 ChatGPT 介绍一些工作中的实用经验与技巧，让你在录入和获取数据时可以更加方便。

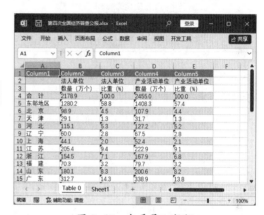

图 2-66　查看导入数据

2.6.1　如何限制输入小数的位数

在单元格中输入含有小数的数字时，为了避免发生错漏，可以为其设置输入的小数位数。在设置之前，可以先问一问 ChatGPT 有没有好的方法。

提问： 怎样在Excel中限制小数位数？

ChatGPT：
在Excel中，可以通过以下几种方法来限制小数位数。
1. 使用数值格式。
（1）选择需要限制小数位数的单元格或单元格范围。
（2）右击并选择【设置单元格格式】选项。
（3）在【数字】选项卡中，选择【数值】选项。

（4）在【小数位数】框中输入想要显示的小数位数。

（5）单击【确定】按钮应用所做的更改。

2. 使用函数。

如果只是想在公式中限制小数位数而不改变单元格的格式，可以使用 ROUND 函数或其他相关的数值函数来实现。

例如，使用 ROUND 函数可以将一个数值四舍五入到指定的小数位数，=ROUND(A1, 2) 可将 A1 单元格中的值四舍五入到 2 位小数。

3. 自定义格式。

（1）如果需要更复杂的格式设置，可以使用自定义格式。

（2）选择需要限制小数位数的单元格或单元格范围。

（3）右击并选择【设置单元格格式】选项。

（4）在【数字】选项卡中，选择【自定义】选项。

（5）在【类型】框中，输入自定义的格式代码。例如，要限制为两位小数，可以输入"0.00"。

（6）单击【确定】按钮应用所做的更改。

以上方法可以帮助你在 Excel 中限制小数位数，根据你的需求选择适合的方法来实现。

ChatGPT 提供了 3 种方法限制小数的位数，在设置后，如果输入的数据小数位数超过 2 位，将自动四舍五入为 2 位。

如果不希望数据四舍五入，而只是限制输入数据的小数位数，可以通过数据验证的方法来设置，操作方法如下。

第1步 打开"素材文件\第 2 章\商品定价表 .xlsx"，选中要设置数值输入范围的单元格区域 B2:B11，打开【数据验证】对话框，在【允许】下拉列表中选择【自定义】选项，在【公式】文本框中输入公式"=TRUNC(B2,2)=B2"，然后单击【确定】按钮，如图 2-67 所示。

第2步 返回工作表，在 B2:B11 单元格区域中输入的数字超过 2 位小数时，便会出现错误提示的警告，如图 2-68 所示。

图 2-67　设置数据验证

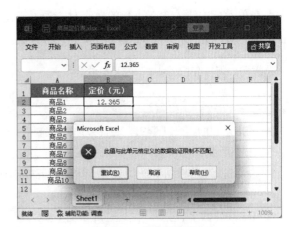

图 2-68　查看数据验证

2.6.2 如何快速选中所有数据类型相同的单元格

在编辑工作表的过程中，若要对数据类型相同的多个单元格进行操作，就需要先选中这些单元格，除了通过常规的操作方法逐个选中，还可以通过查找功能快速选择。

例如，要在工作表中选择所有包含公式的单元格，应该如何查找呢？先来看看ChatGPT的回答吧。

> 🔟 **提问**：怎样在工作表中选择所有包含公式的单元格？

> ⊗ **ChatGPT**：
>
> 要选择工作表中所有包含公式的单元格，可以按照以下步骤进行操作。
>
> 1. 打开Excel表格并定位到包含要筛选的数据的工作表。
>
> 2. 在工作表的任意单元格中，按【Ctrl+A】组合键，以选中整个工作表的所有单元格。
>
> 3. 在Excel的菜单栏中，选择【开始】选项卡。
>
> 4. 在【编辑】组中，单击【查找和选择】按钮，并在下拉菜单中选择【公式】选项。
>
> 5. Excel会自动选中所有包含公式的单元格，并突出显示它们。
>
> 注意，这种方法只会选中包含公式的单元格，并不会对它们进行任何其他操作。如果需要对这些单元格执行其他操作，如复制、删除或更改格式，可以使用选定的单元格执行相应的操作。

根据以上回答，如果要在"冰箱销售统计"工作簿中查找所有包含公式的单元格，操作方法如下。

第1步 ▶ 打开"素材文件\第2章\冰箱销售统计.xlsx"，单击【开始】选项卡【编辑】组中的【查找和选择】按钮，在弹出的下拉菜单中选择【公式】选项，如图2-69所示。

第2步 ▶ 操作完成后，即可看到所有包含公式的单元格已经被选中，如图2-70所示。

图 2-69　选择【公式】选项

图 2-70　查看选择结果

> **温馨提示**●
>
> 在【查找和选择】下拉菜单中选择【定位条件】选项，在打开的【定位条件】对话框中，可以选择其他格式的对象。

2.6.3 如何使用自定义格式隐藏零值

在编辑工作表时，经常会出现"0"值，如果不希望显示"0"值，可以将其隐藏。如果不知道如何隐藏，可以在 ChatGPT 中寻求帮助。

> 🔟 **提问：** 怎样隐藏工作表中的零值？

> ⑤ **ChatGPT：**
>
> 要隐藏工作表中的零值，可以按照以下步骤进行操作。
>
> 1. 打开 Excel 表格并定位到要隐藏零值的工作表。
> 2. 在 Excel 的菜单栏中，选择【文件】选项卡。
> 3. 在左侧面板中，选择【选项】选项。
> 4. 在【Excel 选项】对话框中，选择【高级】选项卡。
> 5. 在【此工作表的显示选项】组中，找到【在具有零值的单元格中显示零】复选框。
> 6. 取消选中该复选框，然后单击【确定】按钮。
>
> 这样，工作表中的所有零值将被隐藏，只显示非零值的单元格。注意，这只是在视觉上隐藏了零值，并不会对实际数据进行更改。如果需要重新显示零值，只需再次选中【在具有零值的单元格中显示零】复选框即可。

根据以上回答，如果要隐藏工作表中的零值，操作方法如下。

第1步 ▶ 打开"素材文件\第 2 章\商品订购表 3.xlsx"，在【文件】选项卡中选择【更多】选项，在弹出的菜单中选择【选项】选项，打开【Excel 选项】对话框，在【高级】选项卡的【此工作表的显示选项】组中取消选中【在具有零值的单元格中显示零】复选框，然后单击【确定】按钮，如图 2-71 所示。

第2步 ▶ 返回工作表，即可看到包含零值的单元格显示为空白，如图 2-72 所示。

图 2-71　取消选中复选框

图 2-72　查看设置效果

2.7 实训：制作员工档案表

在日常工作中，员工档案表是企业必备的表格，通过员工档案表，可以了解员工的大致情况，以方便业务的展开。员工档案表包含的信息不必太多，通常包括姓名、性别、籍贯、身份证号码、学历、职位、电话等基本信息。在制作之前，可以先通过ChatGPT了解制作员工档案表的关键，再进行制作。

提问： 我需要用Excel制作一个员工档案表，请规划制作流程和步骤。

ChatGPT:

制作员工档案表需要以下步骤。

1. 规划档案表的结构和内容：你需要决定你的员工档案表需要记录的信息，例如，员工姓名、工号、职位、入职日期、电话号码、电子邮件地址等。此外，你还需要考虑将这些信息放在哪些列和行中。

2. 准备Excel文件：打开Excel文件，然后在第一行中创建列标题。在此之前，你需要确定每个列的标题名称，以便你可以将员工档案表的信息进行分类和整理。

3. 输入员工信息：在第二行和以后的行中，输入每个员工的信息。确保每个员工的信息填写正确，否则后续数据分析和处理就会受到影响。你可以选择手动输入员工信息，或者从其他数据源复制和粘贴员工信息。

4. 格式化档案表：在Excel中，你可以通过调整列宽和行高、添加颜色和字体样式等方法，来使你的员工档案表更易于阅读和理解。你可以使用Excel自带的格式设置功能，或者通过自定义单元格格式实现。

5. 数据分析和处理：如果你需要对员工档案表中的数据进行分析和处理，可以使用Excel中的各种功能，例如，筛选、排序、数据透视表等。这些功能可以帮助你更好地了解员工档案表中的数据，并为决策提供支持。

6. 更新和维护：你需要定期更新员工档案表中的信息，例如，新员工的入职信息、离职员工的离职信息等。此外，你还需要确保员工档案表的数据准确性和完整性，以便为后续工作提供支持。

希望这些步骤可以帮助你成功制作员工档案表。

从以上回答中，可以看出ChatGPT在规划时已经考虑了多方面的因素，我们只需要根据公司的情况，制作出适合的表格即可，实例最终效果见“结果文件\第 2 章\2023 年新进员工档案表.xlsx”文件。

第1步 新建一个工作簿，在第一行中输入列标题，如图 2-73 所示。

第2步 输入员工姓名，然后在B2 单元格中输入工号，选中该单元格，将光标移动到该单元格的右下角，当光标变为+形状时，按住鼠标左键不放拖动到下方的单元格，然后单击【自动填充选项】按钮，在弹出的下拉菜单中选择【填充序列】选项，如图 2-74 所示。

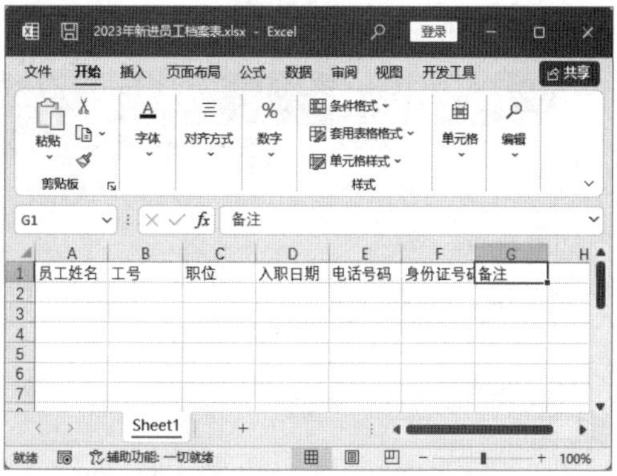

图 2-73　输入标题文本

图 2-74 选择【填充序列】选项

温馨提示●

　　如果填充的数据是文本型，拖动填充柄时会自动填充连续数值序列；如果填充的数据是数值型，在拖动时按住【Ctrl】键即可填充连续的数值。

第3步 ▶ 选中 C2:C10 单元格区域，单击【数据】选项卡【数据工具】组中的【数据验证】按钮，如图 2-75 所示。

第4步 ▶ 弹出【数据验证】对话框，在【允许】下拉列表中选择【序列】选项，在【来源】文本框中输入需要的职位选项，每个职位用英文的逗号隔开，完成后单击【确定】按钮，如图 2-76 所示。

图 2-75 单击【数据验证】按钮

图 2-76 设置数据验证

第5步 ▶ 返回工作表，从下拉列表中选择相应的职位信息，填写职位的数据，如图 2-77 所示。

第6步 ▶ 选中 D2:D10 单元格区域，单击【开始】选项卡【数字】组中的【数字格式】按钮，如图 2-78 所示。

图 2-77 选择数据

图 2-78 单击【数字格式】按钮

第7步 ▶ 打开【设置单元格格式】对话框，在【分类】列表框中选择【日期】选项，在右侧的【类型】列表框中选择一种日期格式，完成后单击【确定】按钮，如图 2-79 所示。

第8步 ▶ 在"入职日期"列中以任意格式输入日期信息，日期都将以设置的格式显示，如图 2-80 所示。

图 2-79　设置日期格式

图 2-80　查看日期格式

第9步 ▶ 在"电话号码"列中输入电话号码，然后选中F2:F10 单元格区域，右击，在弹出的快捷菜单中选择【设置单元格格式】选项，如图 2-81 所示。

第10步 ▶ 打开【设置单元格格式】对话框，在【分类】列表框中选择【文本】选项，然后单击【确定】按钮，如图 2-82 所示。

图 2-81　选择【设置单元格格式】选项

图 2-82　选择【文本】选项

第11步 ▶ 在"身份证号码"列中输入身份证号码，如图 2-83 所示。

第12步 ▶ 将光标移动到F 列和G 列的分隔线上，当光标变为✛形状时，按住鼠标左键不放向右拖动到合适的位置，释放鼠标，即可调整该列的宽度，如图 2-84 所示。

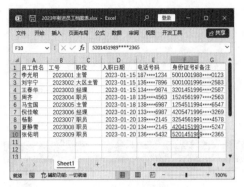

图 2-83　输入身份证号码

图 2-84　调整列宽

第13步 选中A1:G1 单元格区域，在【开始】选项卡的【字体】组中设置字体样式，如填充颜色、字体颜色、字号等，如图 2-85 所示。

第14步 保持单元格区域的选中状态，单击【开始】选项卡【对齐方式】组中的【居中】按钮≡，如图 2-86 所示。

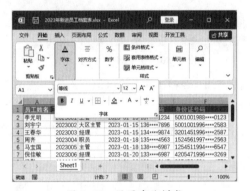

图 2-85　设置字体样式

图 2-86　设置对齐方式

第15步 选择所有数据区域，单击【开始】选项卡【字体】组中的【边框】下拉按钮⊞ ，在弹出的下拉菜单中选择【所有框线】选项，如图 2-87 所示。

第16步 操作完成后，即可看到工作表的最终效果，如图 2-88 所示。

图 2-87　选择【所有框线】选项

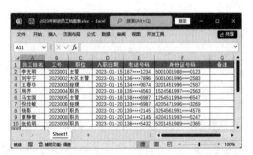

图 2-88　查看最终效果

本章小结

　　本章主要介绍了建立数据分析资料库的方法，除了通过 ChatGPT 了解了 Excel 中不同类型的数据，还要熟悉填充数据、设置数据验证和导入外部数据等方面的操作方法。通过本章的学习，希望大家能够熟练地在 Excel 中快速建立数据分析资料库，为以后的数据分析打下基础。

第 3 章

数据的清洗与加工

在数据收集和整理的过程中，常常会面临数据质量不高、数据格式不一致、数据缺失等问题。因此，为了确保数据的准确性、一致性和完整性，进行数据清洗与加工是必不可少的步骤。本章将通过 ChatGPT 的提示对数据进行格式规范，并对收集的数据进行加工处理，以确保数据的可靠性和一致性。

- 掌握重复数据的处理。
- 掌握不规范格式的处理。
- 了解数据计算的重要性。
- 掌握转换数据的方法。
- 了解分类数据的方法。
- 掌握重组数据的方法。

3.1 使用ChatGPT规范数据格式

在现代的数据处理和分析工作中，数据的规范性是至关重要的。然而，对于大规模的数据集或复杂的数据类型，手动处理和规范数据格式可能是一项烦琐且耗时的任务。随着人工智能和自然语言处理技术的发展，现在可以借助 ChatGPT 等智能助手来帮助我们规范数据格式。

3.1.1　快速删除重复数据

在日常的数据处理和分析中，经常会遇到需要快速删除重复数据的情况。重复数据不仅会占据存储空间，还可能干扰分析结果的准确性。因此，有效地去除重复数据是数据清洗和整理的重要步骤之一。如果不知道应该如何删除，可以在 ChatGPT 中提出问题，获取回复。

> 🔮 **提问：** 怎样快速删除重复数据？

> 🌀 **ChatGPT：**
>
> 要快速删除重复数据，可以使用 Excel 提供的以下方法。
>
> 1. 使用数据删除功能。
>
> （1）选中包含重复数据的列或范围。
>
> （2）在 Excel 的菜单栏中，选择【数据】选项卡。
>
> （3）在【数据工具】组中，单击【删除重复值】按钮。
>
> （4）在弹出的对话框中，选择需要去除重复项的列并确认。
>
> （5）Excel 将删除选定列中的重复数据，只保留唯一值。
>
> 2. 使用条件格式化。
>
> （1）选中包含重复数据的列或范围。
>
> （2）在 Excel 的菜单栏中，选择【开始】选项卡。
>
> （3）在【样式】组中，单击【条件格式】按钮。
>
> （4）选择【突出显示单元格规则】选项，然后选择【重复值】选项。
>
> （5）Excel 将突出显示所有重复的数据，可以手动删除或进行进一步处理。
>
> 3. 使用筛选功能。
>
> （1）选中包含重复数据的列或范围。
>
> （2）在 Excel 的菜单栏中，选择【数据】选项卡。
>
> （3）在【排序和筛选】组中，单击【筛选】按钮。
>
> （4）列标题上出现筛选箭头，单击该箭头并选择【重复值】选项。
>
> （5）Excel 将筛选出重复数据，可以直接删除筛选结果或进行进一步操作。
>
> 这些方法都能帮助你快速删除重复数据，选择适合你需求的方法即可。请记住，在进行任何数据操作之前，最好先备份原始数据，以防误操作导致数据丢失。

ChatGPT 提供了 3 种方法以供选择，下面就选择第 1 种方法在"行政管理表"工作簿中删除重复的部门，操作方法如下。

第1步 ▶ 打开"素材文件\第 3 章\行政管理表 .xlsx"，在数据区域中选中任意单元格，然后单击【数据】选项卡【数据工具】组中的【删除重复值】按钮，如图 3-1 所示。

第2步 ▶ 打开【删除重复值】对话框，在【列】列表框中选择需要进行重复项检查的列，然后单击【确定】按钮，如图 3-2 所示。

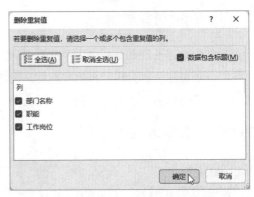

图 3-1 单击【删除重复值】按钮   图 3-2 选择需要进行重复项检查的列

第3步 ▶ 系统将对选中的列进行重复项检查并删除重复项，检查完成后会弹出提示框告知，
单击【确定】按钮，如图 3-3 所示。

第4步 ▶ 返回工作表，即可看到重复数据已经被删除，如图 3-4 所示。

图 3-3 单击【确定】按钮   图 3-4 查看删除效果

3.1.2 删除空白行和列

在数据处理和整理过程中，经常会遇到需要删除空白行和列的情况。空白行和列不仅会占据存
储空间，还可能干扰数据的可视化和分析结果的准确性。因此，及时删除空白行和列是数据清洗和
整理的重要步骤之一。

下面就来问一问ChatGPT有什么方法可以快速删除空白行和列。

> 🔟 **提问：** 怎样删除空白行和列？

> ⑤ **ChatGPT：**
> 要删除空白行和列，可以使用以下方法之一。
> 1. 手动删除：在电子表格中，可以手动选中空白行或列，并按【Delete】或【Backspace】键来删除
> 它们。这种方法适用于少量数据的删除操作。
> 2. 使用筛选功能：在电子表格软件中，可以使用筛选功能来筛选出空白行或列，并将其删除。具体操
> 作步骤如下。

（1）选中数据范围，包括空白行或列。

（2）在菜单栏或工具栏中找到【数据】或【数据】选项卡，并选择【筛选】。

（3）在筛选条件中选择【空白】。

（4）空白行或列将被筛选出来，然后你可以选中它们并删除。

3. 使用函数判断和删除：在 Excel 等电子表格软件中，你可以使用函数来判断行或列是否为空白，然后删除它们。具体操作步骤如下。

（1）在另一列或行中使用函数判断每一行或列是否为空白。例如，可以使用以下函数。

①判断行是否为空白：=IF(COUNTA(A1:Z1)=0, "空白", "非空白")

②判断列是否为空白：=IF(COUNTA(A1:A100)=0, "空白", "非空白")

（2）将函数应用到每一行或列中，以获取判断结果。

（3）根据判断结果，筛选出空白行或列，并删除它们。

以上是一些常用的方法，可以帮助你删除空白行和列。根据数据量和具体需求，可以选择最适合你的方法来进行操作。无论使用哪种方法，请务必在删除之前备份数据，以防误操作导致数据丢失。

虽然从以上回答中知道了多种删除空白行和列的方法，但实际操作中，却不能使用ChatGPT提供的第 2 种方法删除空白列。所以，在此我们先学习筛选空白行，再使用其他方法删除空白列。

1. 使用"筛选"功能删除空白行

使用"筛选"功能可以筛选出数据表中的空白行，然后将其删除，操作方法如下。

第1步 打开"素材文件\第 3 章\促销商品销量表 .xlsx"，选中数据区域，然后单击【数据】选项卡【排序和筛选】组中的【筛选】按钮，如图 3-5 所示。

第2步 进入筛选状态，单击任意筛选字段右侧的下拉按钮▾，在弹出的下拉菜单中只选中【空白】复选框，单击【确定】按钮，如图 3-6 所示。

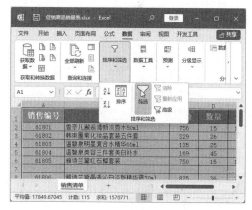

图 3-5 单击【筛选】按钮

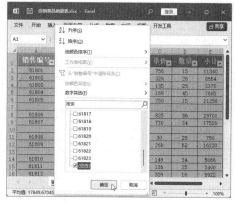

图 3-6 选中【空白】复选框

第3步 返回工作表，即可看到已经筛选出空白行，在选中的空白行上右击，在弹出的快捷菜单中选择【删除行】选项，如图 3-7 所示。

第4步 在弹出的提示对话框中单击【确定】按钮，再次单击【数据】选项卡【排序和筛选】组中的【筛选】按钮取消筛选，如图 3-8 所示。

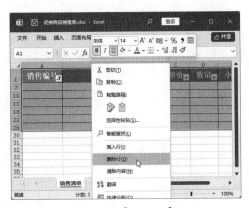

图 3-7 选择【删除行】选项

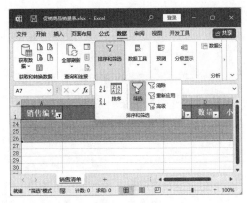

图 3-8 取消筛选

第5步 取消筛选后，即可看到已经删除了空白行，如图 3-9 所示。

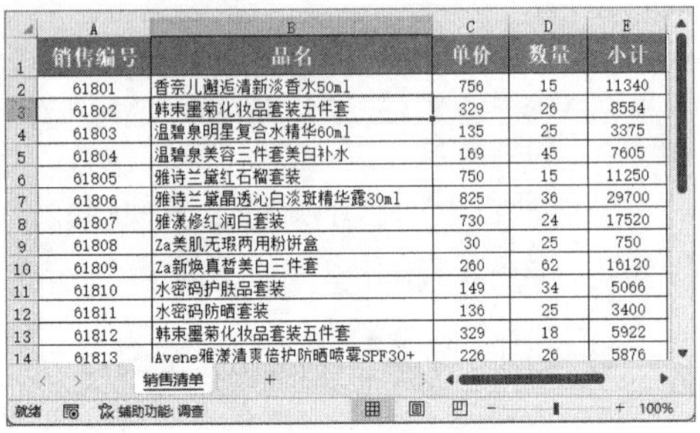

2. 使用"定位条件"功能删除空白列

使用"定位条件"功能，可以先定位空白行或列，再执行删除操作。下面以删除空白列为例进行讲解，操作方法如下。

第1步 打开"素材文件\第 3 章\促销商品销量表 1.xlsx"，选中数据区域，单击【开始】选项卡【编

图 3-9 查看效果

辑】组中的【查找和选择】下拉按钮，在弹出的下拉菜单中选择【定位条件】选项，如图 3-10 所示。

第2步 打开【定位条件】对话框，选中【列内容差异单元格】单选按钮，单击【确定】按钮，如图 3-11 所示。

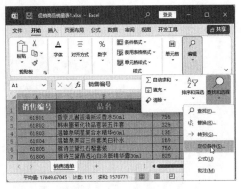

图 3-10 选择【定位条件】选项

图 3-11 选中【列内容差异单元格】单选按钮

第3步 返回工作表，即可看到已经选中数据区域中的所有非空列。单击【开始】选项卡【单元格】组中的【格式】下拉按钮，在弹出的下拉菜单中选择【隐藏和取消隐藏】选项，在弹出的子菜单中选择【隐藏列】选项，如图 3-12 所示。

第4步 选中设置了表格边框的单元格区域，单击【开始】选项卡【编辑】组中的【查找和选择】下拉按钮，在弹出的下拉菜单中选择【定位条件】选项，如图 3-13 所示。

图 3-12 选择【隐藏列】选项

图 3-13 选择【定位条件】选项

第5步 打开【定位条件】对话框，选中【可见单元格】单选按钮，然后单击【确定】按钮，如图 3-14 所示。

第6步 在选中的单元格中右击，在弹出的快捷菜单中选择【删除】选项，弹出【删除】对话框，选中【右侧单元格左移】单选按钮，完成后单击【确定】按钮，如图 3-15 所示。

图 3-14 选中【可见单元格】单选按钮

图 3-15 选择【删除】选项

第7步 选中第 1 行到第 23 行，单击【开始】选项卡【单元格】组中的【格式】下拉按钮，在弹出的下拉菜单中选择【隐藏和取消隐藏】选项，在弹出的子菜单中选择【取消隐藏列】选项，如图 3-16 所示。

第8步 操作完成后，即可看到已经删除了空白列，如图 3-17 所示。

图 3-16 选择【取消隐藏列】选项

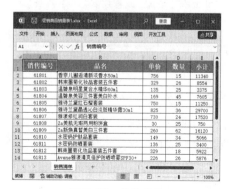

图 3-17 查看效果

3.1.3　整理不规范日期

在日常数据处理中，我们经常会遇到不规范的日期格式，例如，日期表达方式不一致、日期与时间混合在一起、日期包含额外的字符等。这些不规范的日期数据可能会导致分析和计算的困扰，因此整理和标准化日期数据变得十分重要。

这时，我们可以先在 ChatGPT 中提问，查看规范日期的方法。

🗩 **提问：** 怎么整理不规范日期？

---

⑤ ChatGPT：

要整理不规范的日期数据，你可以尝试以下方法。

1. 文本分列：如果不规范的日期数据以固定的格式出现，可以使用 Excel 的文本分列功能将日期拆分成年、月、日等单独的列。具体操作步骤如下。

（1）选中包含不规范日期的列或单元格。

（2）在 Excel 的菜单栏或工具栏中找到【数据】或【数据】选项卡，并选择【分列】。

（3）在文本分列向导中，选择【固定宽度】或【分隔符号】，根据日期的具体格式进行设置。

（4）根据分列的结果，将日期数据分隔到不同的列中，然后进行进一步的处理。

2. 函数转换：如果不规范的日期数据无法直接通过文本分列处理，可以使用日期函数进行转换。具体操作步骤如下。

（1）创建一个新的列，用于存放转换后的日期数据。

（2）使用日期函数（如 DATE、YEAR、MONTH、DAY 等）来解析不规范日期的各个部分，并将其组合成标准的日期格式。

（3）将函数应用到每个单元格中，以获取转换后的日期数据。

3. 查找和替换：如果不规范日期的格式相对简单且数量有限，可以使用查找和替换功能来修正它们。具体操作步骤如下。

（1）选中包含不规范日期的范围。

（2）在 Excel 的菜单栏或工具栏中找到【编辑】或【编辑】选项卡，并选择【查找和替换】。

（3）在【查找和替换】对话框中，输入要查找的不规范日期格式，然后输入要替换为的标准日期格式。

（4）选择【替换】或【全部替换】，以修正所有匹配的不规范日期。

以上是一些常用的方法，可以帮助你整理不规范的日期数据。具体的操作步骤可能因使用不同的电子表格软件而有所不同，但整体思路是类似的。根据具体的日期格式和数据量，选择最适合你的方法进行操作。在进行任何修改之前，建议先备份原始数据，以防止数据丢失。

根据以上回答，我们使用第 1 种方法来规范日期，例如，在"家电销售情况"工作簿中，要将不规范的日期统一整理，操作方法如下。

第1步▶ 打开"素材文件\第 3 章\家电销售情况 .xlsx"，选中 B 列的日期数据，单击【数据】选项卡【数据工具】组中的【分列】按钮，如图 3-18 所示。

第2步▶ 打开【文本分列向导 - 第 1 步，共 3 步】对话框，选中【分隔符号】单选按钮，然后单击【下一步】按钮，如图 3-19 所示。

图 3-18　单击【分列】按钮

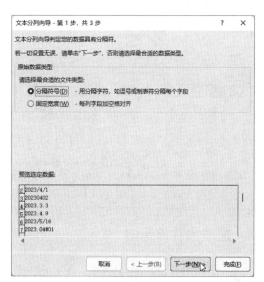

图 3-19　选中【分隔符号】单选按钮

第3步 ▶ 在打开的【文本分列向导-第 2 步，共 3 步】对话框中直接单击【下一步】按钮，如图 3-20 所示。

第4步 ▶ 在打开的【文本分列向导-第 3 步，共 3 步】对话框中选中【日期】单选按钮，然后单击【完成】按钮，如图 3-21 所示。

图 3-20　单击【下一步】按钮

图 3-21　选中【日期】单选按钮

第5步 ▶ 返回工作表，选中 B 列的日期数据，然后单击【开始】选项卡【数字】组中的【数字格式】下拉按钮，在弹出的下拉菜单中选择【短日期】选项，如图 3-22 所示。

第6步 ▶ 操作完成后，即可看到不规范的日期已经更改为规范的日期格式，如图 3-23 所示。

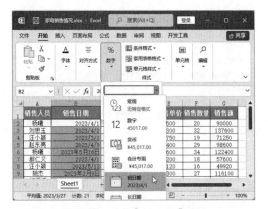

图 3-22　选择【短日期】选项　　　　　　　　图 3-23　查看效果

3.1.4　整理合并单元格

当工作表中有合并单元格时，会影响数据的分析与处理，此时需要取消合并单元格。如果只有少量的合并单元格，可以依次执行取消合并操作，如果合并单元格较多，这样做无疑会浪费太多时间。而取消合并单元格之后，还需要填充空白单元格，避免分析时发生错误。

例如，在"三年销量表"工作簿中，要取消合并单元格并填充空白单元格，操作方法如下。

第1步 打开"素材文件\第 3 章\三年销量表 .xlsx"，选中多个合并单元格，单击【开始】选项卡【对齐方式】组中的【合并后居中】下拉按钮，在弹出的下拉菜单中选择【取消单元格合并】选项，如图 3-24 所示。

第2步 拆分后将出现空白单元格，保持单元格的选中状态不变，单击【开始】选项卡【编辑】组中的【查找和选择】下拉按钮，在弹出的下拉菜单中选择【定位条件】选项，如图 3-25 所示。

图 3-24　选择【取消单元格合并】选项

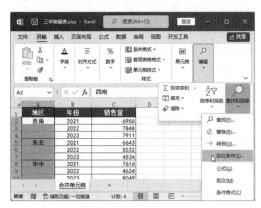

图 3-25　选择【定位条件】选项

第3步 打开【定位条件】对话框，选中【空值】单选按钮，然后单击【确定】按钮，如图 3-26 所示。

第4步 此时将自动选中拆分出的所有空白单元格，将光标定位到编辑栏，输入公式"=A2"（使用该公式，即表示空白单元格的内容与上一个单元格一样；若光标定位在 A7 单元格中，则输入

"=A6", 以此类推), 如图 3-27 所示。

第5步 按【Ctrl+Enter】组合键, 即可根据输入的公式, 快速填充所选空白单元格, 如图 3-28 所示。

图 3-26 选中【空值】单选按钮

图 3-27 输入公式

图 3-28 填充空白单元格

3.2 使用ChatGPT进行数据加工处理

在规范了数据格式, 确保数据表中的数据没有错漏之后, 就可以根据数据分析的目的, 对数据进行不同的加工。例如, 对不同项目的数据进行求和、求平均数等, 在数据加工的过程中, 还会涌出数据分析的灵感, 找到更多数据分析的思路。

3.2.1 计算数据

在进行数据分析之前, 进行适当的数据计算是至关重要的。数据计算可以帮助我们理解数据的特征、趋势和关系, 为后续的分析和决策提供准确的依据。那么, 可以对数据进行哪些计算呢? 看一看ChatGPT是怎么回答的。

提问: 在分析数据前可以进行哪些数据计算?

ChatGPT:
在分析数据之前, 通常需要进行以下几种数据计算。

1. 总和(Sum): 计算数据列或数据集合的总和, 用于了解数据的总量或汇总数值型数据。

2. 平均值(Average): 计算数据列或数据集合的平均值, 用于了解数据的中心趋势。

3. 中位数(Median): 计算数据列或数据集合的中位数, 用于了解数据的中间位置, 受异常值的影响较小。

4. 百分比(Percentage): 计算某个数值在总数中的百分比, 用于比较数据的相对比例。

5. 标准差(Standard Deviation): 衡量数据的离散程度, 用于分析数据的变异程度。

6. 方差(Variance): 衡量数据的离散程度, 用于分析数据的变异程度。

> 7. 计数（Count）：统计数据列或数据集合的元素个数，用于计算样本规模的大小。
>
> 8. 最大值（Max）和最小值（Min）：找出数据列或数据集合的最大值和最小值，用于确定数据的范围。
>
> 9. 相关性（Correlation）：计算两个数据列之间的相关性，用于了解它们之间的关系。
>
> 10. 回归分析（Regression Analysis）：通过建立数学模型来预测一个变量对其他变量的影响。
>
> 这些数据计算方法可以帮助揭示数据的特征、趋势、关联和异常值，提供有价值的洞察和决策依据。根据数据的类型和分析需求，选择合适的数据计算方法，可以更好地理解和解释数据。

在进行数据分析时，可以从以上回答中选择适合当前数据表的计算方法来处理数据。在进行这些数据计算之前，确保数据的准确性和完整性非常重要。在计算时，可以使用公式和函数来完成，公式和函数的具体使用方法请参见第 4 章。

3.2.2 转换数据

数据转换是数据分析过程中的关键步骤之一。通过数据转换，我们可以对原始数据进行重构、整理和重新组织，以便更好地进行数据分析和洞察。数据转换涉及将数据从一种形式转换为另一种形式，如改变数据的结构、格式、单位或计量方式等。下面在 ChatGPT 中查看应该如何进行数据转换。

🔟 **提问：** 在分析数据前如何进行数据转换？

---

⑤ **ChatGPT：**

在分析数据之前，数据转换是一个关键步骤，它可以帮助我们准备和整理数据，以便更好地进行分析和洞察。下面是一些常见的数据转换方法。

1. 数据清洗：首先对数据进行清洗，包括处理缺失值、去除重复值、处理异常值等。确保数据的完整性和准确性是进行数据分析的基础。

2. 数据格式转换：将数据转换为适合分析的格式。例如，将日期格式转换为标准日期格式，将文本型数据转换为数值型数据等。

3. 数据合并：如果有多个数据源，需要将它们合并为一个数据集。可以通过关键字段进行连接、合并或追加数据。

4. 数据分割：根据需求，将数据按照特定的条件进行分割，例如，按时间段、地区、产品类别等进行分割，以便更好地分析和比较。

5. 数据重塑：对于某些分析需求，可能需要对数据进行重塑，将宽格式转换为长格式或反之。这样可以更好地进行数据聚合和汇总。

6. 数据归一化：当数据具有不同的量纲和范围时，需要进行数据归一化，使其具有可比性。常见的归一化方法包括标准化、最小 - 最大归一化等。

7. 衍生变量创建：根据现有数据，可以创建新的衍生变量，以便更好地表示特定的分析目标。例如，计算销售额、利润率等指标。

8. 数据排序：根据需要，对数据进行排序，以便更好地理解数据的顺序、排名等特征。

在进行数据转换时，需要根据具体的分析目标和数据特点选择合适的方法。同时，保留原始数据的备份是一个良好的实践，以便在需要时进行比较和验证。数据转换是数据分析的前提，合理和准确的数据转换将为后续的分析提供可靠的基础。

从以上回答中，可以看出数据的转换可以使数据分析的内容更加清晰。而在转换数据时，除了3.1 节讲解的格式规范，行列转换、数据记录方式的转换等也非常重要。

1. 行列转换

在记录数据时，需要考虑行列字段的设置是否方便后期进行数据分析。例如，图 3-29 所示的数据表为一维表格，在设置行列时，添加的日期从左往右，无论是查看数据或是分析数据都非常不便。

	A	B	C	D	E	F	G
1	日期	9月1日	9月2日	9月3日	9月4日	9月5日	9月6日
2	销量（件）	254	562	620	198	233	188
3	销售地点	星光天地	星光天地	星光天地	星光天地	星光天地	星光天地
4	销售员	李小明	王一军	李小明	王一军	李小明	王一军
5	客流量统计（位）	13580	26540	28960	12500	13200	11800
6	转化率	1.87%	2.12%	2.14%	1.58%	1.77%	1.59%

图 3-29　数据表

此时，就需要转换行和列的排列，但并不需要重新输入数据，使用转置功能就可以了，操作方法如下。

第1步 打开"素材文件\第 3 章\商场客流表.xlsx"，选中需要转换行列的数据区域，按【Ctrl+C】组合键复制数据，然后选中放置数据的单元格，如 A8 单元格，单击【开始】选项卡【剪贴板】组中的【粘贴】下拉按钮，在弹出的下拉菜单中选择【选择性粘贴】选项，如图 3-30 所示。

第2步 打开【选择性粘贴】对话框，选中【转置】复选框，单击【确定】按钮，如图 3-31 所示。

图 3-30　选择【选择性粘贴】选项

图 3-31　选中【转置】复选框

第3步 返回工作表，即可看到数据已经成功进行了行列转换，效果如图 3-32 所示。

	A	B	C	D	E	F
8	日期	销量（件）	销售地点	销售员	客流量统计（位）	转化率
9	9月1日	254	星光天地	李小明	13580	1.87%
10	9月2日	562	星光天地	王一军	26540	2.12%
11	9月3日	620	星光天地	李小明	28960	2.14%
12	9月4日	198	星光天地	王一军	12500	1.58%
13	9月5日	233	星光天地	李小明	13200	1.77%
14	9月6日	188	星光天地	王一军	11800	1.59%

图 3-32　查看效果

2. 数据记录方式的转换

由于数据表记录的人员不同、标准不同，所以收集的数据记录方式也会有所不同。例如，有人用"是"和"否"来表达可行与不可行，而有的人则习惯用"YES"和"NO"来表达。当记录方式不统一时，就需要转换记录方式。例如，要将"YES"和"NO"的表达方式转换为"是"和"否"，操作方法如下。

第1步 ▶ 打开"素材文件\第 3 章\客户调查表 .xlsx"，选中 B2:B10 单元格区域，单击【开始】选项卡【编辑】组中的【查找和选择】下拉按钮，在弹出的下拉菜单中选择【替换】选项，如图 3-33 所示。

第2步 ▶ 打开【查找和替换】对话框，在【替换】选项卡的【查找内容】文本框中输入"YES"，在【替换为】文本框中输入"是"，然后单击【全部替换】按钮，如图 3-34 所示。

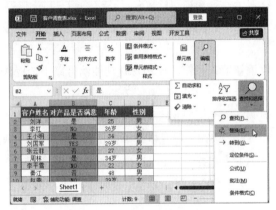

图 3-33 选择【替换】选项

图 3-34 单击【全部替换】按钮

第3步 ▶ 在弹出的提示对话框中将提示替换完成，单击【确定】按钮即可，如图 3-35 所示。然后使用相同的方法，将"NO"替换为"否"。

第4步 ▶ 数据表中的年龄记录方式也不相同，此处要去掉"岁"字，也可以使用替换的方法。选中 C2:C10 单元格区域，再次打开【查找和替换】对话框，在【查找内容】文本框中输入"岁"，【替换为】文本框保持空白，完成后单击【全部替换】按钮，如图 3-36 所示，然后依次单击【确定】按钮。

第5步 ▶ 返回工作表，即可看到工作表中的数据已经统一成相同的记录方式，效果如图 3-37 所示。

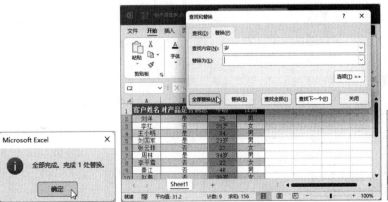

图 3-35 单击【确定】按钮   图 3-36 单击【全部替换】按钮   图 3-37 查看效果

3.2.3 分类数据

一个优秀的数据分析师，会根据数据的不同对其进行分类。通过对数据进行分类，我们可以将数据按照特定的标准和属性进行组织和归类，以便更好地理解和分析数据。数据分类可以帮助我们发现数据中的模式、趋势和关联，从而提取有价值的信息和见解。

那么，应该如何将数据分类呢？来看一看ChatGPT是怎么做的。

> 提问：在分析数据前如何进行数据分类？

ChatGPT：

在分析数据前进行数据分类是为了更好地理解和组织数据，以便进行有针对性的分析。下面是一些常见的数据分类方法。

1. 根据数据类型进行分类：首先将数据按照其类型进行分类，如数值型数据、文本型数据、日期型数据等。这有助于我们了解数据的基本属性和特点，并为后续的分析选择合适的方法。

2. 根据主题或领域进行分类：将数据按照其所属的主题或领域进行分类。例如，对于销售数据，可以按照产品类别、销售渠道、地区等进行分类。这有助于我们在特定领域或主题下进行深入的分析。

3. 根据时间进行分类：如果数据包含时间信息，可以根据时间进行分类。这可以帮助我们分析数据的趋势、季节性变化、周期性等。常见的时间分类方法包括按年份、季度、月份、周等进行分类。

4. 根据地理位置进行分类：如果数据包含地理位置信息，可以根据地理位置进行分类。这有助于我们分析不同地区的差异、区域性特点等。例如，按国家、省份、城市等进行分类。

5. 根据其他特征进行分类：根据数据的其他特征或属性进行分类，以便进行更细致和具体的分析。例如，根据客户类型、市场细分、产品特征等进行分类。

在进行数据分类时，需要根据具体的分析目标和数据特点选择合适的分类方法。同时，灵活运用多种分类方式也是一种有效的方法，以便从不同维度和角度全面理解数据。数据分类为后续的分析提供了更好的组织和结构，使我们能够更有针对性地进行数据探索和解读。

从以上回答中，可以得知分类涉及的知识点比较多，如设置数据类型，这在第 2 章中已经讲解清楚；又如，根据时间分类，可以通过 Excel 的筛选功能来完成，这部分内容将在第 5 章中详细讲解。总的来说，数据分类的方法很多，在执行分类时应根据数据本身的特点，选择适合的分类方式。

3.2.4 重组数据

数据重组是指重新组织和调整数据的结构，以便更好地满足分析需求和提取有价值的信息。通过数据重组，我们可以更好地理解数据，发现数据之间的关系和模式，并为后续的分析和决策提供支持。

在重组数据之前，可以先问一问 ChatGPT，常见的数据重组有哪些。

> 提问：在分析数据前如何进行数据重组？

---

⑤ ChatGPT:

数据重组是数据分析前的关键步骤之一，它涉及对原始数据进行重新组织、整合和调整，以便更好地适应分析需求和提取有价值的信息。以下是一些常见的方法和步骤，可用于进行数据重组。

1. 确定分析目标：首先明确分析的目标和需求，确定希望从数据中获取什么类型的信息和见解。这有助于指导数据重组的方向和方式。

2. 数据清洗：在进行数据重组之前，对原始数据进行清洗是很重要的。清洗包括处理缺失值、异常值、重复值等，确保数据的准确性和完整性。

3. 选择合适的变量：根据分析目标，选择需要重组和关注的变量。可以排除不相关或不必要的变量，并选择与分析目标密切相关的变量进行重组。

4. 数据转置：数据转置是一种常见的数据重组方法，它可以将行数据转换为列数据，或者将列数据转换为行数据。这有助于更好地组织和比较数据。

5. 数据合并：如果需要将多个数据源进行整合和合并，可以使用数据合并技术，例如，使用数据库操作或 Excel 中的合并功能。合并后的数据可以提供更全面和综合的分析视角。

6. 数据切片和切块：根据分析需求，可以将数据按照特定的条件进行切片或切块。这有助于针对特定子集进行更详细和深入的分析。

7. 创建指标和衍生变量：根据分析需要，可以创建新的指标或衍生变量。这些指标可以是基于现有变量的计算结果，或者是对原始数据进行聚合或计算得出的衍生变量。

8. 数据排序和筛选：根据分析需求，可以对数据进行排序和筛选，以便更好地理解和比较数据。可以按照特定变量进行排序，或者根据特定条件进行筛选。

通过合理的数据重组，可以使数据更具可分析性和可理解性，提供更有意义和准确的分析结果。在进行数据重组时，应根据具体的分析目标和数据特点，选择合适的方法和步骤，以确保数据重组的有效性和可靠性。

从以上回答中，可以得知通过合理的数据重组，可以更好地组织和准备数据，使其更具可分析性和可理解性。在进行数据重组时，应该根据具体的分析目标和数据特点，选择合适的方法和步骤，以确保数据重组的有效性和可靠性。

而在实际工作中，最常用的数据重组是拆分数据、合并数据和提取数据，下面分别进行讲解。

1. 拆分数据

在收集到的数据表中，一列数据项可能包含了多种类型的信息，例如，地址栏包含了省份、城市、区域等。在进行数据分析时，如果要单独统计省份、城市等信息，就需要对其进行拆分，操作方法如下。

第1步 ▶ 打开"素材文件\第3章\销量订单表.xlsx"，选中需要拆分的数据区域，单击【数据】选择卡【数据工具】组中的【分列】按钮，如图 3-38 所示。

第2步 ▶ 打开【文本分列向导-第1步，共3步】对话框，选中【分隔符号】单选按钮，单击【下一步】按钮，如图 3-39 所示。

图 3-38　单击【分列】按钮

图 3-39　选中【分隔符号】单选按钮

第3步 ● 打开【文本分列向导-第 2 步，共 3 步】对话框，选中【空格】复选框，然后直接单击【完成】按钮，如图 3-40 所示。

第4步 ● 返回工作表，即可看到"客户所在地"数据列成功拆分为三列，如图 3-41 所示。

图 3-40　选中【空格】复选框

图 3-41　查看效果

2. 合并数据

数据拆分是将一列数据拆分为多列，而数据合并则是将多列数据合并为一列。如果只是简单的文本连接，如将上一例中拆分后的省份、城市和区域数据连接在一起，使用逻辑连接符（&）就可以了，操作方法如下。

第1步 ▶ 接上一例操作，在 H2 单元格中输入公式"=D2&E2&F2"，如图 3-42 所示。

第2步 ▶ 按【Enter】键即可得到合并的结果，然后将公式填充到下方的单元格即可，如图 3-43 所示。

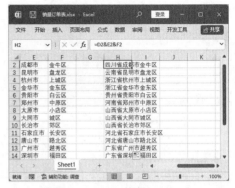

图 3-42　输入公式　　　　　　　图 3-43　填充公式

但是，有一些数据如果只是通过简单的逻辑连接符，合并之后阅读起来并不方便，如图 3-44 所示。

此时，可以配合函数来完成数据的合并。例如，在合并时需要将频率转换为百分数文本，并添加必要的连接词"的人"，操作方法如下。

2023年Q3动漫类App用户使用频率		
数值	频率	合并
0.089	每天阅读	0.089每天阅读
0.308	每周阅读1到2次	0.308每周阅读1到2次
0.164	每周阅读3到4次	0.164每周阅读3到4次
0.208	每月阅读1到2次	0.208每月阅读1到2次
0.087	每月阅读1次	0.087每月阅读1次

图 3-44　简单逻辑连接

第1步 ▶ 打开"素材文件\第 3 章\App 使用频率调查.xlsx"，在 C3 单元格中输入公式"=TEXT(A3,"0.0%")&"的人"&B3"，如图 3-45 所示。

第2步 ▶ 按【Enter】键即可得到合并的结果，然后将公式填充到下方的单元格即可，如图 3-46 所示。

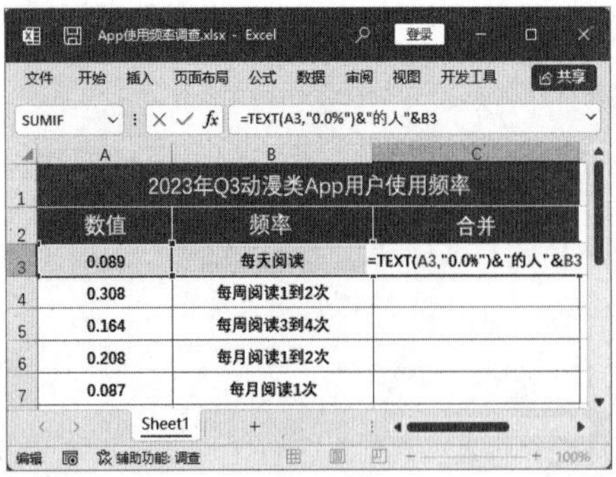

图 3-45　输入公式　　　　　　　图 3-46　填充公式

温馨提示 ●
公式与函数的具体使用方法将在第 4 章中详细讲解。

3. 提取数据

提取数据与前两种情况都不一样，需要从数据列中提取需要的某部分数据，例如，要从"部门销售数据"数据表中的"第 1 销售部 A 组"提取出"第 1 销售部"，可以使用函数来完成，操作方法如下。

第1步 ► 打开"素材文件\第 3 章\部门销售数据.xlsx"，在 C2 单元格中输入公式"=LEFT(A2,5)"，表示返回 A2 单元格左边的 5 个字符，如图 3-47 所示。

第2步 ► 按【Enter】键即可得到提取的结果，然后将公式填充到下方的单元格即可，如图 3-48 所示。

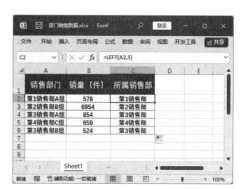

图 3-47　输入公式　　　　　　　　　图 3-48　填充公式

3.3 ChatGPT答疑解惑

通过前面知识的学习，相信读者已经掌握了数据清洗与加工的相关技能。下面结合本章内容，让 ChatGPT 介绍一些工作中的实用经验与技巧，让你在清洗和加工数据时可以更加得心应手。

3.3.1 如何在粘贴数据时进行计算

在编辑工作表数据时，还可以通过选择性粘贴的方式，对数据区域进行计算。在粘贴之前，可以先问一问 ChatGPT 应该如何在粘贴数据时进行计算。

> 🔟 **提问：** 如何在粘贴数据的同时进行计算？

> ⑤ **ChatGPT：**
> 在 Excel 中，可以使用"选择性粘贴"功能来在粘贴数据的同时进行计算。以下是具体的步骤。
> 1. 复制要粘贴的数据。
> 2. 在目标单元格中选择粘贴位置。确保目标单元格具有足够的空间来容纳粘贴的数据。
> 3. 在 Excel 的菜单栏中，选择【开始】选项卡。
> 4. 在【剪贴板】组中，单击【粘贴】下拉按钮。也可以使用【Ctrl+V】组合键。

5. 在【粘贴】下拉菜单中，选择【选择性粘贴】选项。

6. 在【选择性粘贴】对话框中，选择计算方式。这将告诉Excel在粘贴数据时进行计算。

7. 单击【确定】按钮。Excel将粘贴数据并同时执行所选的计算操作。

注意，此方法要求在进行粘贴之前已经复制了要粘贴的数据。在【选择性粘贴】对话框中，还可以选择其他选项，如公式、数值、格式等，以满足你的需求。此外，这种方法适用于在同一工作表中进行计算。如果要在不同工作表之间进行计算，可以使用公式或函数进行引用。

从以上回答中，可以得知通过使用"选择性粘贴"功能，可以在粘贴数据的同时快速进行计算，提高数据处理的效率。例如，在"销售订单.xlsx"工作簿中，要将"单价"都降低6元，操作方法如下。

第1步 ▶ 打开"素材文件\第 3 章\销售订单.xlsx"，在任意空白单元格中输入"6"后选中该单元格，按【Ctrl+C】组合键进行复制，然后选中要进行计算的目标单元格区域，本例选中 E5:E10 单元格区域，单击【开始】选项卡【剪贴板】组中的【粘贴】下拉按钮，在弹出的下拉菜单中选择【选择性粘贴】选项，如图 3-49 所示。

第2步 ▶ 弹出【选择性粘贴】对话框，在【运算】栏中选择计算方式，本例选中【减】单选按钮，然后单击【确定】按钮，如图 3-50 所示。

第3步 ▶ 操作完成后，表格中所选区域的数字都减掉了 6，如图 3-51 所示。

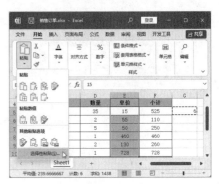

图 3-49　选择【选择性粘贴】选项

图 3-50　选中【减】单选按钮

图 3-51　查看计算结果

3.3.2　怎样模糊查找数据

在工作表中查找内容时，有时不能明确确定所要查找的内容，此时可以使用模糊查找的方法。具体应该怎么使用、有哪些规则，如果不清楚，就先问一问 ChatGPT 吧。

🔟 **提问：** 怎样模糊查找数据？

⑤ ChatGPT：

　　在Excel中，你可以使用模糊查找功能来查找包含特定文本或模式的数据。以下是模糊查找数据的几种常见方法。

　　1. 使用筛选功能：选择包含待查找数据的列，然后使用筛选功能来筛选包含特定文本或模式的数据。在筛选面板中，选择文本筛选或数字筛选，然后输入关键词或模式进行筛选。

　　2. 使用查找和替换功能：使用Excel的查找和替换功能来查找包含特定文本或模式的数据。按【Ctrl+F】组合键，然后在【查找和替换】对话框中输入要查找的文本或模式，并单击【查找全部】按钮。Excel会高亮显示匹配的结果，可以使用查找下一个或替换功能进行进一步操作。

　　3. 使用通配符：在查找时，可以使用通配符来匹配模糊的文本或模式。在【查找和替换】对话框中使用以下通配符。

　　（1）问号（？）：匹配任意单个字符。

　　（2）星号（＊）：匹配任意长度的字符。

　　4. 使用条件格式化：使用条件格式化功能可以根据特定的规则对数据进行格式化，并突出显示满足条件的数据。可以设置条件格式化规则来匹配包含特定文本或模式的单元格，并为这些单元格应用特定的格式。

　　5. 使用自定义公式：通过编写自定义公式，可以实现更复杂的模糊查找操作。可以使用Excel的函数（如FIND、SEARCH、IF等）和逻辑运算符来创建自定义公式，以匹配特定的文本或模式。

　　以上方法可以帮助你在Excel中进行模糊查找数据。根据具体的需求和数据类型，选择适合的方法来查找和处理数据。

　　从以上回答中，我们了解了怎样模糊查找数据，例如，使用通配符"＊"进行模糊查找，操作方法如下。

第1步 ● 打开"素材文件\第 3 章\促销清单.xlsx"，单击【开始】选项卡【编辑】组中的【查找和选择】下拉按钮，在弹出的下拉菜单中选择【查找】选项，如图 3-52 所示。

第2步 ● 打开【查找和替换】对话框，单击【选项】按钮，输入要查找的关键字，如"联＊"，然后单击【查找全部】按钮，即可查找出当前工作表中所有含"联"内容的单元格，如图 3-53 所示。

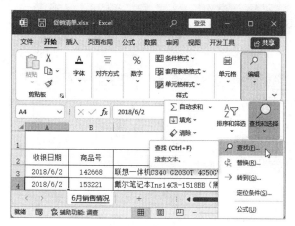

图 3-52　选择【查找】选项

图 3-53　查看查找结果

3.3.3 快速为数据添加文本单位

在工作表中输入数据时，有时还需要为数据添加文本单位，若手动输入，不仅浪费时间，而且在计算数据时无法参与计算。如果想要添加可以参与计算的文本单位，可以问一问 ChatGPT 如何来实现。

🗣 **提问：** 怎样为数据添加文本单位？

ChatGPT：

要为数据批量添加文本单位，可以按照以下步骤操作。

1. 在 Excel 中，选择包含要添加文本单位的数据的单元格区域。

2. 右击，在弹出的快捷菜单中选择【设置单元格格式】选项，或者使用组合键【Ctrl+1】打开【设置单元格格式】对话框。

3. 在【设置单元格格式】对话框中，选择【数字】选项卡。

4. 在【分类】列表框中选择【自定义】选项。

5. 在【类型】文本框中输入数字格式代码，并在代码中包含所需的文本单位。例如，要在数据后面添加"元"字，可以使用以下格式代码："#元"。

6. 单击【确定】按钮应用设置。

现在选择的数据区域将以指定的格式显示，并自动添加文本单位。无论你输入的数据是什么，它都会在后面显示所指定的文本单位。注意，这种方法只是对数据的显示进行格式设置，并不会改变数据的实际值。如果你需要在其他计算中使用这些数据，可能需要进行数据类型的转换。

根据以上回答，如果要为数据添加文本单位"元"，操作方法如下。

第1步 ▶ 打开"素材文件\第 3 章\销售订单.xlsx"，选中要添加文本单位的单元格区域，本例选中 E5:E10 和 F5:F11 单元格区域，右击，在弹出的快捷菜单中选择【设置单元格格式】选项。

第2步 ▶ 打开【设置单元格格式】对话框，在【分类】列表框中选择【自定义】选项，在右侧的【类型】文本框中输入"#元"，然后单击【确定】按钮，如图 3-54 所示。

第3步 ▶ 返回工作表，所选单元格区域自动添加了文本单位，如图 3-55 所示。

图 3-54　输入"#元"　　　　　　　　　　　　图 3-55　查看添加效果

3.4 实训：制作销售数据表

销售数据是企业决策和经营管理的重要依据之一。一个规范、清晰、准确的销售数据表能够帮助你追踪销售情况、分析销售趋势、评估业绩表现，并为业务决策提供有力支持。但是，在制作销售数据表之前，数据的质量和准确性尤为重要。在收集记录表时，数据可能存在混乱、不一致的问题，例如，空白行、日期格式不统一、转化率以小数形式显示、销量缺少单位等。所以，需要先整理销售数据表，以确保数据的一致性和可靠性。

> 🔊 **提问：** 现在有一个销售数据表，其中的数据记录混乱，出现了空白行，日期格式不统一，转化率一部分为小数形式而不是百分比，销量没有标明单位，请规划整理销售数据表的流程。

⑤ ChatGPT：

针对混乱的销售数据表，包括空白行、日期格式不统一、转化率以小数形式显示、销量缺少单位等问题，可以按照以下流程来整理数据表。

1. 删除空白行。

（1）找到包含空白行的行号或选择空白行所在的整行。

（2）使用Excel的删除行功能，删除空白行，确保数据表没有多余的空白行。

2. 统一日期格式。

（1）确定日期的统一格式，例如，年-月-日（yyyy-mm-dd）。

（2）找到包含不同日期格式的单元格或日期列。

（3）使用Excel的日期格式功能，将所有日期数据转换为统一的日期格式。

3. 转化率格式转换。

（1）找到包含转化率数据的单元格或转化率列。

（2）使用Excel的格式功能，将转化率数据格式设置为百分比形式。

（3）如果转化率是以小数形式显示的，需要将其乘100转换为百分比形式。

4. 添加销量单位。

（1）在销量数据列旁边的单元格中输入适当的单位，例如，"件""台"等。

（2）使用Excel的填充功能，将单位值向下填充到整个销量数据列。

5. 数据验证和纠错。

（1）检查数据中是否存在错误、缺失或不一致的值。

（2）使用Excel的数据验证功能，设置适当的规则来验证数据的有效性，例如，范围、格式等。

（3）根据数据的特点和业务需求，进行数据清洗、删除错误数据或手动纠正错误。

通过以上整理销售数据表的流程，可以清理混乱的数据记录，确保数据的一致性和准确性。这样整理后的数据表更易于分析和使用，提供的销售数据信息也更准确。

ChatGPT已经为整理数据提供了思路，我们只需要根据数据表的情况，结合本章内容整理数据表即可，实例最终效果见"结果文件\第3章\销售数据表.xlsx"文件。

第1步 ▶ 打开"素材文件\第3章\销售数据表.xlsx"，选择空白行，单击【开始】选项卡【单元格】组中的【删除】按钮。然后使用相同的方法删除其他空白行，如图 3-56 所示。

第2步 ▶ 选中 A2:A13 单元格区域，单击【数据】选项卡【数据工具】组中的【分列】按钮，如图 3-57 所示。

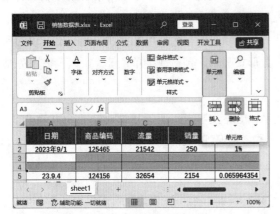

图 3-56 单击【删除】按钮

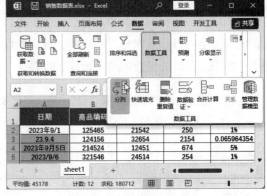

图 3-57 单击【分列】按钮

温馨提示●

如果只是有少量的空白行需要删除，可以直接使用"删除"功能；如果空白行较多，可以使用 3.1.2 小节的方法批量删除。

第3步 ▶ 打开【文本分列向导 - 第1步，共3步】对话框，选中【分隔符号】单选按钮，单击【下一步】按钮，如图 3-58 所示。

第4步 ▶ 打开【文本分列向导 - 第2步，共3步】对话框，选中【其他】复选框，单击【下一步】按钮，如图 3-59 所示。

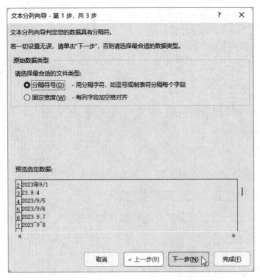

图 3-58 选中【分隔符号】单选按钮

图 3-59 选中【其他】复选框

第5步 ▶ 打开【文本分列向导 - 第3步，共3步】对话框，选中【日期】单选按钮，单击【完成】

按钮，如图 3-60 所示。

第6步 ▶ 单击【开始】选项卡【数字】组中的【数字格式】下拉按钮，在弹出的下拉菜单中选择
【短日期】选项，将其中部分不能自动转换的数据更改为标准格式，如图 3-61 所示。

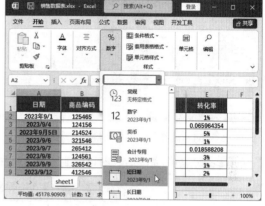

图 3-60　选中【日期】单选按钮　　　　　　　　　图 3-61　选择【短日期】选项

第7步 ▶ 选中 E2:E13 单元格区域，单击【开始】选项卡【数字】组中的【百分比样式】按钮%，
如图 3-62 所示。

第8步 ▶ 单击【开始】选项卡【数字】组中的【增加小数位数】按钮，为数据添加一位小数位
数，如图 3-63 所示。

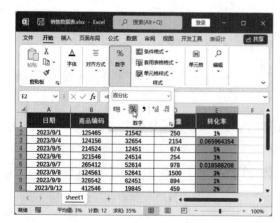

图 3-62　单击【百分比样式】按钮　　　　　　　　图 3-63　单击【增加小数位数】按钮

第9步 ▶ 选中 D2:D13 单元格区域，右击，在弹出的快捷菜单中选择【设置单元格格式】选项，
如图 3-64 所示。

第10步 ▶ 打开【设置单元格格式】对话框，在【分类】列表框中选择【自定义】选项，在右侧的
【类型】文本框中输入 "#件"，单击【确定】按钮，如图 3-65 所示。

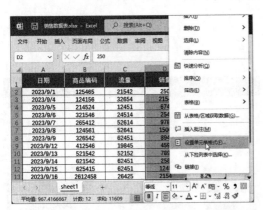

图 3-64　选择【设置单元格格式】选项　　　　图 3-65　输入"#件"

第11步 操作完成后，即可看到整理完成的销售数据表，如图 3-66 所示。

日期	商品编码	流量	销量	转化率
2023/9/1	125465	21542	250件	1.2%
2023/9/4	124156	32654	2154件	6.6%
2023/9/5	214524	12451	674件	5.4%
2023/9/6	321546	24514	254件	1.0%
2023/9/7	265412	52614	978件	1.9%
2023/9/8	124561	52641	1500件	2.8%
2023/9/9	326542	62451	894件	1.4%
2023/9/12	412546	19845	459件	2.3%
2023/9/13	521542	52152	789件	1.5%
2023/9/14	621542	62451	258件	0.4%
2023/9/15	625415	62451	1245件	2.0%
2023/9/16	2612458	26425	2154件	8.2%

图 3-66　查看整理效果

本章小结

通过本章的学习，我们通过 ChatGPT 了解了数据清洗与加工在数据分析中的重要性，以及一些常用的技巧和方法，如删除重复数据和空白行、整理日期、计算数据、转换数据等方面的操作方法。在实际应用中，我们需要根据具体情况选择合适的方法来清洗和加工数据，以满足分析需求。

第 4 章

要分析数据，先计算好数据

本章导读

　　数据计算是数据分析的基础，涉及对数据进行各种数学运算、统计计算和逻辑判断等操作，以生成新的指标、衍生变量或汇总数据。所以，数据计算在数据分析中具有重要的地位，通过正确的数据计算，才能得到准确的分析结果和有意义的结论，从而支持决策和行动。本章将通过ChatGPT了解公式与函数的相关知识，并深入理解数据计算的原理和方法，从而获得更多有价值的信息和见解。

知识要点

- 了解公式和函数的基础知识。
- 掌握公式的使用方法。
- 掌握数组公式的使用方法。
- 掌握合并计算数据的方法。
- 掌握常用函数。
- 了解专业函数。

4.1 通过ChatGPT学习公式

　　学习公式是Excel中重要的一部分，它可以帮助我们进行各种数值计算、数据分析和自动化处理。无论是初学者还是有一定经验的用户，都可以通过ChatGPT来深入了解公式的应用和技巧。

4.1.1 公式中的运算符与优先级

在 Excel 中，公式是进行各种计算和数据处理的基础工具。了解公式中的运算符及其优先级是掌握高效使用公式的关键要素之一。公式中的运算符用于表示不同的数学运算、逻辑判断和文本操作，而优先级决定了运算符的执行顺序，确保公式按照预期的方式进行计算。下面就通过 ChatGPT 一起来了解公式中的运算符与优先级。

> 🔟 **提问：** 公式中的运算符与优先级的定义。

⑤ ChatGPT：

在 Excel 中，公式中的运算符用于执行各种数学运算、逻辑判断和文本操作。不同的运算符具有不同的功能和优先级，其中优先级决定了它们在公式中的执行顺序。

以下是常见的 Excel 运算符及其定义。

1. 算术运算符。

（1）加法运算符（+）：用于执行两个数值的相加操作。

（2）减法运算符（-）：用于执行两个数值的相减操作。

（3）乘法运算符（*）：用于执行两个数值的相乘操作。

（4）除法运算符（/）：用于执行两个数值的相除操作。

（5）取余运算符（%）：用于返回两个数值相除的余数。

2. 比较运算符。

（1）等于运算符（=）：用于比较两个值是否相等。

（2）不等于运算符（<>）：用于比较两个值是否不相等。

（3）大于运算符（>）：用于比较一个值是否大于另一个值。

（4）小于运算符（<）：用于比较一个值是否小于另一个值。

（5）大于等于运算符（>=）：用于比较一个值是否大于或等于另一个值。

（6）小于等于运算符（<=）：用于比较一个值是否小于或等于另一个值。

3. 逻辑运算符。

（1）AND 运算符：用于执行多个条件的逻辑与操作。

（2）OR 运算符：用于执行多个条件的逻辑或操作。

（3）NOT 运算符：用于执行单个条件的逻辑非操作。

4. 文本操作符。

（1）连接运算符（&）：用于将多个文本字符串连接在一起。

（2）文本函数：例如，CONCATENATE 函数、LEFT 函数、RIGHT 函数等，用于对文本进行处理和操作。

在公式中，运算符的优先级决定了它们的执行顺序。Excel 遵循一定的优先级规则，例如，乘法和除法的优先级高于加法和减法，括号内的运算具有最高优先级等。如果公式中存在多个运算符，可以使用括号来改变运算符的优先级顺序。

　　了解运算符及其优先级的定义对于正确编写和理解公式非常重要。通过合理使用运算符和设置优先级，可以确保公式的计算结果准确无误。

　　从以上回答中，可以清楚地了解公式中的运算符和优先级，通过对运算符及其优先级的掌握，将能够更加灵活地使用公式，处理各种数学运算、逻辑判断和文本操作，提高工作效率和数据分析的准确性。

4.1.2　认识公式的3种引用方式

　　在使用公式时经常会涉及单元格的引用，单元格地址引用的作用是指明公式中所使用的数据的地址。在编辑公式时，需要对单元格的地址进行引用，一个引用地址代表工作表中的一个或多个单元格或单元格区域。

　　那么，在引用单元格之前，先通过ChatGPT认识公式的3种引用方式吧。

> 🔟 **提问：** 介绍公式的3种引用方式。

ⓢ ChatGPT：

　　在Excel中，公式可以使用3种不同的引用方式来引用单元格，包括相对引用、绝对引用和混合引用。

　　1. 相对引用：默认情况下，Excel中的公式使用相对引用。在相对引用中，公式中引用的单元格地址会根据填充或复制公式的位置而自动调整。例如，如果公式=A1+B1位于单元格C1中，当复制这个公式到单元格C2时，公式会自动调整为=A2+B2。相对引用可以方便地进行批量计算，但在复制公式时要注意目标单元格与原始单元格之间的相对位置。

　　2. 绝对引用：在某些情况下，我们希望公式中的某个单元格地址保持固定，不随复制或填充公式而改变。这时，可以使用绝对引用。在绝对引用中，使用"$"符号来锁定单元格的行或列。例如，$A$1表示固定的单元格A1。当复制或填充公式时，绝对引用不会改变，始终指向固定的单元格。

　　3. 混合引用：混合引用是相对引用和绝对引用的组合。在混合引用中，可以将"$"符号放在行或列的位置，使其中一个保持固定，而另一个相对调整。例如，$A1表示列A固定，行号相对调整；A$1表示行1固定，列标相对调整。通过混合引用，可以根据需要锁定公式中的行或列。

　　通过灵活使用这3种引用方式，可以更好地控制公式对单元格的引用，适应不同的计算需求。在编写公式时，根据具体情况选择适当的引用方式，并注意公式在复制或填充时的引用调整。

　　从以上回答中，我们了解了单元格引用的3种方式，下面通过几个小案例来更深入地理解这3种引用方式。

1. 相对引用

　　相对引用，是指公式中引用的单元格以它的行、列地址为它的引用名，如A1、B2等。

　　例如，在"工资表"工作簿中，加班费用等于加班时长乘每小时加班费用，此公式中的单元格引用就要使用相对引用，因为复制一个单元格中的工资数据到其他合计单元格时，引用的单元格要随着公式位置的变化而变化。

第1步 ▶ 打开"素材文件\第 4 章\工资表.xlsx"，在 F2 单元格中输入公式"=C2*D2"，单击编辑栏中的【输入】按钮 ✓，如图 4-1 所示。

第2步 ▶ 选中 F2 单元格，按住鼠标左键不放向下拖动填充公式，如图 4-2 所示。

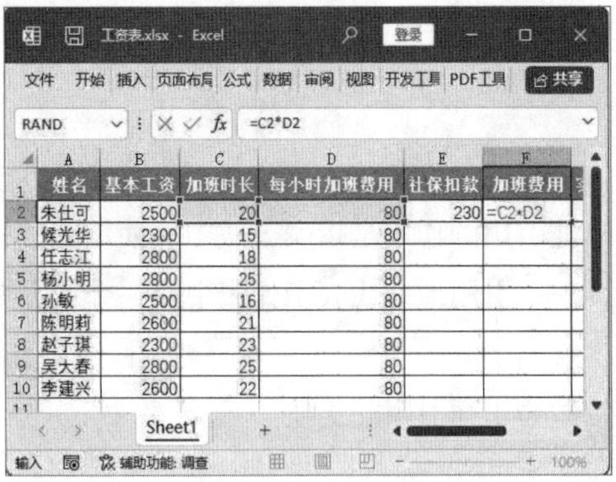

图 4-1　输入公式 　　　　　　　　　　　　图 4-2　填充公式

第3步 ▶ 操作完成后，可以发现其他单元格的引用地址也随之变化，如图 4-3 所示。

2. 绝对引用

绝对引用指的是某一确定的位置，如果公式所在单元格的位置改变，绝对引用将保持不变；如果多行或多列地复制或填充公式，绝对引用也同样不做调整。

默认情况下，新公式常使用相对引用，读者也可以根据需要将相对引用转换为绝对引用。下面以实例来讲解单元格的绝对引用。

图 4-3　查看结果

在"工资表"工作簿中，由于每个员工所扣除的社保金额是相同的，在一个固定单元格中输入数据即可，所以社保扣款在公式的引用中要使用绝对引用，而不同员工的基本工资和加班费用是不同的，因此基本工资和加班费用的单元格采用相对引用，该例操作方法如下。

第1步 ▶ 接上一例操作，在 G2 单元格中输入公式"=B2+F2-$E$2"，单击编辑栏中的【输入】按钮 ✓，如图 4-4 所示。

第2步 ▶ 选中 G2 单元格，按住鼠标左键不放向下拖动填充公式，如图 4-5 所示。

第3步 ▶ 操作完成后，可以发现虽然其他单元格的引用地址随之发生了变化，但绝对引用的 E2 单元格不会发生变化，如图 4-6 所示。

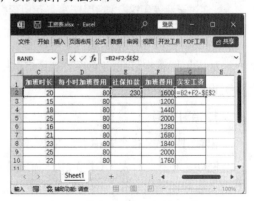

图 4-4　输入公式

图 4-5　填充公式　　　　　　　　　图 4-6　查看结果

3. 混合引用

在计算数据时，如果公式所在的单元格的位置发生改变，则相对引用改变，而绝对引用不变。如果多行或多列地复制公式，相对引用自动调整，而绝对引用不做调整。

例如，某公司准备今后 10 年内，每年年末从利润留成中提取 10 万元存入银行，10 年后这笔存款将用于建造员工福利性宿舍。假设银行存款年利率为 4.5%，那 10 年后一共可以积累多少资金？假设年利率变为 5%、5.5%、6%，又可以累积多少资金呢？

下面使用混合引用单元格的方法计算年金终值，操作方法如下。

第1步 打开"素材文件\第 4 章\计算普通年金终值.xlsx"，在 C4 单元格中输入公式 "=$A$3*(1+C$3)^$B4"。此时，绝对引用公式中的单元格 A3，混合引用公式中的单元格 C3 和 B4，如图 4-7 所示。

第2步 按【Enter】键得出计算结果，然后选中 C4 单元格，向下填充公式，填充至 C13 单元格，如图 4-8 所示。

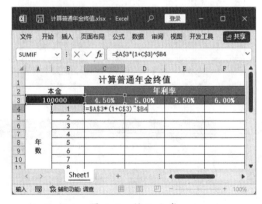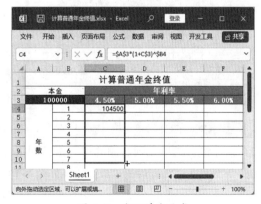

图 4-7　输入公式　　　　　　　　　图 4-8　向下填充公式

教您一招：普通年金终值介绍

普通年金终值是指最后一次支付时的本利和，它是每次支付的复利终值之和。假设每年的支付金额为 A，利率为 i，期数为 n，则按复利计算的普通年金终值 S 为 "$S = A + A \cdot (1+i) + A(1+i)^2 + \cdots + A \cdot (1+i)^{n-1}$"。

第3步 ▶ 选中其他引用公式的单元格，可以发现多列复制公式时，引用会自动调整。随着公式所在单元格的位置改变，混合引用中的列标也会随之改变。例如，单元格 C13 中的公式变为"=$A$3*(1+C$3)^$B13"，如图 4-9 所示。

第4步 ▶ 选中 C4 单元格，向右填充公式至 F4 单元格，如图 4-10 所示。

图 4-9　查看公式　　　　　　　　图 4-10　向右填充公式

第5步 ▶ 操作完成后，可以发现多行复制公式时，引用会自动调整，随着公式所在单元格的位置改变，混合引用中的列标也会随之改变。例如，单元格 F4 中的公式变为"=$A$3*(1+F$3)^$B4"，如图 4-11 所示。

第6步 ▶ 使用相同的方法，将公式填充到其他空白单元格，此时可以计算出在不同利率条件下，不同年份的年金终值，如图 4-12 所示。

图 4-11　查看公式 　　　　　　　　图 4-12　填充其他公式

第7步 ▶ 在 C14 单元格中输入公式"=SUM(C4:C13)"，并将公式填充到右侧的单元格，即可计算出不同利率条件下，10年后的年金终值，如图 4-13 所示。

4.1.3　自我检测出错公式

在使用 Excel 进行数据计算和分析时，经常会编写复杂的公式来实现所需的功能。然而，由于公式的复杂性和人为犯错的可能性，有时我们会遇到公式出

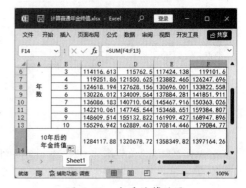

图 4-13　查看计算结果

错的情况。为了确保数据的准确性和分析的可靠性，及时发现并修复公式中的错误是至关重要的。

那么，应该怎么检测公式的错误呢？可以先在ChatGPT中提问，查看解决的方法。

💬 **提问：** 如何自我检测出错公式？

🖼 **ChatGPT：**

在Excel中使用公式时，常见的错误有以下几种。

1. 拼写错误：公式中的函数、单元格引用或操作符拼写错误，导致无法识别公式的组成部分。

2. 引用错误：公式中的单元格引用不正确，可能是引用范围错误、单元格地址错误或引用了不存在的单元格。

3. 运算符错误：使用错误的运算符或运算符位置不正确，导致公式计算出错。

4. 数据类型错误：公式中要求进行数值运算的单元格实际包含非数值数据，或者要求进行文本操作的单元格实际包含数值数据。

5. 循环引用：公式中包含对自身的引用，形成循环计算，导致Excel无法得出准确结果。

6. 函数错误：公式中使用的函数参数错误或函数名称拼写错误，导致函数无法正确执行。

7. 单位错误：公式中使用的单元格格式不匹配，例如，将百分比格式的单元格与普通数值进行计算。

8. 其他错误：例如，公式中的数据范围不一致、使用了无效的引用符号等。

为了避免这些常见的错误，我们应该仔细检查公式的拼写、引用和运算符使用，确保公式的正确性。另外，可以使用Excel提供的错误检查工具和函数来帮助我们发现和纠正公式中的错误。在出现错误时，可以通过查阅Excel的帮助文档或网络资源，寻找解决方案和示例来帮助我们理解和解决常见的公式错误。

从以上回答中，我们得知了几种检测公式错误的方法。如果在检查之后仍然不知道哪里有错误，也可以使用错误检查工具来逐一对错误值进行检查。

例如，要检查"员工工资计算"工作簿中的公式错误，操作方法如下。

第1步 ▶ 打开"素材文件\第4章\员工工资计算.xlsx"，在数据区域中选中起始单元格，单击【公式】选项卡【公式审核】组中的【错误检查】按钮，如图4-14所示。

第2步 ▶ 系统开始从起始单元格进行检查，当检查到有错误公式时，会弹出【错误检查】对话框，并指出出错的单元格及错误原因。若要修改，单击【在编辑栏中编辑】按钮，如图4-15所示。

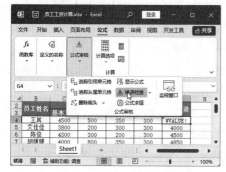

图 4-14 单击【错误检查】按钮

图 4-15 查看错误原因

第3步 在工作表的编辑栏中输入正确的公式,在【错误检查】对话框中单击【继续】按钮,继续检查工作表中的其他错误公式,如图 4-16 所示。

第4步 检查完成后,弹出提示对话框,提示已经完成工作表的错误检查,单击【确定】按钮即可,如图 4-17 所示。

图 4-16 单击【继续】按钮

图 4-17 单击【确定】按钮

4.1.4 公式的常见错误

如果工作表中的公式使用错误,不仅不能计算出正确的结果,还会自动显示出错误值,如 ####、#NAME? 等。为了避免发生错误,在使用公式前,需要了解公式的常见问题。

那么在日常工作中,常见的公式错误有哪些呢?让 ChatGPT 来为我们解答。

⌂ **提问:** 公式返回错误值的分析与解决。

⊛ **ChatGPT:**

当公式返回错误值时,我们需要进行分析和解决,以下是一些常见的错误值及可能的原因和解决方法。

1. #DIV/0!(除以零错误):这个错误表示公式中存在除法运算,并且除数为零。解决方法是在公式中添加逻辑判断,避免除数为零的情况发生,或者使用 IF 函数进行条件判断。

2. #VALUE!(数值错误):这个错误表示公式中使用了无效的数值或数据类型不匹配。可能的原因包括使用了非数值数据进行数值计算,或者使用了不支持的操作符。解决方法是确保公式中使用的数据是合法的,并检查数据类型和运算符的正确性。

3. #REF!(引用错误):这个错误表示公式中的单元格引用无效,可能是因为删除或移动了被引用的单元格。解决方法是检查公式中的引用范围,确保引用的单元格存在且正确。

4. #NAME?(名称错误):这个错误表示公式中使用了无效的函数或命名范围。可能的原因是函数名称拼写错误或命名范围未定义。解决方法是检查函数名称和命名范围的正确性,确保它们存在且正确。

5. #N/A(无法使用):这个错误表示公式无法返回有效的结果。可能的原因包括查找函数未找到匹配项、公式中使用了不支持的操作或条件。解决方法是检查公式中的条件和操作,并确保它们能够产生有效的结果。

6. #NUM!（数字错误）：这个错误表示公式中的数值超出了计算范围或执行了无效的数值操作。解决方法是检查公式中的数值范围，确保它们在有效的范围内，并检查数值操作的正确性。

当公式返回错误值时，我们应该仔细检查公式的语法、数据和运算逻辑，找出可能的原因并进行修正。可以使用Excel提供的错误检查工具、函数和条件判断来帮助我们发现和解决错误。另外，查阅Excel的帮助文档或搜索相关资源，可以找到更多关于错误值的分析和解决方法。

ChatGPT为我们解答了多个公式错误的解决办法，在实际应用中，通过不断练习和应用这些知识，并注意在遇到公式错误时及时纠正，就可以更加熟练地编写公式，并确保数据分析工作的准确性和可靠性。

4.1.5　为单元格定义名称

在Excel中，不管是一个独立的单元格，还是多个不连续的单元格组成的单元格组合，或者是连续的单元格区域，都可以为它定义一个名称。例如，要为"螺钉销售情况"工作簿中的"销售数量"数据区域定义名称，操作方法如下。

第1步 ▶ 打开"素材文件\第 4 章\螺钉销售情况 .xlsx"，选中要定义名称的单元格区域，然后单击【公式】选项卡【定义的名称】组中的【定义名称】按钮，如图 4-18 所示。

第2步 ▶ 打开【新建名称】对话框，在【名称】文本框中输入定义的名称，然后单击【确定】按钮，如图 4-19 所示。

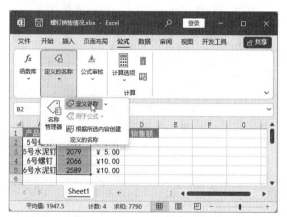

图 4-18　单击【定义名称】按钮

图 4-19　输入定义的名称

温馨提示 ●
选中要定义名称的单元格或单元格区域，在名称框中直接输入定义的名称后按【Enter】键也可以定义名称。

第3步 ▶ 操作完成后，即可为选择的单元格区域定义名称，当再次选择单元格区域时，会在名称框中显示定义的名称，如图 4-20 所示。

第4步 ▶ 使用相同的方法为"单价"数据区域定义名称，如图 4-21 所示。

图 4-20　查看名称

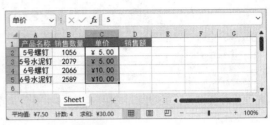

图 4-21　定义其他名称

> **教您一招：管理名称**
>
> 　　为单元格定义名称后，可以单击【公式】选项卡【定义的名称】组中的【名称管理器】按钮，打开【名称管理器】对话框，在其中可以对名称进行编辑、删除等操作。

4.1.6　将自定义名称应用于公式

　　为单元格定义了名称之后，可以将其应用到公式计算中，以提高工作效率，减少计算错误，操作方法如下。

　　第1步　接上一例操作，在 D2 单元格中输入公式"=销售数量*单价"，如图 4-22 所示。

　　第2步　按【Enter】键确认，即可得出计算结果，并自动填充到下方的单元格，如图 4-23 所示。

图 4-22　输入公式

图 4-23　填充公式

4.2　使用数组公式计算数据

　　数组就是多个数据的集合，组成这个数组的每个数据都是该数组的元素。在 Excel 中，如果需要对一组或多组数据进行多重计算，就可以使用数组公式，快速计算出结果。

4.2.1　在单个单元格中使用数组公式进行计算

　　在 Excel 中，使用数组公式可以计算出单个结果，也可以计算出多个结果。操作的方法基本一致，都必须先创建好数组公式，然后再将创建好的数组公式运用到简单的公式计算或函数计算中，最后按【Ctrl+Shift+Enter】组合键显示出数组公式计算的结果。

　　数组公式可以代替多个公式，从而简化工作表模式。例如，"水果销售统计表"工作簿中记录了多种水果产品的单价及销售数量，使用数组公式可以一次性计算出所有水果的销售总额，操作方法如下。

第1步 ▶ 打开"素材文件\第 4 章\水果销售统计表.xlsx"，选中存放结果的单元格 D11，输入公式"=SUM(B3:B10*C3:C10)"，如图 4-24 所示。

第2步 ▶ 输入公式后，按【Ctrl+Shift+Enter】组合键，即可得出计算结果，如图 4-25 所示。

图 4-24　输入公式　　　　　　　　　　图 4-25　查看计算结果

温馨提示 ▶

　在使用数组公式进行计算时需要注意，在合并单元格中，不能输入数组公式。

4.2.2　在多个单元格中使用数组公式进行计算

在 Excel 中，某些公式和函数可能会返回多个值，有些函数也可能需要一组或多组数据作为参数。如果要使数组公式计算出多个结果，则必须将数组公式输入与数组参数具有相同列数和行数的单元格区域中。

例如，要应用数组公式分别计算出各种水果的销售额，操作方法如下。

第1步 ▶ 接上一例操作，选中存放结果的单元格区域 D3:D10，在编辑栏中输入公式"=B3:B10*C3:C10"，如图 4-26 所示。

第2步 ▶ 输入公式后，按【Ctrl+Shift+Enter】组合键确认计算多个结果，如图 4-27 所示。

图 4-26　输入公式　　　　　　　　　　图 4-27　查看计算结果

> **教您一招：数组的扩充功能**
>
> 　　在创建数组公式时，将数组公式置于大括号（{}）中，或者在公式输入完成后按【Ctrl+Shift+Enter】组合键，数组公式可以执行多项计算并返回一个或多个结果。数组公式对两组或多组数组参数的值执行运算时，每个数组参数都必须有相同数量的行和列。除了用【Ctrl+Shift+Enter】组合键输入公式，创建数组公式的方法与创建其他公式的方法相同。某些内置函数也是数组公式，使用这些公式时必须作为数组输入才能获得正确的结果。

4.3 合并计算数据

　　在日常工作中，经常需要将结构或内容相似的多个表格进行合并汇总，此时可以使用 Excel 中的合并计算功能。合并计算是指将多个相似格式的工作表或数据区域，按指定的方式进行自动匹配计算。合并计算的数据源可以是同一工作表中的数据，也可以是同一个工作簿中的不同工作表中的数据。

4.3.1 对同一张工作表中的数据进行合并计算

　　合并计算是指将多个相似格式的工作表或数据区域，按指定的方式进行自动匹配计算。如果所有数据在同一张工作表中，则可以在同一张工作表中进行合并计算。

　　例如，要对"家电销售汇总"工作簿的工作表数据进行合并计算，操作方法如下。

　　第1步 ▶ 打开"素材文件\第4章\家电销售汇总.xlsx"，选中汇总数据要存放的起始单元格，单击【数据】选项卡【数据工具】组中的【合并计算】按钮，如图4-28所示。

　　第2步 ▶ 弹出【合并计算】对话框，在【函数】下拉列表中选择汇总方式，如【求和】，将光标定位到【引用位置】参数框，在工作表中拖动鼠标选择参与计算的数据区域，然后单击【添加】按钮，在【标签位置】栏中选中【首行】和【最左列】复选框，最后单击【确定】按钮，如图4-29所示。

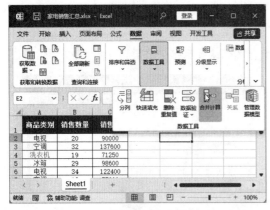

图4-28　单击【合并计算】按钮　　　　　图4-29　设置计算参数

　　第3步 ▶ 返回工作表，即可看到合并计算后的数据，如图4-30所示。

图 4-30 查看计算结果

4.3.2 合并计算多个工作表中的数据

在制作销售报表、汇总报表等类型的表格时，经常需要对多张工作表中的数据进行合并计算，以便更好地查看数据。

例如，要对"家电销售年度汇总"工作簿的多张工作表数据进行合并计算，操作方法如下。

第1步 打开"素材文件\第 4 章\家电销售年度汇总.xlsx"，选择要存放结果的工作表，选中汇总数据要存放的起始单元格，本例选中"年度汇总"工作表中的 A2 单元格，然后单击【数据】选项卡【数据工具】组中的【合并计算】按钮，如图 4-31 所示。

第2步 弹出【合并计算】对话框，在【函数】下拉列表中选择汇总方式，如【求和】，然后单击【引用位置】参数框右侧的折叠按钮，如图 4-32 所示。

图 4-31 单击【合并计算】按钮

图 4-32 单击折叠按钮

第3步 在"一季度"工作表中选中 A1:C6 单元格区域，然后单击【合并计算 - 引用位置】对话框中的展开按钮，如图 4-33 所示。

第4步 完成选择后，单击【添加】按钮，将选择的数据区域添加到【所有引用位置】列表框，如图 4-34 所示。

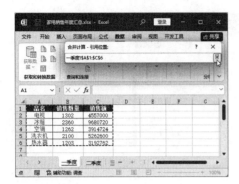

图 4-33　设置计算参数

图 4-34　单击【添加】按钮

第5步 ▶　使用相同的方法，添加其他需要参与计算的数据区域，然后选中【首行】和【最左列】复选框，单击【确定】按钮，如图 4-35 所示。

第6步 ▶　返回工作表，即可看到合并计算后的数据，如图 4-36 所示。

图 4-35　单击【确定】按钮

图 4-36　查看计算结果

> **温馨提示** ●
>
> 对多张工作表进行合并计算时，建议选中【创建指向源数据的链接】复选框。选中该复选框后，若源数据中的数据发生变更，通过合并计算得到的数据汇总会自动进行更新。

4.4 通过ChatGPT学习函数

在 Excel 中，将一组特定功能的公式组合在一起，就形成了函数。利用公式可以计算一些简单的数据，而利用函数则可以很容易地完成各种复杂数据的处理工作，并简化公式的使用。

4.4.1　什么是函数

Excel 表格中的函数其实是一些预定义的公式，它们使用一些称为参数的特定数值按特定的顺序或结构进行计算。

那么，在 ChatGPT 的世界里，函数又是什么样的呢?

⑩ **提问：** Excel 函数的定义是什么？

◎ **ChatGPT：**

　　Excel 函数是一种内置的工具，用于执行各种数学、逻辑、文本、日期等操作，以便在 Excel 电子表格中进行数据处理和分析。它们是预先编写的代码块，可以通过输入参数来执行特定的计算或操作，并返回结果。

　　Excel 函数由函数名和一对括号组成，括号内包含函数的参数。函数名用于标识特定的函数，并告诉 Excel 要执行哪种操作。参数是函数用于计算的输入值，可以是单个值、单元格范围、常量或其他函数的结果。

　　Excel 函数有各种类型，包括数学函数（如 SUM、AVERAGE、MAX、MIN）、逻辑函数（如 IF、AND、OR）、文本函数（如 CONCATENATE、LEFT、RIGHT）、日期函数（如 TODAY、YEAR、MONTH）、统计函数（如 COUNT、COUNTIF、SUMIF）等。每个函数都有特定的功能和语法规则，用于执行特定的操作。

　　通过使用 Excel 函数，可以在电子表格中进行各种计算和操作，例如，数据求和、平均值计算、条件判断、文本拼接、日期处理、数据筛选等。使用函数，可以自动化复杂的计算过程，并轻松处理大量数据。

　　可以通过在单元格中输入函数，或者使用函数向导或函数库来添加函数。在输入函数时，Excel 会提供函数的参数提示和语法验证，以帮助我们正确使用函数。

　　总之，Excel 函数是一种内置的工具，用于在电子表格中执行各种计算和操作。它们提供了广泛的功能，使我们能够更轻松地处理和分析数据。熟练掌握 Excel 函数，可以帮助我们更高效地使用 Excel，并提高数据处理和分析的能力。

　　从以上回答中，我们了解了什么是函数。Excel 函数是处理和分析数据的重要工具，通过熟练掌握函数的定义和使用方法，可以更高效地进行数据处理和计算，提高工作效率并准确获取所需的结果。

4.4.2　函数的结构

　　函数是预先编写的公式，可以将其视为一种特殊的公式。它一般具有一个或多个参数，可以更加简单、便捷地进行多种运算，并返回一个或多个值。函数与公式的使用方法有很多相似之处，如需要先输入函数才能使用函数进行计算。输入函数前，还需要了解函数的结构。

　　那么，函数的结构是什么样的？让 ChatGPT 来为我们解答。

⑩ **提问：** Excel 函数的结构是什么样的？

◎ **ChatGPT：**

　　Excel 函数的结构通常包含以下几个部分。

　　1. 函数名称：函数名称是函数的标识符，用于指定要执行的具体函数。例如，SUM、AVERAGE、IF 等都是常见的 Excel 函数名称。

　　2. 参数：参数是函数执行所需的输入值。函数可以接受一个或多个参数，参数之间使用逗号进行分隔。

参数可以是常数值、单元格引用、表达式或其他函数的返回值。不同的函数具有不同的参数要求和数量。

3. 参数分隔符：参数分隔符用于分隔参数，常用的分隔符是逗号。每个参数的顺序和类型都要与函数的定义相匹配。

4. 函数返回值：函数的返回值是函数执行后得到的结果。返回值可以是数字、文本、日期、逻辑值等，具体取决于函数的功能和计算结果。

下面是一个示例，展示了函数的一般结构。

=函数名（参数1，参数2，…）

例如，使用SUM函数计算A1到A5单元格范围内的总和，可以写成：

=SUM(A1:A5)

其中，SUM是函数名称；A1:A5是参数，用于指定要求和的单元格范围。

需要注意的是，函数的具体结构和使用方法因不同的函数而异。因此，在使用特定函数之前，建议参考相关文档或使用Excel的内置函数帮助来了解特定函数的正确结构和参数要求。

从以上回答中，可以发现Excel函数的结构提供了一种强大而灵活的方式来进行数据分析、计算和处理。掌握函数的结构和使用方法，可以使我们更有效地利用Excel的功能，处理复杂的数据和实现所需的功能。

4.4.3 函数的分类

在Excel中，根据函数的功能，可以将函数划分为12个类型。函数在使用过程中，一般也是依据这个分类进行定位，然后再选择合适的函数。因此，学习函数知识，必须了解函数的分类。

下面我们通过ChatGPT了解函数的分类有哪些。

提问：Excel函数的分类有哪些？

ChatGPT：
Excel函数可以根据其功能和用途进行不同的分类。以下是Excel函数的全部分类。

1. 数学和三角函数：包括基本的四则运算（加、减、乘、除）、幂运算、取整、取余、绝对值、三角函数（如sin、cos、tan）等。

2. 逻辑函数：包括IF函数、AND函数、OR函数、NOT函数等。逻辑函数用于进行条件判断和逻辑运算，根据条件的真假返回相应的结果。

3. 文本函数：包括CONCATENATE函数、LEFT函数、RIGHT函数、LEN函数等。文本函数用于处理和操作文本数据，如合并文本、提取子字符串、计算字符长度等。

4. 统计函数：包括SUM函数、AVERAGE函数、COUNT函数、MAX函数、MIN函数等。统计函数用于对数据进行汇总和统计分析，如求和、平均值、计数、最大值、最小值等。

5. 查找和引用函数：包括VLOOKUP函数、HLOOKUP函数、INDEX函数、MATCH函数等。这些函数用于在数据中查找特定的值或引用特定的单元格。

6. 日期和时间函数: 包括 DATE 函数、TODAY 函数、YEAR 函数、MONTH 函数等。日期和时间函数用于处理日期和时间相关的操作，如日期计算、格式转换、提取年份、提取月份等。

7. 统计函数: 包括 SUMIF 函数、COUNTIF 函数、AVERAGEIF 函数等。统计函数根据满足特定条件的数据进行计算和统计。

8. 数组函数: 包括 SUMPRODUCT 函数、TRANSPOSE 函数、MMULT 函数等。数组函数用于处理多个数值数组或矩阵的运算和操作。

9. 数据库函数: 包括 VLOOKUP 函数、HLOOKUP 函数、INDEX 函数、MATCH 函数等。数据库函数用于对大量数据进行查询、筛选和分析。

10. 工程函数: 包括 IRR 函数、NPV 函数、PV 函数等。工程函数用于进行财务和投资方面的计算和分析。

11. 信息函数: 包括 CELL 函数、INFO 函数、ERROR.TYPE 函数等。信息函数用于获取有关单元格、工作表和文件的信息。

12. 宏函数: 包括自定义的宏函数，用于根据用户的需求进行自定义的计算和操作。

这些是 Excel 函数的主要分类，每个分类中都有许多具体的函数可供使用。根据具体的数据处理需求，可以选择适当的函数来进行计算、分析和操作。熟练掌握不同分类的函数，能够更高效地利用 Excel 进行各种数据处理任务。

以上回答按照函数的功能和用途对其进行了划分，每个分类中都有多个具体的函数可供使用。通过合理选择和运用这些函数，可以实现复杂的数据计算、统计分析、条件判断、文本处理、日期计算等操作，提高工作效率和准确性。

4.4.4　输入与编辑函数

使用函数之前，除了了解函数的定义，还需要知道如何输入与编辑函数。所以，先来问一问 ChatGPT 如何在 Excel 中输入函数。

> 🔟 提问: 输入函数的方法有哪些?

⑤ ChatGPT:

输入函数的方法有以下几种。

1. 直接输入函数: 可以在目标单元格中直接输入函数名，并在括号中添加参数。例如，输入 "=SUM(A1:A5)" 表示计算 A1 到 A5 单元格范围内的和。

2. 使用函数库: Excel 提供了大量的内置函数，可以通过在目标单元格中输入等号（=），然后选择函数库中的函数，填写相应的参数来调用函数。可以通过函数库的分类、搜索或浏览功能来查找需要的函数。

3. 函数快捷键: Excel 提供了一些常用函数的快捷键，可以通过按相应的快捷键，直接在目标单元格中输入函数名和参数。

4. 函数自动填充: 在输入完一个函数后，可以使用函数自动填充功能来快速复制函数到其他单元格。只需将鼠标悬停在函数单元格的右下角，光标变为 "+" 符号后，拖动鼠标以填充其他单元格。

5. 函数助手或提示功能: 在输入函数时，Excel 会根据已输入的内容提供函数助手或提示功能，显示可能的函数选项，帮助我们选择合适的函数和参数。

以上是常见的输入函数的方法，在 Excel 中可以根据具体需求选择合适的方法来输入函数，并利用函数的强大功能进行数据处理和计算。

根据以上回答，我们可以选择适合的方法来输入函数，下面介绍一些常用的调用函数的方法。

1. 直接输入函数

如果知道函数名称及函数的参数，可以直接在编辑栏中输入函数表达式调用函数，这是最常见的函数调用方法之一。

例如，要在"促销商品销量表"工作簿中计算"小计"，操作方法如下。

第1步 ▶ 打开"素材文件\第4章\促销商品销量表 .xlsx"，选择要存放结果的单元格 E2，在编辑栏中输入函数表达式"=PRODUCT(C2:D2)"（意为对单元格区域 C2:D2 中的数值进行乘积运算），如图 4-37 所示。

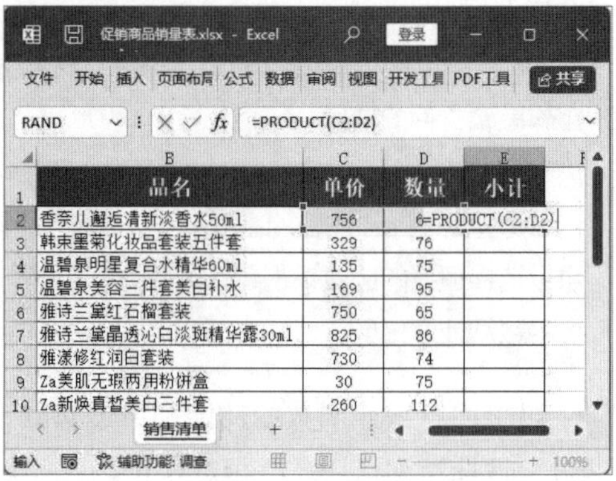

第2步 ▶ 输入完成后，单击编辑栏中的【输入】按钮 ✓，或者按【Enter】键进行确认，E2 单元格中即可显示计算结果，如图 4-38 所示。

第3步 ▶ 利用填充功能向下复制函数，即可计算出其他产品的销售金额，如图 4-39 所示。

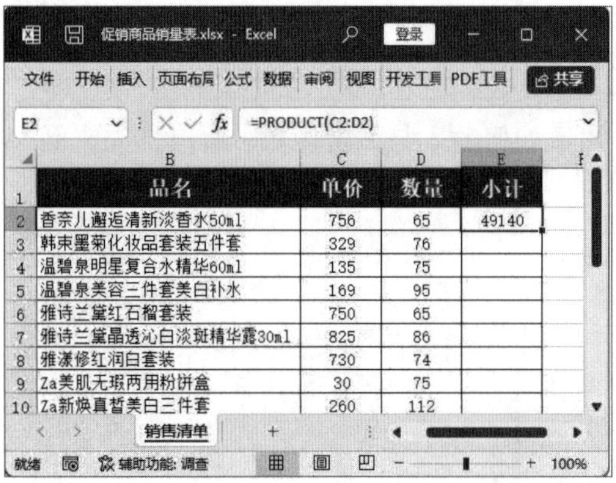

图 4-37 输入函数

图 4-38 查看计算结果　　　　　图 4-39 填充函数

2. 通过提示功能快速调用函数

如果用户对函数并不是非常熟悉，在输入函数表达式的过程中，可以利用函数的提示功能进行输入，以保证输入正确的函数。

例如，要在"部门工资表"工作簿中计算"实发工资"，操作方法如下。

第1步 ▶ 打开"素材文件\第4章\部门工资表 .xlsx"，选择要存放结果的单元格 I2，输入"="，然后输入函数的首字母，如"S"，此时系统会自动弹出一个下拉列表，该列表中将显示所有"S"开头的函数，可在列表中找到需要的函数，选中该函数时，会出现一个浮动框，并说明该函数的含义，如图 4-40 所示。

第2步 双击选中的函数，即可将其输入单元格中，输入函数后我们可以看到函数语法提示，如图 4-41 所示。

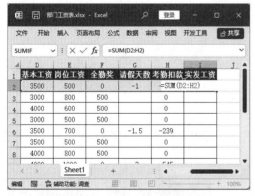

图 4-40　选择函数

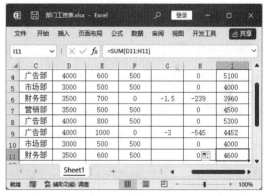

图 4-41　查看语法提示

第3步 根据提示输入计算参数，如图 4-42 所示。

第4步 输入完成后按【Enter】键，即可得出计算结果，然后利用填充功能向下复制函数，即可计算出其他员工的实发工资，如图 4-43 所示。

图 4-42　输入函数参数

图 4-43　查看计算结果

3. 使用【自动求和】按钮调用函数

使用函数计算数据时，求和函数、求平均值函数等函数用得非常频繁，因此 Excel 提供了【自动求和】按钮，通过该按钮，可快速使用这些函数进行计算。

例如，要在"半年销售情况表"工作簿中计算"平均销量"，操作方法如下。

第1步 打开"素材文件\第 4 章\半年销售情况表.xlsx"，选择要存放结果的单元格 H2，单击【公式】选项卡【函数库】组中的【自动求和】下拉按钮，在弹出的下拉菜单中选择【平均值】选项，如图 4-44 所示。

第2步 拖动鼠标选择计算区域，默认选择左侧数据单元格，如图 4-45 所示。

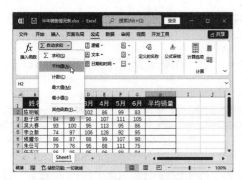 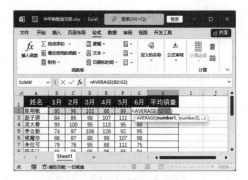

图 4-44　选择【平均值】选项　　　　　　　图 4-45　选择计算区域

第3步 ▶ 按【Enter】键，即可得出计算结果，然后通过填充功能向下复制函数，计算出其他人的平均销量，如图 4-46 所示。

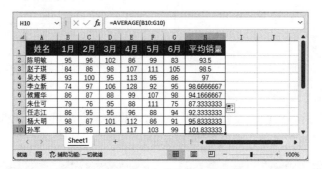

图 4-46　查看计算结果

> **温馨提示** ◀
>
> 在【公式】选项卡的【函数库】组中，可以单击【财务】【逻辑】【文本】等下拉按钮，调用相关的函数。

4. 通过【插入函数】对话框调用函数

Excel 提供了数百个函数，如果不能确定函数的正确拼写或计算参数，建议使用【插入函数】对话框插入函数。

例如，要在"营业额统计周报表"工作簿中计算"合计"，操作方法如下。

第1步 ▶ 打开"素材文件\第 4 章\营业额统计周报表.xlsx"，选择要存放结果的单元格 F3，然后单击编辑栏中的【插入函数】按钮 *fx*，如图 4-47 所示。

第2步 ▶ 打开【插入函数】对话框，在【或选择类别】下拉列表中选择函数类别，在【选择函数】列表框中选择需要的函数，如【SUM】函数，然后单击【确定】按钮，如图 4-48 所示。

图 4-47　单击【插入函数】按钮

图 4-48　选择函数

第3步 ▶ 打开【函数参数】对话框，在【Number1】参数框中设置要进行计算的参数，然后单击【确定】按钮，如图 4-49 所示。

第4步 ▶ 返回工作表，即可看到计算结果，通过填充功能向下复制函数，计算出其他时间的营业额总计，如图 4-50 所示。

图 4-49　设置函数参数

图 4-50　查看计算结果

4.5　常见函数的使用方法

在了解了如何使用函数进行数据运算的方法后，就可以应用函数计算数据了。下面先来了解常用的基本函数，主要包括自动求和函数、平均值函数、最大值函数、最小值函数等。

4.5.1　使用SUM函数进行求和运算

在 Excel 中，SUM 函数是最常用的函数之一，用于返回某一单元格区域中的所有数字之和。下面先使用 ChatGPT 查看 SUM 函数的语法结构。

💬 **提问**：SUM 函数的语法结构是什么？

> **⑤ ChatGPT：**
>
> SUM 函数的语法结构如下。
>
> ```
> SUM(number1, [number2], …)
> ```
>
> 其中，各参数含义如下。
>
> （1）number1 是第一个要相加的数值或单元格引用。
>
> （2）number2 是第二个要相加的数值或单元格引用，以此类推。可以根据需要添加更多的数值或单元格引用，用逗号分隔。
>
> （3）方括号表示参数是可选的，可以根据需要省略或添加更多的数值或单元格引用。
>
> 注意事项如下。
>
> （1）SUM 函数可以处理包含数字的单元格范围、单个单元格引用和数字直接输入。
>
> （2）SUM 函数会忽略文本、逻辑值和错误值，并将它们视为 0。
>
> （3）SUM 函数还可以用于计算多个数据范围的总和，将它们放在括号内并用逗号分隔。
>
> （4）如果希望仅对满足某些条件的单元格进行求和，可以使用 SUMIF 或 SUMIFS 函数。
>
> 以下是一些示例。
>
> （1）=SUM(A1, A2, A3)：计算 A1、A2 和 A3 单元格的总和。
>
> （2）=SUM(A1:A10)：计算 A1 到 A10 单元格范围内的数值之和。
>
> （3）=SUM(A1, B1, C1)：计算 A1、B1 和 C1 单元格的总和。
>
> （4）=SUM(1, 2, 3, 4)：计算数字 1、2、3 和 4 的总和。
>
> SUM 函数是 Excel 中常用的函数之一，可以用于计算一系列数值的总和。

ChatGPT 详细地说明了求和函数的语法结构和使用方法，下面以在"销售业绩"工作簿中使用 SUM 函数计算"销售总量"为例进行说明。

第1步◆ 打开"素材文件\第 4 章\销售业绩.xlsx"，选择要存放结果的单元格 E3，输入函数"=SUM(B3:D3)"，如图 4-51 所示。

第2步◆ 按【Enter】键进行确认，即可得出计算结果，通过填充功能向下复制函数，计算出所有人的销售总量，如图 4-52 所示。

图 4-51　输入函数　　　　　　　　　　　图 4-52　查看计算结果

4.5.2　使用 AVERAGE 函数计算平均值

AVERAGE 函数用于返回参数的平均值，这个函数是对选择的单元格或单元格区域进行算术平均值运算。下面先使用ChatGPT查看AVERAGE函数的语法结构。

> 🔟 **提问：** AVERAGE 函数的语法结构是什么？

⚙ ChatGPT：

AVERAGE 函数的语法结构如下。

```
AVERAGE(number1, [number2], …)
```

其中，各参数含义如下。

（1）number1 是第一个要求平均值的数值或单元格引用。

（2）number2 是第二个要求平均值的数值或单元格引用，以此类推。可以根据需要添加更多的数值或单元格引用，用逗号分隔。

（3）方括号表示参数是可选的，可以根据需要省略或添加更多的数值或单元格引用。

注意事项如下。

（1）AVERAGE 函数可以处理包含数字的单元格范围、单个单元格引用和数字直接输入。

（2）AVERAGE 函数会忽略文本、逻辑值和错误值，并将它们视为 0。

（3）如果要计算满足某些条件的单元格的平均值，可以使用AVERAGEIF 或 AVERAGEIFS函数。

以下是一些示例。

（1）=AVERAGE(A1, A2, A3)：计算A1、A2 和 A3 单元格的平均值。

（2）=AVERAGE(A1:A10)：计算A1 到 A10 单元格范围内的数值的平均值。

（3）=AVERAGE(A1, B1, C1)：计算A1、B1 和 C1 单元格的平均值。

（4）=AVERAGE(1, 2, 3, 4)：计算数字 1、2、3 和 4 的平均值。

AVERAGE 函数用于计算一组数值的平均值，是Excel中常用的函数之一。

根据以上回答，如果要在"销售业绩"工作簿中使用AVERAGE 函数计算"平均值"，操作方法如下。

第1步 ▶ 接上一例操作，选择要存放结果的单元格F3，输入函数"=AVERAGE(B3:D3)"，如图 4-53 所示。

第2步 ▶ 按【Enter】键进行确认，即可得出计算结果，通过填充功能向下复制函数，计算出销售平均值，如图 4-54 所示。

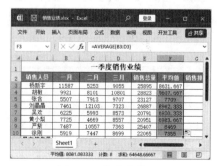

图 4-53　输入函数　　　　　　　　图 4-54　查看计算结果

4.5.3 使用MAX函数计算最大值

使用MAX函数可以对选择的单元格区域中的数据进行比较，计算出其中的最大值，然后返回到目标单元格。下面先使用ChatGPT查看MAX函数的语法结构。

> 🗣 **提问：** MAX函数的语法结构是什么？

ChatGPT：

MAX函数的语法结构如下。

```
MAX(number1, [number2], …)
```

其中，各参数含义如下。

（1）number1是第一个要比较的数值或单元格引用。

（2）number2是第二个要比较的数值或单元格引用，以此类推。可以根据需要添加更多的数值或单元格引用，用逗号分隔。

（3）方括号表示参数是可选的，可以根据需要省略或添加更多的数值或单元格引用。

注意事项如下。

（1）MAX函数可以处理包含数字的单元格范围、单个单元格引用和数字直接输入。

（2）MAX函数会忽略文本、逻辑值和错误值，并将它们视为0。

（3）如果要找到满足某些条件的数值中的最大值，可以使用MAXIFS函数。

以下是一些示例。

（1）=MAX(A1, A2, A3)：返回A1、A2和A3单元格中的最大值。

（2）=MAX(A1:A10)：返回A1到A10单元格范围内的数值中的最大值。

（3）=MAX(A1, B1, C1)：返回A1、B1和C1单元格中的最大值。

（4）=MAX(1, 2, 3, 4)：返回数字1、2、3和4中的最大值。

MAX函数用于查找一组数值中的最大值，可以帮助你在Excel中进行数据分析和比较。

根据以上回答，如果要在"销售业绩"工作簿中使用MAX函数计算每个月的"最高销售量"，操作方法如下。

第1步 ▶ 接上一例操作，选择要存放结果的单元格B11，输入函数"=MAX(B3:B10)"，如图4-55所示。

第2步 ▶ 按【Enter】键进行确认，通过填充功能向右复制函数，即可计算出每个月的最高销售量和销售总量的最高销售量，如图4-56所示。

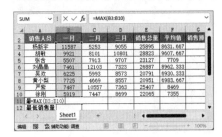

图 4-55　输入函数

图 4-56　查看计算结果

4.5.4　使用MIN函数计算最小值

MIN 函数与 MAX 函数的作用相反，它可以对选择的单元格区域中的数据进行比较，计算出其中的最小值，然后返回到目标单元格。下面先使用ChatGPT查看MIN函数的语法结构。

> 🔟 **提问**：MIN 函数的语法结构是什么？

> 🟢 **ChatGPT**：
>
> MIN 函数的语法结构如下。
>
> `MIN(number1, [number2], …)`
>
> 其中，各参数含义如下。
>
> （1）number1 是第一个要比较的数值或单元格引用。
>
> （2）number2 是第二个要比较的数值或单元格引用，以此类推。可以根据需要添加更多的数值或单元格引用，用逗号分隔。
>
> （3）方括号表示参数是可选的，可以根据需要省略或添加更多的数值或单元格引用。
>
> 注意事项如下。
>
> （1）MIN 函数可以处理包含数字的单元格范围、单个单元格引用和数字直接输入。
>
> （2）MIN 函数会忽略文本、逻辑值和错误值，并将它们视为 0。
>
> （3）如果要找到满足某些条件的数值中的最小值，可以使用 MINIFS 函数。
>
> 以下是一些示例。
>
> （1）=MIN(A1, A2, A3)：返回A1、A2 和 A3 单元格中的最小值。
>
> （2）=MIN(A1:A10)：返回A1 到 A10 单元格范围内的数值中的最小值。
>
> （3）=MIN(A1, B1, C1)：返回A1、B1 和 C1 单元格中的最小值。
>
> （4）=MIN(1, 2, 3, 4)：返回数字1、2、3 和 4 中的最小值。
>
> MIN 函数用于查找一组数值中的最小值，可以帮助你在 Excel 中进行数据分析和比较。

根据以上回答，如果要在"销售业绩"工作簿中使用MIN 函数计算每个月的"最低销售量"，操作方法如下。

第1步 ▶ 接上一例操作，选择要存放结果的单元格B12，输入函数"=MIN(B3:B10)"，如图 4-57 所示。

第2步 ▶ 按【Enter】键进行确认，通过填充功能向右复制函数，即可计算出每个月的最低销售量和销售总量的最低销售量，如图 4-58 所示。

图 4-57　输入函数　　　　　　　　　　图 4-58　查看计算结果

4.5.5 使用RANK函数计算排名

使用RANK函数可以让指定的数据在一组数据中进行比较，将比较的名次返回到目标单元格，是计算排名的最佳函数。下面先使用ChatGPT查看RANK函数的语法结构。

> 🔟 **提问：** RANK 函数的语法结构是什么？

⑥ ChatGPT：

RANK函数的语法结构如下。

```
RANK(number, ref, [order])
```

其中，各参数含义如下。

（1）number是要进行排名的数值或单元格引用。

（2）ref是包含要进行排名的数值范围或单元格范围。

（3）order是可选参数，用于指定排名的顺序。默认情况下，它是按降序排序的，即最大值排名第一。如果要按升序排序，可以将order设置为1或升序排序的逻辑值TRUE，如果要按降序排序，可以将order设置为0或降序排序的逻辑值FALSE。

注意事项如下。

（1）RANK函数将为指定的数值或单元格在范围中进行排名，返回排名的位置。

（2）如果有相同的数值，则它们将获得相同的排名，并且在下一个排名位置将会有跳过。

（3）RANK函数可以用于数字和日期类型的数据，但不能用于文本类型的数据。

以下是一些示例。

（1）=RANK(A1, $B$1:$B$10)：返回A1单元格的值在B1到B10单元格范围内的排名。

（2）=RANK(100, A1:A10, 1)：返回数值100在A1到A10单元格范围内按升序排序的排名。

RANK函数在数据分析和排序方面非常有用，可以帮助你确定数值在给定范围内的相对位置和排序顺序。

根据以上回答，如果要在"销售业绩"工作簿中使用RANK函数计算"销售排名"，操作方法如下。

第1步 ● 接上一例操作，选择要存放结果的单元格G3，输入函数"=RANK(E3,$E$3:$E$10,0)"，如图4-59所示。

第2步 ● 按【Enter】键进行确认，通过填充功能向下复制函数，即可计算出每位员工销售总量的排名，如图4-60所示。

图 4-59 输入函数   图 4-60 查看计算结果

4.5.6　使用IF函数执行条件检测

IF 函数的功能是根据对指定的条件计算结果为 TRUE 或 FALSE，返回不同的结果。使用 IF 函数可对数值和公式执行条件检测。下面先使用 ChatGPT 查看 IF 函数的语法结构。

> ⏎ **提问：** IF 函数的语法结构是什么？

⑤ ChatGPT：

IF 函数是 Excel 中非常常用的逻辑函数，用于根据指定条件的真假情况返回不同的结果。它的语法结构如下。

```
IF(logical_test, value_if_true, value_if_false)
```

其中，各参数含义如下。

（1）logical_test 是一个条件或表达式，用于判断真假。

（2）value_if_true 是在条件为真时要返回的值或表达式。

（3）value_if_false 是在条件为假时要返回的值或表达式。

注意事项如下。

（1）logical_test 可以是一个比较运算符、逻辑运算符或其他返回 TRUE 或 FALSE 的表达式。

（2）value_if_true 和 value_if_false 可以是常量值、单元格引用、公式或其他函数。

（3）value_if_true 和 value_if_false 的数据类型可以不同，Excel 会自动进行类型转换。

以下是一些示例。

（1）=IF(A1>10, "大于 10", "小于等于 10")：如果 A1 大于 10，则返回"大于 10"，否则返回"小于等于 10"。

（2）=IF(B2="男", "先生", "女士")：如果 B2 单元格的值是"男"，则返回"先生"，否则返回"女士"。

IF 函数在条件判断和逻辑处理方面非常有用，可以根据不同的条件返回不同的结果，用于数据分析、条件筛选、逻辑判断等场景。

根据以上回答，例如，以"新进员工考核表"工作簿中的"总分"为关键字，80 分以上（含 80 分）的为"录用"，其余的则为"淘汰"，操作方法如下。

第1步 ▶ 打开"素材文件\第 4 章\新进员工考核表 .xlsx"，选择要存放结果的单元格 G4，然后单击【公式】选项卡【函数库】组中的【插入函数】按钮，如图 4-61 所示。

第2步 ▶ 打开【插入函数】对话框，在【选择函数】列表框中选择【IF】函数，然后单击【确定】按钮，如图 4-62 所示。

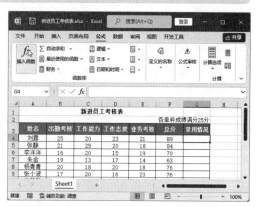

图 4-61　单击【插入函数】按钮

第3步 ▶ 打开【函数参数】对话框，设置【Logical_test】为"F4>=80"，【Value_if_true】为""录

用""，【Value_if_false】为"" 淘汰 ""，然后单击【确定】按钮，如图 4-63 所示。

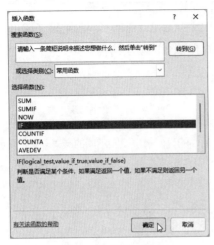

图 4-62 选择函数

图 4-63 设置函数参数

第4步 ▶ 返回工作表，即可看到使用IF函数的计算结果，利用填充功能向下复制函数，即可计算出其他员工的录用情况，如图 4-64 所示。

姓名	出勤考核	工作能力	工作态度	业务考核	总分	录用情况
刘露	25	20	23	21	89	录用
张静	21	25	20	18	84	录用
李洋洋	16	20	15	19	70	淘汰
朱金	19	13	17	14	63	淘汰
杨青青	20	18	20	18	76	淘汰
张小波	17	20	16	23	76	淘汰
黄雅雅	25	19	25	19	88	录用
袁志远	18	19	18	20	75	淘汰
陈倩	18	16	17	13	64	淘汰
韩丹	19	17	19	15	70	淘汰
陈强	15	17	14	10	56	淘汰

图 4-64 查看计算结果

温馨提示●

在实际应用中，一个IF函数可能无法满足工作的需要，这时可以使用多个IF函数进行嵌套。

IF 函数嵌套的语法为 IF(logical_test,value_if_true,IF(logical_test,value_if_true,IF(logical_test,value_if_true,…, value_if_false)))。通俗地讲，可以理解成"如果(某条件,条件成立返回的结果,(某条件,条件成立返回的结果, (某条件,条件成立返回的结果,…,条件不成立返回的结果)))"。例如，在本例中以表格中的"总分"为关键字，80 分以上(含 80 分)的为"录用"，70 分以上(含 70 分)的为"有待观察"，其余的则为"淘汰"，G4 单元格的函数表达式就为"=IF(F4>=80," 录用 ",IF(F4>=70," 有待观察 "," 淘汰 "))"。

4.6 数据分析中的常用专业函数

除了上一节介绍的常用函数，在日常工作中，还需要使用一些专业的函数分析数据，如财务函数、文本函数、统计函数等。

4.6.1　使用CUMIPMT函数计算两个付款期之间累计支付的利息

CUMIPMT 函数用于计算一笔贷款在指定期间累计需要偿还的利息数额。下面先使用ChatGPT
查看CUMIPMT 函数的语法结构。

> 提问：CUMIPMT 函数的语法结构是什么？

ChatGPT：

CUMIPMT 函数是Excel中用于计算累计付款利息的函数，它可以帮助用户计算在一系列等额分期
付款中的特定期数之前的累计付款利息总额。CUMIPMT 函数的语法结构如下。

```
CUMIPMT(rate, nper, pv, start_period, end_period, type)
```

其中，各参数含义如下。

（1）rate是每期利率。

（2）nper是总期数。

（3）pv是贷款的当前值（或投资的现值），即现金流的总和。

（4）start_period是开始计算累计付款利息的期数。

（5）end_period是结束计算累计付款利息的期数。

（6）type是指定付款时间的类型（0或1）。

注意事项如下。

（1）rate、nper、pv、start_period、end_period都应为数字值或对包含数字值的单元格的引用。

（2）type可以是0或1，表示付款时间的类型。0 表示付款在期末，1 表示付款在期初。

（3）start_period和end_period的范围应在1到nper之间，且start_period应小于等于end_
period。

以下是一个示例。

```
=CUMIPMT(0.05, 5, 10000, 1, 3, 0)
```

上述示例计算一个利率为5%，总期数为 5 期，贷款金额为 10000 的等额分期付款的前 3 期累计付
款利息总额。

根据以上回答，例如，某人向银行贷款 50 万元，贷款期限为 12 年，年利率为 9%，现计算此
项贷款第一个月所支付的利息，以及第二年所支付的总利息，操作方法如下。

第1步 ▶ 打开"素材文件\第 4 章\CUMIPMT.xlsx"，选择要存放第一个月支付利息结果的单
元格 B5，输入函数"=CUMIPMT(B4/12,B3*12,B2,1,1,0)"，按【Enter】键，即可得出计算结果，如
图 4-65 所示。

第2步 ▶ 选择要存放第二年支付总利息结果的单元格 B6，输入函数"=CUMIPMT(B4/12,B3*
12,B2,13,24,0)"，按【Enter】键，即可得出计算结果，如图 4-66 所示。

图 4-65　计算第一个月支付的利息　　　　　　图 4-66　计算第二年支付的总利息

4.6.2　使用CUMPRINC函数计算两个付款期之间累计支付的本金

CUMPRINC 函数用于计算一笔贷款在给定期间需要累计偿还的本金数额。下面先使用ChatGPT查看CUMPRINC 函数的语法结构。

> 🔟 **提问：** CUMPRINC 函数的语法结构是什么？

⑤ ChatGPT：

CUMPRINC 函数是 Excel 中用于计算累计偿还本金的函数，它可以帮助用户计算在一系列等额分期付款中特定期数之前的累计偿还本金总额。CUMPRINC 函数的语法结构如下。

```
CUMPRINC(rate, nper, pv, start_period, end_period, type)
```

其中，各参数含义如下。

（1）rate 是每期利率。

（2）nper 是总期数。

（3）pv 是贷款的当前值（或投资的现值），即现金流的总和。

（4）start_period 是开始计算累计偿还本金的期数。

（5）end_period 是结束计算累计偿还本金的期数。

（6）type 是指定付款时间的类型（0 或 1）。

注意事项如下。

（1）rate、nper、pv、start_period、end_period 都应为数字值或对包含数字值的单元格的引用。

（2）type 可以是 0 或 1，表示付款时间的类型。0 表示付款在期末，1 表示付款在期初。

（3）start_period 和 end_period 的范围应在 1 到 nper 之间，且 start_period 应小于等于 end_period。

以下是一个示例。

```
=CUMPRINC(0.05, 5, 10000, 1, 3, 0)
```

上述示例计算一个利率为 5%，总期数为 5 期，贷款金额为 10000 的等额分期付款的前 3 期累计偿还本金总额。

根据以上回答，例如，某人向银行贷款 50 万元，贷款期限为 12 年，年利率为 9%，现计算此项贷款第一个月偿还的本金，以及第二年偿还的总本金，操作方法如下。

第1步 打开 "素材文件\第 4 章\CUMPRINC.xlsx"，选择要存放第一个月偿还本金结果的单元格 B5，输入函数 "=CUMPRINC(B4/12,B3*12,B2,1,1,0)"，按【Enter】键，即可得出计算结果，如图 4-67 所示。

第2步 选择要存放第二年偿还总本金结果的单元格 B6，输入函数 "=CUMPRINC(B4/12,B3*12,B2,13,24,0)"，按【Enter】键，即可得出计算结果，如图 4-68 所示。

图 4-67　计算第一个月偿还的本金

图 4-68　计算第二年偿还的总本金

4.6.3 使用PMT函数计算月还款额

PMT 函数可以基于固定利率及等额分期付款方式，计算贷款的每期付款额。下面先使用 ChatGPT 查看 PMT 函数的语法结构。

> 🔟 **提问：** PMT 函数的语法结构是什么？

⑤ ChatGPT：

PMT 函数是 Excel 中用于计算等额分期付款的函数，它可以帮助用户计算每期需要支付的固定金额，以偿还贷款或投资的总额。PMT 函数的语法结构如下。

```
PMT(rate, nper, pv, [fv], [type])
```

其中，各参数含义如下。

（1）rate 是每期利率。

（2）nper 是总期数。

（3）pv 是贷款的当前值（或投资的现值），即现金流的总和。

（4）fv 是可选参数，表示贷款或投资到期时的未来值（默认值为 0）。

（5）type 是可选参数，表示付款时间的类型（默认值为 0）。

注意事项如下。

（1）rate、nper、pv、fv 都应为数字值或对包含数字值的单元格的引用。

（2）type 可以是 0 或 1，表示付款时间的类型。0 表示付款在期末，1 表示付款在期初。

以下是一个示例。

```
=PMT(0.05, 5, 10000)
```

上述示例计算一个利率为 5%，总期数为 5 期，贷款金额为 10000 的等额分期付款每期需要支付的金额。

根据以上回答，例如，某公司因购买写字楼向银行贷款 50 万元，贷款年利率为 8%，贷款期限为 10 年（120 个月），现计算每月应偿还的金额，操作方法如下。

打开"素材文件\第 4 章\PMT.xlsx"，选择要存放结果的单元格 B5，输入函数"=PMT(B4/12,B3,B2)"，按【Enter】键，即可得出计算结果，如图 4-69 所示。

图 4-69 使用函数计算

4.6.4 使用RATE函数计算年金的各期利率

RATE 函数用于计算年金的各期利率。下面先使用 ChatGPT 查看 RATE 函数的语法结构。

> ⌨ **提问：** RATE 函数的语法结构是什么？

⑤ ChatGPT：

RATE 函数是 Excel 中用于计算投资或贷款的年利率的函数。它可以帮助用户计算每期的利率，以便在给定期数内达到所需的目标金额。RATE 函数的语法结构如下。

```
RATE(nper, pmt, pv, [fv], [type], [guess])
```

其中，各参数含义如下。

（1）nper 是总期数。

（2）pmt 是每期的支付金额（负值表示付款，正值表示收款）。

（3）pv 是贷款的当前值（或投资的现值），即现金流的总和。

（4）fv 是可选参数，表示贷款或投资到期时的未来值（默认值为 0）。

（5）type 是可选参数，表示付款时间的类型（默认值为 0）。

（6）guess 是可选参数，表示对结果的猜测值（默认值为 0.1）。

注意，nper、pmt、pv、fv、type、guess 都应为数字值或对包含数字值的单元格的引用。

以下是一个示例。

```
=RATE(5, -2000, 10000)
```

上述示例计算一个每期支付金额为 -2000，总期数为 5 期，贷款金额为 10000 的贷款的年利率。

根据以上回答，例如，投资总额为 500 万元，每月支付 120000 元，付款期限 5 年，要分别计算每月投资利率和每年投资利率，操作方法如下。

第1步 ▶ 打开"素材文件\第 4 章\RATE.xlsx"，选择要存放结果的单元格 B5，输入函数

"=RATE(B4*12,B3,B2)"，按【Enter】键，即可得出计算结果，如图 4-70 所示。

第2步 选择要存放结果的单元格 B6，输入函数 "=RATE(B4*12,B3,B2)*12"，按【Enter】键，即可得出计算结果。根据需要，将数字格式设置为百分比，如图 4-71 所示。

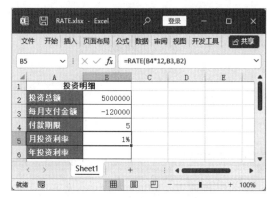 

图 4-70　计算月投资利率　　　　　　　　　　图 4-71　计算年投资利率

4.6.5　使用FIND函数判断员工所属部门

FIND 函数用于查找一个子字符串在文本字符串中第一次出现的位置。根据查找出的位置符号，就可以对该字符进行修改、删除等。下面先使用ChatGPT查看FIND 函数的语法结构。

> 🗣 提问：FIND 函数的语法结构是什么？

⑤ ChatGPT：

FIND函数用于在文本字符串中查找特定子字符串的位置。它返回子字符串在原始字符串中的起始位置。FIND函数的语法结构如下。

```
FIND(find_text, within_text, [start_num])
```

其中，各参数含义如下。

（1）find_text是要查找的子字符串。

（2）within_text是要在其中进行查找的原始字符串。

（3）start_num是可选参数，表示在原始字符串中开始查找的起始位置（默认值为1）。

注意事项如下。

（1）find_text和within_text都可以是直接输入的文本字符串，也可以是对包含文本的单元格的引用。

（2）start_num应为一个整数值。

以下是一个示例。

```
=FIND("world", "Hello world!")
```

上述示例在字符串 "Hello world!" 中查找子字符串 "world"，并返回其起始位置。

根据以上回答，例如，某公司统计出了员工的部门编号信息和销量信息，需要根据部门编号判断出员工所属部门，若编号的第一个字母为 A 则为 A 部门，若编号的第一个字母为 B 则为 B 部门。此时可以使用 IF 函数，再配合使用 FIND 函数和 ISNUMBER 函数，操作方法如下。

打开"素材文件\第 4 章\FIND.xlsx"，选择要存放结果的单元格 C2，输入函数"=IF(ISNUMBER(FIND("A", A2)),"A 部门 ","B 部门 ")"，按【 Enter 】键，然后将所得结果向下填充即可，如图 4-72 所示。

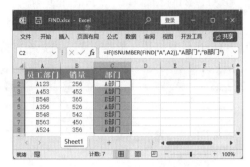

图 4-72　使用函数计算

4.6.6　使用 AND 函数判断指定的多个条件是否同时成立

AND 函数用于判断多个条件是否同时成立，如果所有条件成立，则返回 TURE；如果其中任意一个条件不成立，则返回 FLASE。下面先使用 ChatGPT 查看 AND 函数的语法结构。

> 🔟 **提问：** AND 函数的语法结构是什么？

> ⑥ **ChatGPT：**
>
> AND 函数用于在多个条件都为 TRUE 时返回 TRUE，否则返回 FALSE。它可以用于多个逻辑表达式的组合判断。AND 函数的语法结构如下。
>
> ```
> AND(logical1, [logical2], …)
> ```
>
> 其中，各参数含义如下。
> （1）logical1, logical2, …是要进行逻辑判断的表达式或值。
> （2）方括号表示参数是可选的，可以根据需要提供任意数量的逻辑表达式。
> 注意事项如下。
> （1）参数可以是直接输入的逻辑表达式，也可以是对包含逻辑值的单元格的引用。
> （2）AND 函数要求所有的逻辑表达式都为 TRUE，才会返回 TRUE。
> 以下是一个示例。
>
> ```
> =AND(A1>0, B1="Completed", C1<>"" )
> ```
>
> 上述示例通过 AND 函数判断单元格 A1 的值是否大于 0，单元格 B1 的值是否等于"Completed"，并且单元格 C1 是否不为空。只有当这三个条件都满足时，AND 函数返回 TRUE。

根据以上回答，例如，某地申请公租房的条件是：劳动合同签订 1 年以上，社保缴纳月数大于 6，月收入小于 3000 元，人均住房面积小于 13m^2，可以使用 AND 函数判断用户是否能申请公租房，操作方法如下。

打开"素材文件\第 4 章\AND.xlsx"，选择要存放结果的单元格 F3，输入函数"=AND(B3>1, C3>6,D3<3000, E3<13)"，按【 Enter 】键，然后将所得结果向下填充即可，如图 4-73 所示。

图 4-73 使用函数计算

4.6.7 使用DB函数计算给定时间内的折旧值

DB 函数使用固定余额递减法，计算指定期间内某项固定资产的折旧值。下面先使用ChatGPT
查看 DB 函数的语法结构。

> 🔟 提问：DB 函数的语法结构是什么？

ChatGPT：

DB 函数用于计算在固定的折旧期内，某一资产按指定的折旧方法计算的折旧值。它基于固定资产的
原值、残值、折旧期数和折旧方法来计算每期的折旧值。DB 函数的语法结构如下。

```
DB(cost, salvage, life, period, [month])
```

其中，各参数含义如下。

（1）cost 是资产的原值（初始成本）。

（2）salvage 是资产在折旧期末的预计残值（剩余价值）。

（3）life 是资产的预计使用期限（折旧期数）。

（4）period 是指定的折旧期数。

（5）month 是可选参数，表示开始计算折旧的期间。默认为 1，表示从折旧期的开始计算。

注意事项如下。

（1）cost、salvage、life、period 和 month 参数都应为正数。

（2）period 参数应介于 1 到 life 之间。

（3）DB 函数根据指定的折旧方法（直线折旧、双倍余额递减折旧或年金折旧）计算每期的折旧值。

以下是一个示例。

```
=DB(10000, 2000, 5, 3)
```

上述示例表示在资产原值为 10000、预计残值为 2000、预计使用期限为 5 年的情况下，计算第 3
年的折旧值。

根据以上回答，例如，某打印机设备购买时价格为 250000 元，使用了 10 年，最后处理价为 15000 元，现要分别计算该设备第一年 5 个月内的折旧值、第六年 7 个月内的折旧值及第九年 3 个月内的折旧值，操作方法如下。

第1步 ▶ 打开"素材文件\第 4 章\DB.xlsx"，选择要存放结果的单元格 B5，输入函数"=DB(B2,B3,B4, 1,5)"，按【Enter】键，即可得出计算结果，如图 4-74 所示。

第2步 ▶ 选择要存放结果的单元格 B6，输入函数 "=DB(B2,B3,B4,6,7)"，按【Enter】键，即可得出计算结果，如图 4-75 所示。

第3步 ▶ 选择要存放结果的单元格 B7，输入函数 "=DB(B2,B3,B4,9,3)"，按【Enter】键，即可得出计算结果，如图 4-76 所示。

图 4-74　计算第一年 5 个月内的折旧值

图 4-75　计算第六年 7 个月内的折旧值

图 4-76　计算第九年 3 个月内的折旧值

4.6.8　使用PROB函数统计两数之间的概率值

PROB 函数用于返回区域中的数值落在指定区间内的概率。下面先使用 ChatGPT 查看 PROB 函数的语法结构。

🔟 **提问：** PROB 函数的语法结构是什么？

⑤ ChatGPT：

PROB 函数用于计算一组值在指定范围内出现的概率。它可以用于统计分析、概率分布等相关计算。PROB 函数的语法结构如下。

```
PROB(range, probability_range, [lower_limit], [upper_limit])
```

其中，各参数含义如下。

（1）range 是包含要分析的数据集的单元格区域或数组。

（2）probability_range 是包含与数据集中的每个值对应的概率的单元格区域或数组。

（3）lower_limit 是可选参数，表示指定的下限值。如果省略，则默认为数据集中的最小值。

（4）upper_limit是可选参数，表示指定的上限值。如果省略，则默认为数据集中的最大值。

注意事项如下。

（1）range和probability_range的大小必须相等。

（2）probability_range中的概率值必须为非负数且总和为1。

（3）如果指定了lower_limit和upper_limit，PROB 函数将计算在指定范围内的概率。否则，它将计算整个数据集的概率。

以下是一个示例。

```
=PROB(A1:A5, B1:B5, 2, 5)
```

上述示例表示在包含数据集的A1:A5 单元格区域和对应的概率值的B1:B5 单元格区域中，计算数值范围为 2 到 5 的概率。

根据以上回答，例如，根据指定数据、数据概率值，统计数据值落在指定区间内的概率，操作方法如下。

打开"素材文件\第 4 章\PROB.xlsx"，选择要存放结果的单元格B7，输入函数"=PROB(A2:A5,B2:B5,3,11)"，按【Enter】键，即可显示概率值，如图 4-77 所示。

图 4-77　使用函数计算

4.6.9　使用YEAR函数计算员工年龄

YEAR 函数用于返回日期的年份值，是介于 1900 ~ 9999 的数字。下面先使用ChatGPT查看YEAR 函数的语法结构。

⌨ 提问：YEAR 函数的语法结构是什么？

⑤ **ChatGPT：**

YEAR 函数用于提取给定日期或日期时间值的年份。它返回一个整数，表示指定日期或日期时间的年份。YEAR 函数的语法结构如下。

```
YEAR(date)
```

其中，date是要提取年份的日期或日期时间值。

注意，date必须是有效的日期或日期时间值。如果date不是有效日期，则YEAR函数将返回错误值。

以下是一个示例。

```
=YEAR(A1)
```

上述示例表示提取A1 单元格中日期的年份。如果A1 单元格中的值为"2022/05/15"，则YEAR 函数将返回 2022。

根据以上回答，例如，某公司为了统计公司人员的年龄层，需要计算员工年龄，可以根据出生日期计算出员工的年龄，操作方法如下。

打开"素材文件\第 4 章\YEAR.xlsx"，选择要存放结果的单元格 E2，输入函数 "=YEAR(TODAY())-YEAR(C2)"，按【 Enter 】键，然后将所得结果向下填充即可，如图 4-78 所示。

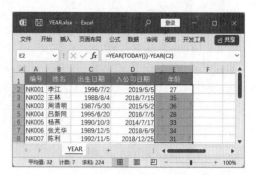

图 4-78　使用函数计算

4.7　ChatGPT答疑解惑

通过前面知识的学习，相信读者已经掌握了在 Excel 中使用公式与函数的方法。下面结合本章内容，让 ChatGPT 介绍一些工作中的实用经验与技巧，来帮助你更灵活地使用函数处理数据。

4.7.1　如何从身份证号码中提取生日和性别

在管理员工信息的过程中，有时需要建立一份电子档案，档案中一般会包含身份证号码、性别、出生日期等信息。当员工人数太多时，逐个输入是一项非常烦琐的工作。那么，有没有什么方法可以快速提取生日和性别呢？不妨先问一问 ChatGPT。

> ⁇ 提问：如何使用身份证号码提取生日和性别？身份证号码位于 D3 单元格，在提取时将生日转换为日期格式，只使用一个公式来提取。

> ⑤ ChatGPT：
> 要使用一个公式提取身份证号码中的生日和性别信息，可以使用 MID 函数和 DATE 函数提取生日，以及 TRUNC 函数提取性别。
> 1. 提取生日并转换为日期格式：
> =DATE(MID(D3,7,4),MID(D3,11,2),MID(D3,13,2))
> 这个公式使用 MID 函数从身份证号码中提取出生日的年、月、日部分，并使用 DATE 函数将其转换为日期格式。
> 2. 提取性别：
> =IF(MID(D3,17,1)/2=TRUNC(MID(D3,17,1)/2),"女","男")
> 这个公式使用 MID 函数从身份证号码中提取出性别标识位（ 第 17 位 ），然后使用 IF 函数判断奇偶性，如果是奇数则表示男性，如果是偶数则表示女性。
> 请将上述公式分别应用到适当的单元格中，并确保调整单元格引用以适应你的数据。

根据以上回答，如果要根据身份证号码分别提取员工的出生日期和性别，操作方法如下。

第1步 ▶ 打开"素材文件\第 4 章\员工档案表.xlsx"，选择要存放结果的单元格 E3，输入函数 "=DATE(MID(D3,7,4),MID(D3,11,2),MID(D3,13,2))"，按【Enter】键，即可得出计算结果，利用填充功能向下复制函数，即可计算出所有员工的出生日期，如图 4-79 所示。

第2步 ▶ 选择要存放结果的单元格 F3，输入函数 "=IF(MID(D3,17,1)/2=TRUNC(MID(D3,17,1)/2),"女","男")"，按【Enter】键，即可得出计算结果，利用填充功能向下复制函数，即可计算出所有员工的性别，如图 4-80 所示。

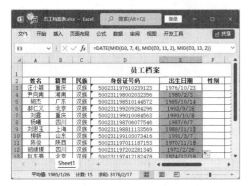

图 4-79　计算出生日期

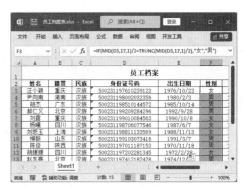

图 4-80　计算性别

4.7.2　如何使身份证号码只显示后4位数

为了保证用户的个人信息安全，一些常用的证件号码，如身份证号码、银行卡号码等，可以只显示后面 4 位号码，其他号码则用星号（*）代替。针对这类情况，可以在 ChatGPT 中寻找解决方法。

> 🔟 **提问：** 如何使身份证号码只显示后 4 位数，其他号码用星号（*）代替？身份证号码位于 D3 单元格。

⑤ ChatGPT：

要在 Excel 中使身份证号码只显示后 4 位数，并将其他号码用星号（*）代替，可以使用 IF 函数结合文本处理函数。以下是实现该功能的公式。

```
=IF(LEN(D3)>4,REPT("*",LEN(D3)-4)&RIGHT(D3,4),D3)
```

这个公式使用 IF 函数和 LEN 函数来判断身份证号码的长度是否大于 4。如果是，就使用 REPT 函数和 RIGHT 函数将前面的字符替换为星号（*），并保留后 4 位数；如果不是，就保持原样。

将上述公式应用到适当的单元格中，即可实现将身份证号码只显示后 4 位数，其他号码用星号（*）代替的效果。请确保将单元格引用适当调整以适应你的数据。

根据以上回答，如果要让身份证号码只显示后 4 位数，操作方法如下。

打开"素材文件\第 4 章\员工档案表 2.xlsx"，选择要存放结果的单元格 E3，输入函数 "=IF(LEN(D3)>4,REPT("*",LEN(D3)-4)&RIGHT(D3,4),D3)"，按【Enter】键，即可得出计算结果，利用填充功能向下复制函数，即可让其他身份证号码只显示后 4 位数，如图 4-81 所示。

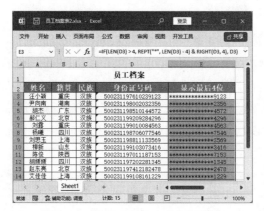

图 4-81　使用函数显示身份证号码

4.7.3　如何为考评结果标明等级

在整理数据时，经常会将不同级别的数据分类，以更好地管理数据。如果要为数据标注等级，可以在 ChatGPT 中搜索应该如何使用函数来完成。

> 🔟 **提问：** 怎样使用函数评定销售量级别？数据位于 B3 单元格，数值小于 3 为低，3 ~ 5 为中，5 ~ 8 为高，8 以上为超高。

> ⑤ **ChatGPT：**
> 要根据销售量评定级别，可以使用 IF 函数结合条件判断来实现。以下是一个示例。
> 假设你的销售量数据位于 B3 单元格，你想要根据销售量评定级别并将结果显示在 C3 单元格中。
> 在 C3 单元格中，输入以下公式。
>
> ```
> =IF(B3<3,"低",IF(B3<5,"中",IF(B3<8,"高","超高")))
> ```
>
> 这个公式将根据销售量的大小判断级别，并将相应的级别值返回。
> 根据你的要求，以上示例中的级别条件和级别值是针对具体范围设置的。你可以根据实际情况进行调整和扩展，以满足你的需求。

根据以上回答，例如，某公司为了激励员工，将员工的销售业绩分为多个级别，并根据销售等级设置了一定的奖励提成，为了准确地判定员工的月销售等级，操作方法如下。

打开"素材文件\第 4 章\为考评结果标明等级 .xlsx"，选择要存放结果的单元格 C3，输入函数"=IF(B3<3,"低",IF(B3<5,"中",IF(B3< 8,"高","超 高")))"，按【Enter】键，利用填充功能向下复制函数，如图 4-82 所示。

图 4-82　使用函数评级

4.8 实训：制作员工工资表

企业对员工工资进行管理是日常管理的一大组成部分。企业需要对员工每个月的具体工作情况进行记录，做到奖惩有据可依，然后将这些记录细节统计到工资表中折算成各种奖惩金额，最终核算出员工当月的工资发放情况，并记录在工资表中存档。各个企业的工资表可能有所不同，但制作原理基本一样，其中各组成部分因公司规定而有所差异。

由于工资的最终结算金额来自多项数据，如基本工资、岗位工资、工龄工资、提成和奖金、加班工资、请假迟到扣款、保险、公积金扣款、个人所得税等，其中部分数据建立相应的表格来管理，然后汇总到工资表中。

下面先通过 ChatGPT 规划一下制作步骤。

> 🔟 **提问：** 我要制作一个工资表，已经完成了加班表、考勤表、奖惩表和基本工资表的制作，现在需要将数据全部汇总到工资汇总表中，请规划制作步骤。

> ⑤ **ChatGPT：**
>
> 制作工资汇总表可以通过以下步骤完成。
>
> 1. 准备工资汇总表：创建一个新的工资汇总表，可以在 Excel 中新建一个工作表或使用现有的工作表。在工资汇总表中设置表头，包括员工姓名、工号、基本工资、加班工资、奖金、扣款等列，以及其他相关的信息列。
>
> 2. 导入数据：将加班表、考勤表、奖惩表和基本工资表的数据导入工资汇总表中。可以使用 Excel 的数据导入功能，如数据透视表、查询等功能，根据需要对数据源和目标区域进行映射，将数据导入对应的列中。
>
> 3. 数据整合：根据业务规则和计算需求，使用公式和函数来整合数据。例如，可以使用 SUM 函数计算加班工资的总和，使用 VLOOKUP 函数或 INDEX/MATCH 函数来获取基本工资、奖金和扣款等数据。根据具体的计算需求，使用合适的函数和公式来计算工资汇总表中的各项数据。
>
> 4. 格式化工资汇总表：对工资汇总表进行格式化，包括设置表头、调整列宽、应用格式等，以使数据更易读和美观。可以使用 Excel 的格式化功能来设置合适的字体、边框、背景颜色等。
>
> 5. 数据验证和调整：检查工资汇总表中的数据是否准确，确保公式和函数计算正确。如有需要，进行数据验证和调整，确保工资汇总表的准确性。
>
> 6. 自动化计算：如果工资汇总表需要定期更新，可以考虑使用 Excel 的自动化计算功能。可以设置自动刷新数据的时间间隔，或者使用宏来实现自动化的计算和更新。
>
> 以上是一个简单的工资汇总表制作流程，可以根据具体的需求和业务规则进行调整和扩展。使用 Excel 的功能和工具，能够帮助你轻松汇总和计算各项数据，制作出准确的工资汇总表。

根据以上回答，再结合本章的学习内容，将工资表整合完整，实例最终效果见"结果文件\第 4 章\员工工资统计表.xlsx"文件。

第1步 ▶ 打开"素材文件\第 4 章\员工工资统计表.xlsx"，新建一张工作表，并命名为"员工工资计算表"，在第 1 行的单元格中输入表头内容，在 A2 单元格中输入"="，如图 4-83 所示。

第2步 ▶ 单击"基本工资管理表"工作表标签，切换到"基本工资管理表"工作表，选中 A3 单元格，然后按【Enter】键，如图 4-84 所示。

图 4-83　输入"="

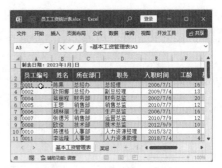

图 4-84　选择引用单元格

第3步 ▶ 将该单元格引用到"员工工资计算表"工作表中，然后向右拖动填充柄，将 A2 单元格中的公式引用到 B2、C2 单元格中，如图 4-85 所示。

第4步 ▶ 选中 A2:C2 单元格区域，使用填充柄向下填充公式，如图 4-86 所示。

图 4-85　向右填充公式

图 4-86　向下填充公式

第5步 ▶ 使用相同的方法，将"基本工资管理表"工作表中的"基本工资""岗位工资"和"工龄工资"引用到"员工工资计算表"工作表中，如图 4-87 所示。

第6步 ▶ 在 G2 单元格中输入公式"=IF(ISERROR(VLOOKUP(A2,奖惩管理表!$A$3:$H$24,7,FALSE)),"",VLOOKUP(A2,奖惩管理表!$A$3:$H$24,7,FALSE))"，并填充到下方的单元格区域，即可计算出员工当月的提成或奖金，如图 4-88 所示。

图 4-87　引用其他数据

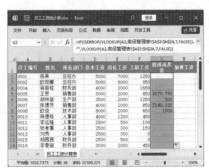

图 4-88　计算提成或奖金

温馨提示 ●

本步骤中的公式采用VLOOKUP函数返回"奖惩管理表"工作表中统计出的提成或奖金，为防止某些员工工资因为没有涉及提成或奖金而返回错误值，所以套用了ISERROR函数对结果是否为错误值先进行判断，再通过IF函数让错误值显示为空。

第7步 ▶ 在H2单元格中输入公式"=VLOOKUP(A2,'12月加班统计表'!$A$1:$AQ$39,43)"，并填充到下方的单元格区域，即可计算出员工当月的加班工资，如图4-89所示。

第8步 ▶ 在I2单元格中输入公式"=VLOOKUP(A2,'12月考勤'!$A$6:$BA$43,53)"，并填充到下方的单元格区域，即可计算出员工当月是否获得全勤奖，如图4-90所示。

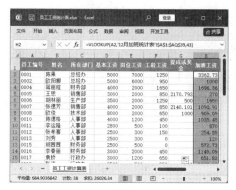

图4-89　计算加班工资

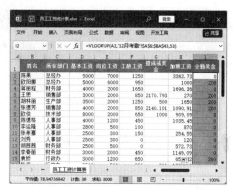

图4-90　计算全勤奖金

第9步 ▶ 在J2单元格中输入公式"=SUM(D2:I2)"，并填充到下方的单元格区域，即可计算出员工当月的应发工资，如图4-91所示。

第10步 ▶ 在K2单元格中输入公式"=VLOOKUP(A2,'12月考勤'!$A$6:$AZ$43,52)"，并填充到下方的单元格区域，即可返回员工当月的请假迟到扣款金额，如图4-92所示。

图4-91　计算应发工资

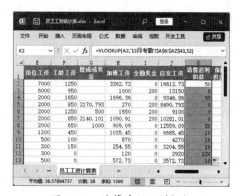

图4-92　计算请假迟到扣款

温馨提示 ●

本例中计算的保险/公积金扣款是指员工个人需缴纳的社保和公积金费用。本例中规定扣除养老保险、医疗保险、失业保险、住房公积金金额的比例如下：养老保险个人缴纳比例为8%；医疗保险个人缴纳比例为2%；失业保险个人缴纳比例为0.5%；住房公积金个人缴纳比例为5%～12%，具体缴纳比例根据各地方政策或企业规定确定。

第11步► 在 L2 单元格中输入公式"=(J2-K2)*(0.08+0.02+0.005+0.08)",并填充到下方的单元格区域,即可计算出员工当月需要缴纳的保险和公积金金额,如图 4-93 所示。

第12步► 在 M2 单元格中输入公式"=MAX((J2-SUM(K2:L2)-5000)*{3,10,20,25,30,35,45}%-{0,210,1410,2660,4410,7160,15160},0)",并填充到下方的单元格区域,即可计算出员工根据当月工资应缴纳的个人所得税金额,如图 4-94 所示。

图 4-93 计算保险/公积金扣款

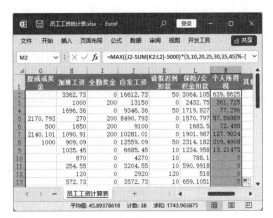

图 4-94 计算个人所得税

> **温馨提示►**
> 本例中的个人所得税是根据 2019 年的个人所得税计算方法计算得到的。个人所得税的起征点为 5000 元,根据个人所得税税率表,将工资、薪金所得分为 7 级超额累进税率,税率为 3%～45%,详细税率请参见各地公布的政策文件。

第13步► 在 N2 单元格中输入公式"=IF(ISERROR(VLOOKUP(A2,奖惩管理表!\$A\$3:\$H\$24,8,FALSE)),"",VLOOKUP(A2,奖惩管理表!\$A\$3:\$H\$24,8,FALSE))",并填充到下方的单元格区域,即可计算出员工当月是否还有其他扣款金额,如图 4-95 所示。

第14步► 在 O2 单元格中输入公式"=SUM(K2:N2)",并填充到下方的单元格区域,即可计算出员工当月需要扣除金额的总和,如图 4-96 所示。

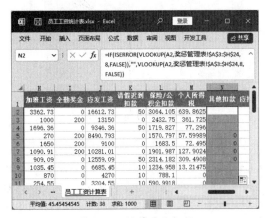

图 4-95 计算其他扣款

图 4-96 计算应扣合计

温馨提示●

　　本步骤中的公式采用的是VLOOKUP函数返回"奖惩管理表"工作表中统计出的各种扣款金额，同样，为了防止某些员工工资因为没有涉及扣款项而返回错误值，所以套用了ISERROR函数对结果是否为错误值先进行判断，再通过IF函数让错误值均显示为空。

第15步● 在P2单元格中输入公式"=J2-O2"，并填充到下方的单元格区域，即可计算出员工当月的实发工资，如图4-97所示。

第16步● 选中D2:P39单元格区域，右击，在弹出的快捷菜单中选择【设置单元格格式】选项，如图4-98所示。

图4-97　计算实发工资

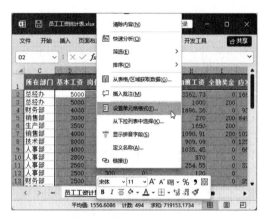

图4-98　选择【设置单元格格式】选项

第17步● 打开【设置单元格格式】对话框，在【数字】选项卡的【分类】列表框中选择【货币】选项，在【小数位数】微调框中输入"2"，完成后单击【确定】按钮，如图4-99所示。

第18步● 选中D2单元格，单击【视图】选项卡【窗口】组中的【冻结窗格】下拉按钮，在弹出的下拉菜单中选择【冻结窗格】选项，即可完成本例的制作，如图4-100所示。

图4-99　设置单元格格式

图4-100　选择【冻结窗格】选项

本章小结

通过本章的学习，我们通过ChatGPT了解了使用公式和函数的方法，并掌握了常用公式和函数的应用技巧。熟练掌握公式和函数的使用，可以极大地提升数据处理和分析的效率，使工作更加高效。通过不断的学习和实践，掌握更多的公式和函数知识，将帮助我们在Excel中高效处理各种复杂的数据计算和分析任务。

第 5 章

Excel 数据分析的基本技法

本章导读

在进行数据分析时，条件格式、排序、筛选和汇总是最常用的分析手段。在查看重点数据时，使用条件格式，可以让关键数据一目了然；通过对数据进行排序，可以让凌乱的数据按升序或降序排序；通过筛选，可以挑选出需要的数据；通过分类汇总，可以将数据按要求汇总。本章将通过 ChatGPT 了解各种数据分析方法，再详细介绍使用条件格式、数据排序、数据筛选及数据分类汇总的具体方法。

知识要点

- 掌握条件格式的使用方法。
- 掌握排序数据的方法。
- 掌握筛选数据的方法。
- 掌握分类汇总数据的方法。

5.1 设置条件格式整理数据

条件格式是数据分析中常用的工具之一，它可以帮助我们快速发现数据中的模式、趋势和异常情况。通过条件格式，我们可以根据特定的条件对数据进行格式化，以突出显示感兴趣的数据点，提供可视化的分析结果，并帮助我们做出更有针对性的决策。

5.1.1 显示重点单元格

如果要在表格中突出显示一些数据，如大于某个值的数据、小于某个值的数据、等于某个值的数据等，可以使用突出显示单元格规则来实现。在使用之前，可以先通过ChatGPT了解突出显示单元格规则的含义。

> 🔟 **提问：** 请解释突出显示单元格规则中命令的含义。

⑤ ChatGPT：

突出显示单元格规则是指Excel中的一组预定义规则，可以应用于单元格或单元格区域，以根据其内容设置特定的格式。这些规则可以帮助用户快速发现和分析数据中的模式、趋势和异常情况。

在突出显示单元格规则菜单中，包含了一系列的规则选项，每个选项都有不同的含义和功能。以下是一些常见的突出显示单元格规则及其含义。

1. 大于: 突出显示满足大于指定值的条件的单元格。

2. 小于: 突出显示满足小于指定值的条件的单元格。

3. 等于: 突出显示满足等于指定值的条件的单元格。

4. 介于: 突出显示满足指定范围内的条件的单元格。

5. 文本包含: 突出显示包含特定文本的条件的单元格。

6. 发生日期: 突出显示与指定日期条件相符的单元格。

7. 重复值: 突出显示出现重复值的单元格。

通过选择适当的规则选项并设置相应的条件，可以在数据中快速找到特定模式或异常情况，并将其突出显示，以便进行进一步的分析和处理。这些突出显示单元格规则提供了一种快捷而有效的方式来发现数据中的重要信息，并使其在电子表格中更加显眼和易于理解。

下面以在"空调销售表"工作簿中显示销售数量小于"20"的单元格为例，介绍突出显示单元格规则的使用方法。

第1步 ▶ 打开"素材文件\第 5 章\空调销售表.xlsx"，选中 D2:D10 单元格区域，单击【开始】选项卡【样式】组中的【条件格式】下拉按钮，在弹出的下拉菜单中选择【突出显示单元格规则】选项，在弹出的子菜单中选择【小于】选项，如图 5-1 所示。

第2步 ▶ 打开【小于】对话框，在数值框中输入"20"，在【设置为】下拉列表框中选择【浅红填充色深红色文本】选项，然后单击【确定】按钮，如图 5-2 所示。

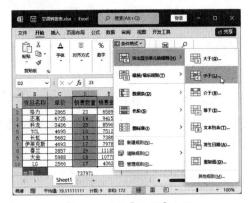

图 5-1　选择【小于】选项

图 5-2　设置单元格格式

第3步 ▶ 返回工作表，即可看到 D2:D10 单元格区域中小于 20 的数值已经以浅红填充色深红色文本的单元格格式突出显示，如图 5-3 所示。

图 5-3 查看突出显示文本

5.1.2 显示排名靠前或靠后的单元格

如果要识别项目中排名靠前或靠后的百分数或数字所指定的项，或者指定大于或小于平均值的单元格，可以使用项目选取规则。在此之前，先在 ChatGPT 中查询项目选取规则的含义。

> 🔟 **提问：** 请解释条件格式中最前/最后规则中各项命令的含义。

> Ⓢ **ChatGPT：**
> 在条件格式中的最前/最后规则中，有许多不同的命令可供选择。下面是对其中一些常见命令的解释。
> 1. 前 10 项：选择此命令可以基于数值或文本内容，根据排名将前 10 个值应用特定的条件格式。
> 2. 前 10%：选择此命令可以基于数值，根据排名将前 10% 的值应用特定的条件格式。
> 3. 最后 10 项：选择此命令可以基于数值或文本内容，根据排名将最后 10 个值应用特定的条件格式。
> 4. 最后 10%：选择此命令可以基于数值，根据排名将最后 10% 的值应用特定的条件格式。
> 5. 高于平均值：选择此命令可以根据数值，将高于数据列或区域平均值的值应用特定的条件格式。
> 6. 低于平均值：选择此命令可以根据数值，将低于数据列或区域平均值的值应用特定的条件格式。
> 通过使用这些命令，可以突出显示数据中排名靠前的值、高于一定百分比的值、数据中排名靠后的值、低于一定百分比的值、高于平均值的值或低于平均值的值，以便更直观地观察数据的特点和趋势。

下面以在"空调销售表"工作簿中分别设置销售金额前 3 位的单元格和低于平均销售额的单元格为例，介绍使用最前/最后规则的方法。

第1步 ▶ 打开"素材文件\第 5 章\空调销售表.xlsx"，选中 E2:E10 单元格区域，单击【开始】选项卡【样式】组中的【条件格式】下拉按钮，在弹出的下拉菜单中选择【最前/最后规则】选项，在弹出的子菜单中选择【前 10 项】选项，如图 5-4 所示。

第2步 ▶ 打开【前 10 项】对话框，在数值框中输入"3"，在【设置为】下拉列表框中选择【浅红填充色深红色文本】选项，单击【确定】按钮，如图 5-5 所示。

第3步 ▶ 保持单元格区域的选定，再次单击

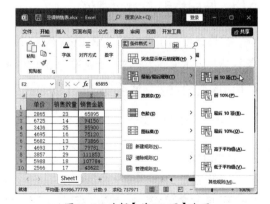

图 5-4 选择【前 10 项】选项

【开始】选项卡【样式】组中的【条件格式】下拉按钮，在弹出的下拉菜单中选择【最前/最后规则】

选项，在弹出的子菜单中选择【低于平均值】选项，如图 5-6 所示。

图 5-5 设置单元格格式

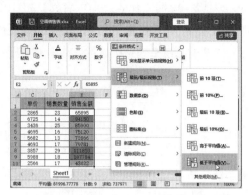

图 5-6 选择【低于平均值】选项

第4步 打开【低于平均值】对话框，在【针对选定区域，设置为】下拉列表框中选择【绿填充色深绿色文本】选项，单击【确定】按钮，如图 5-7 所示。

第5步 返回工作表，即可看到已经对 E2:E10 单元格区域中销售金额前 3 位的单元格和低于平均销售额的单元格进行了设置，如图 5-8 所示。

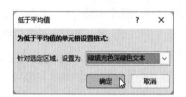

图 5-7 设置单元格格式

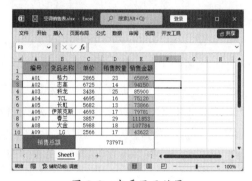

图 5-8 查看显示效果

5.1.3 使用数据条分析数据

数据条可用于查看某个单元格相对于其他单元格的值。数据条的长度代表单元格中的值，数据条越长，表示值越大；数据条越短，表示值越小，用于分析大量数据中的较大值和较小值非常方便。在使用数据条分析数据之前，先看 ChatGPT 是怎么介绍数据条的。

> 🔟 **提问：** 请介绍数据条。

> ⑤ **ChatGPT：**
> 数据条是 Excel 中的一种条件格式，它可以通过水平方向的彩色填充条来可视化数据的相对大小或比较不同数据之间的差异。数据条可以应用于单个单元格或整个数据区域。
> 数据条的主要特点如下。
> 1. 彩色填充条：数据条通过不同的颜色来表示数据的相对大小或差异。通常，较大的值会使用较深的

颜色，而较小的值则使用较浅的颜色。

2. 水平方向：数据条沿水平方向绘制，从左到右表示数据的大小变化。

3. 根据数值比例绘制：数据条的长度会根据数值的比例进行绘制，较大的值会占用更长的条形。

4. 可应用于单元格或数据区域：数据条可以应用于单个单元格，也可以应用于一列或一行的数据区域。

通过使用数据条，可以在数据中快速识别出最大值、最小值及不同数据之间的相对大小。数据条提供了一种直观的方式来比较和分析数据，使数据的可视化更加简单明了。

下面以在"空调销售表"工作簿中使用数据条来显示销售数量的数值为例，介绍使用数据条设置条件格式的方法。

第1步 ▶ 打开"素材文件\第 5 章\空调销售表.xlsx"，选中 D2:D10 单元格区域，单击【开始】选项卡【样式】组中的【条件格式】下拉按钮，在弹出的下拉菜单中选择【数据条】选项，在弹出的子菜单中选择数据条样式，如图 5-9 所示。

第2步 ▶ 返回工作表，即可看到 D2:D10 单元格区域已经根据数值大小填充了数据条，如图 5-10 所示。

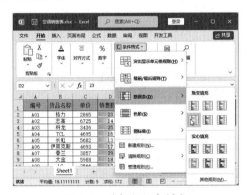

图 5-9　选择数据条样式

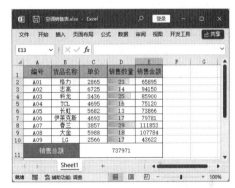

图 5-10　查看数据条效果

5.1.4　使用色阶分析数据

色阶可以帮助用户直观地了解数据的分布和变化情况。Excel 默认使用双色刻度和三色刻度来设置条件格式，通过颜色的深浅程度来反映某个区域的单元格数据，颜色的深浅表示值的大小。下面先看一看 ChatGPT 是如何介绍色阶的。

提问： 请介绍色阶。

ChatGPT：
色阶是 Excel 中的一种条件格式，它通过在单元格中使用渐变色彩来显示数据的相对大小或变化。使用色阶可以快速识别数据的高低点、趋势和差异。

色阶的主要特点如下。

1. 渐变色彩：色阶通过在单元格中应用渐变的颜色来表示数据的相对大小。通常，较小的值会使用较浅的颜色，而较大的值则使用较深的颜色。

　　2. 自定义颜色范围：可以根据自己的需要定义色阶的颜色范围。Excel 提供了一些预定义的色阶，也可以自定义颜色。

　　3. 可应用于单元格或数据区域：色阶可以应用于单个单元格，也可以应用于一列或一行的数据区域。

　　4. 不同的渐变方式：Excel 提供了多种渐变方式，包括颜色渐变、数据条渐变和图标集渐变等。可以根据需要选择适合的渐变方式。

　　通过使用色阶，可以直观的方式展示数据的相对大小和变化趋势。它能够帮助你快速发现数据中的关键点和模式，并更好地理解数据的含义。色阶是一种有效的数据可视化工具，可以使数据分析更加直观和易于理解。

　　在通过 ChatGPT 了解了色阶之后，下面以在 C2:C10 单元格区域中使用色阶为例，介绍使用色阶设置条件格式的方法。

第1步 ● 接上一例操作，选中 C2:C10 单元格区域，单击【开始】选项卡【样式】组中的【条件格式】下拉按钮，在弹出的下拉菜单中选择【色阶】选项，在弹出的子菜单中选择一种色阶样式，如图 5-11 所示。

第2步 ● 返回工作表，即可看到 C2:C10 单元格区域已经根据数值大小填充了选定的颜色，如图 5-12 所示。

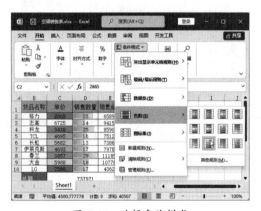
图 5-11　选择色阶样式

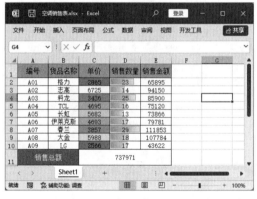
图 5-12　查看色阶效果

5.1.5　使用图标集分析数据

　　图标集用于对数据进行注释，并按值的大小将数据划分出 3 ~ 5 个类别，每个图标代表一个数据范围。在使用图标集之前，先通过 ChatGPT 了解什么是图标集。

　　提问： 请介绍图标集。

　　ChatGPT：

　　图标集是 Excel 中的一种条件格式，它通过在单元格中显示不同的图标来表示数据的特定状态或条件。图标集可以帮助你快速识别数据的趋势、变化或关键信息。

图标集的主要特点如下。

1. 图标样式：Excel 提供了多种图标样式，如箭头、符号、旗帜等。每个图标代表一种特定的含义或状态，例如，上升、下降、高值、低值等。

2. 数据关联：图标集可以根据数据的具体值与预设的阈值进行比较，并选择相应的图标显示在单元格中。可以根据自己的需要设置阈值，并将图标与特定的数值范围关联起来。

3. 自定义图标集：除了预设的图标样式，还可以自定义图标集。可以使用自定义图标集来表示特定的业务规则、指标或标志。

4. 数据区域应用：图标集可以应用于单个单元格，也可以应用于一列或一行的数据区域。可以选择将图标应用于整个数据范围，以便快速识别整个数据集中的关键信息。

使用图标集后，通过简单的图标即可了解数据的状态和趋势，而无须深入分析数据的具体数值。它可以帮助你迅速发现数据中的重要变化和趋势，以便做出相应的决策。图标集是一种直观且易于理解的数据可视化方式，可以提高数据分析的效率和准确性。

下面以为"空调销售表"工作簿中的销售金额设置图标集为例，介绍使用图标集的方法。

第1步 打开"素材文件\第 5 章\空调销售表.xlsx"，选中 E2:E10 单元格区域，单击【开始】选项卡【样式】组中的【条件格式】下拉按钮，在弹出的下拉菜单中选择【图标集】选项，在弹出的子菜单中选择一种图标集样式，如图 5-13 所示。

第2步 返回工作表，即可看到 E2:E10 单元格区域已经根据数值大小设置了图标，如图 5-14 所示。

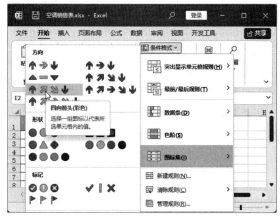

图 5-13　选择图标集样式

图 5-14　查看图标集效果

5.2 排序法分析数据

在 Excel 中对数据进行排序是指按照一定的规则对工作表中的数据进行排列，以进一步处理和分析这些数据。Excel 提供了多种方法对数据列表进行排序，用户可以根据需要按行或列、按升序或降序，也可以使用自定义排序命令。

5.2.1 用ChatGPT了解数据排序的规则

在数据处理和分析过程中，排序是一项重要的任务。排序可以帮助我们将数据按照特定的规则进行重新排列，从而使数据更加有序、易于理解和分析。在Excel中，排序规则决定了数据排列的方式和顺序，可以根据数值大小、文本顺序或自定义规则对数据进行排序。那么，就让我们一起来通过ChatGPT了解排序的规则。

> 🔽 **提问：** 请介绍Excel中排序的规则。

⑤ **ChatGPT：**

排序是将数据按照特定规则进行重新排列的过程。在Excel中，排序规则指定了数据排列的方式和顺序。以下是常见的排序规则。

1. 升序排序：数据按照从小到大的顺序进行排列。对于数字，数值越小的排在前面；对于文本，按照字母顺序从前往后排序。

2. 降序排序：数据按照从大到小的顺序进行排列。对于数字，数值越大的排在前面；对于文本，按照字母顺序从后往前排序。

3. 自定义排序：除了升序和降序，还可以根据自定义的规则对数据进行排序。自定义排序可以基于特定的值、列表或条件进行排序，以满足你的具体需求。

4. 多级排序：如果数据中有多个排序关键字，可以使用多级排序来确定排序的优先级。多级排序允许按照多个列或条件进行排序，以确保数据按照你的要求进行排列。

5. 排序选项：在排序过程中，可以选择是否同时对相关数据进行排序，如是否同时移动相邻单元格的数据、是否对带有合并单元格的区域进行排序等。

排序规则的选择取决于你的具体需求和数据的特点。在Excel中，你可以使用排序功能对单个列或整个数据表进行排序，以便更好地组织和分析数据。

从以上回答中，可以得知排序可以对数据进行有序排列，帮助我们从数据中发现有价值的信息。通过正确应用排序规则，我们可以更好地理解和利用数据，为决策和问题解决提供支持。

5.2.2 简单排序

在Excel中，有时会需要对数据进行升序或降序排列。"升序"是指对选择的数字按照从小到大的顺序进行排列，"降序"是指对选择的数字按照从大到小的顺序进行排列。

例如，在"全国销量汇总表"工作簿中，如果要按"销售总量"升序排序，操作方法如下。

第1步 ▶ 打开"素材文件\第5章\全国销量汇总表.xlsx"，选中"销售总量"字段中的任意单元格，单击【数据】选项卡【排序和筛选】组中的【升序】按钮❆↓，如图5-15所示。

第2步 ▶ 操作完成后，即可看到"销售总量"字段的数据已经按照升序排序，如图5-16所示。

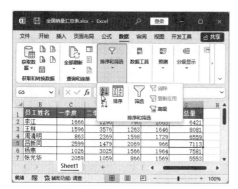

图 5-15 单击【升序】按钮

图 5-16 查看排序结果

温馨提示●

在【开始】选项卡【编辑】组中的【排序和筛选】下拉菜单中，选择【升序】或【降序】选项，也可以进行排序。

5.2.3 多条件排序

多条件排序是指依据多列的数据规则对数据表进行排序操作，需要打开【排序】对话框，然后添加条件才能完成排序。

例如，在"全国销量汇总表"工作簿中，如果要按"销量总量"和"四季度"的销售情况来排序，操作方法如下。

第1步 ► 打开"素材文件\第 5 章\全国销量汇总表.xlsx"，选中数据区域中的任意单元格，单击【数据】选项卡【排序和筛选】组中的【排序】按钮，如图 5-17 所示。

第2步 ► 打开【排序】对话框，在【主要关键字】下拉列表中选择排序关键字，在【排序依据】下拉列表中选择排序依据，在【次序】下拉列表中选择排序方式，单击【添加条件】按钮，如图 5-18 所示。

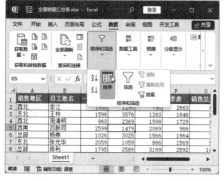

图 5-17 单击【排序】按钮

图 5-18 单击【添加条件】按钮

第3步 ► 使用相同的方法设置次要关键字，完成后单击【确定】按钮，如图 5-19 所示。

第4步 ► 返回工作表，即可看到工作表中的数据已经按照关键字"销售总量"和"四季度"升序排序，如图 5-20 所示。

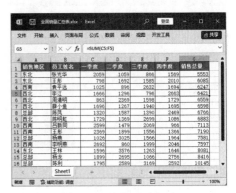

图 5-19　设置次要关键字　　　　　　　图 5-20　查看排序结果

温馨提示 ●

　　执行多条件排序后，如果"销售总量"数据列的数据相同，则按照"四季度"的数据大小排序。

5.2.4　自定义排序

　　在工作中，有时会遇到需要将数据按一定的规律排序，而这个规律却不在Excel默认的规律之中的情况，此时可以使用自定义排序。

　　例如，在"全国销量汇总表"工作簿中，如果要将"销售地区"列自定义排序，操作方法如下。

　　第1步 ● 打开"素材文件\第 5 章\全国销量汇总表.xlsx"，选中数据区域中的任意单元格，单击【数据】选项卡【排序和筛选】组中的【排序】按钮，如图 5-21 所示。

　　第2步 ● 打开【排序】对话框，在【次序】下拉列表中选择【自定义序列】选项，如图 5-22 所示。

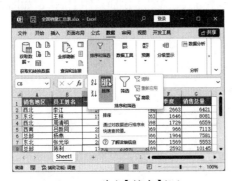

图 5-21　单击【排序】按钮　　　　　　　图 5-22　选择【自定义序列】选项

　　第3步 ● 打开【自定义序列】对话框，在【输入序列】栏中输入需要的序列，单击【添加】按钮，然后单击【确定】按钮保存自定义序列的设置，如图 5-23 所示。

　　第4步 ● 返回【排序】对话框，即可看到【次序】已经默认设置为自定义序列，在【主要关键字】下拉列表中选择排序关键字，单击【确定】按钮，如图 5-24 所示。

图 5-23 输入序列

图 5-24 选择排序关键字

第5步 ▶ 返回工作表，即可查看排序后的效果，如图 5-25 所示。

图 5-25 查看排序结果

5.3 筛选法分析数据

在Excel中，数据筛选是指只显示符合用户设置条件的数据信息，同时隐藏不符合条件的数据信息。用户可以根据实际需要进行自动筛选、高级筛选或自定义筛选。

5.3.1 使用ChatGPT了解筛选规则

在筛选数据之前，首先在ChatGPT中了解筛选的规则。

🗇 **提问：** 请介绍Excel中筛选的规则。

🎇 **ChatGPT：**

在Excel中，筛选是一种常用的数据过滤和提取技术，它可以根据特定的条件或规则来筛选出符合要求的数据，从而对数据进行进一步分析和处理。以下是一些常见的筛选规则。

1. 文本筛选：可以使用文本筛选规则来筛选包含特定文本、以特定文本开头或结尾的数据。这对于从大量文本数据中提取关键信息非常有用。

2. 数值筛选：数值筛选规则允许根据数值的大小、等于、不等于、大于、小于等条件来筛选数据。例如，可以筛选出销售额大于一定数值的产品。

3. 日期筛选：日期筛选规则可根据日期的范围、特定日期、日期在某个范围内等条件来筛选数据。这在处理时间序列数据和计划安排方面非常有用。

4. 高级筛选：高级筛选规则提供了更灵活的筛选选项，允许使用多个条件、逻辑运算符和通配符来筛选数据。这对于复杂的筛选需求非常有用。

5. 列表筛选：列表筛选规则基于预定义的列表，可以筛选出匹配列表中值的数据。这对于在大型数据集中快速筛选特定项目非常方便。

6. 自定义筛选：自定义筛选规则允许创建自己的筛选条件，通过使用函数、逻辑表达式和比较运算符来实现更复杂的筛选需求。

筛选规则使我们能够根据特定要求快速、准确地筛选数据，提取出所需的信息进行分析和决策。了解和掌握不同的筛选规则，可以提高数据处理的效率和准确性，并帮助我们从海量数据中找到所需的关键信息。

在查看了 ChatGPT 的回答之后，可以了解到，无论是在商务分析、数据清洗、报告生成还是其他数据处理任务中，熟练掌握筛选规则是非常重要的。它不仅能够帮助我们准确、快速地找到所需数据，还能够发现数据中的模式、趋势和异常，为决策提供有力支持。

5.3.2 自动筛选

自动筛选是 Excel 中的一个易于操作，且经常使用的实用技巧。自动筛选通常是按简单的条件进行筛选，筛选时将不满足条件的数据暂时隐藏起来，只显示符合条件的数据。

例如，在"2022 全年销量表"工作簿中筛选"总部"的销售情况，操作方法如下。

第1步 ▶ 打开"素材文件\第 5 章\2022 全年销量表.xlsx"，选中数据区域中的任意单元格，单击【数据】选项卡【排序和筛选】组中的【筛选】按钮，如图 5-26 所示。

第2步 ▶ 此时工作表数据区域中字段名的右侧出现下拉按钮▼，单击"销售地区"右侧的下拉按钮▼，在弹出的下拉菜单中选中要筛选数据的复选框，本例选择【总部】，然后单击【确定】按钮，如图 5-27 所示。

图 5-26　单击【筛选】按钮

图 5-27　选中【总部】复选框

第3步 ▶ 返回工作表，即可看到已经显示出符合筛选条件的数据信息，同时"销售地区"右侧的下拉按钮变为▼形状，如图 5-28 所示。

图 5-28　查看筛选结果

> **温馨提示●**
>
> 　单击【开始】选项卡【编辑】组中的【排序和筛选】下拉按钮，在弹出的下拉菜单中选择【筛选】选项，也可以进入筛选状态。

5.3.3　自定义筛选

自定义筛选是指通过定义筛选条件，查询符合条件的数据记录。在 Excel 2021 中，自定义筛选可以筛选出等于、大于、小于某个数的数据，还可以通过"或""与"这样的逻辑用语筛选数据。

1. 筛选小于某个数的数据

例如，在"2022 全年销量表"工作簿中筛选"一季度"列中销量小于 1500 的数据，操作方法如下。

第1步▶ 打开"素材文件\第 5 章\2022 全年销量表.xlsx"，进入筛选状态，单击"一季度"单元格的筛选按钮▼，选择下拉菜单中的【数字筛选】选项，在弹出的子菜单中选择【小于】选项，如图 5-29 所示。

第2步▶ 打开【自定义自动筛选方式】对话框，在【小于】右侧的文本框中输入"1500"，然后单击【确定】按钮，如图 5-30 所示。

图 5-29　选择【小于】选项

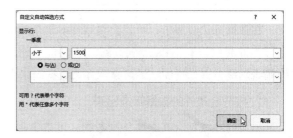

图 5-30　设置筛选参数

第3步▶ 返回工作表，即可看到"一季度"列中销量小于 1500 的数据已经被筛选出来了，如图 5-31 所示。

2. 自定义筛选条件

Excel 筛选除了直接选择"大于""小于""等于""不等于"这类条件，还可以自行定义筛选条件。

图 5-31　查看筛选结果

例如，在"2022 全年销量表"工作簿中筛选销售总量小于 7000 及大于 8000 的数据，操作方法如下。

第1步 ▶ 打开"素材文件\第 5 章\2022 全年销量表.xlsx"，单击"销售总量"单元格的筛选按钮▼，选择下拉菜单中的【数字筛选】选项，在弹出的子菜单中选择【自定义筛选】选项，如图 5-32 所示。

第2步 ▶ 打开【自定义自动筛选方式】对话框，设置【小于】为"7000"，选中【或】单选按钮，设置【大于】为"8000"，表示筛选出小于 7000 及大于 8000 的数据，单击【确定】按钮，如图 5-33 所示。

图 5-32 选择【自定义筛选】选项

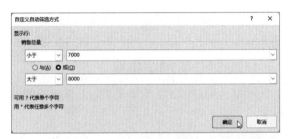

图 5-33 设置筛选参数

第3步 ▶ 操作完成后，即可看到销售总量小于 7000 及大于 8000 的数据已经被筛选出来了，如图 5-34 所示。这样的筛选可以快速查看某类数据中，较小值及较大值数据分别是哪些。

5.3.4 高级筛选

在数据筛选过程中，可能会遇到许多复杂的筛选条件，此时可以利用 Excel 的高级筛选功能。使用高

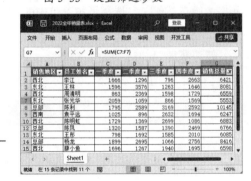

图 5-34 查看筛选结果

级筛选功能，其筛选的结果可显示在原数据表格中，也可以在新的位置显示筛选结果。

1. 将符合条件的数据筛选出来

如果要查找符合某个条件的数据，可以事先在 Excel 中设置筛选条件，然后再利用高级筛选功能筛选出符合条件的数据。

例如，在"2022 全年销量表"工作簿中筛选符合一定条件的数据，操作方法如下。

第1步 ▶ 打开"素材文件\第 5 章\2022 全年销量表.xlsx"，在 Excel 的空白处输入筛选条件，如图 5-35 所示，图中的筛选条件表示需要筛选出一季度大于 1000、二季度大于 1100、三季度大于 1200 和四季度大于 1300 的数据。

第2步 ▶ 单击【数据】选项卡【排序和筛选】组中的【高级】按钮，如图 5-36 所示。

图 5-35　输入筛选条件

图 5-36　单击【高级】按钮

第3步 ▶ 打开【高级筛选】对话框，确定【列表区域】选中了表中的所有数据区域，然后单击【条件区域】的折叠按钮⬆，如图 5-37 所示。

第4步 ▶ 按住鼠标左键不放，拖动鼠标选择事先输入的条件区域，返回【高级筛选】对话框，单击【确定】按钮，如图 5-38 所示。

图 5-37　单击折叠按钮

图 5-38　设置条件区域

第5步 ▶ 操作完成后，即可看到一季度大于 1000、二季度大于 1100、三季度大于 1200 和四季度大于 1300 的数据已经被筛选出来了，如图 5-39 所示。

2. 根据不完整数据筛选

在对表格数据进行筛选时，若筛选条件为某一类数据值中的一部分，即需要筛选出数据值中包含某个或某一组字符的数据，例如，在"2022 全年销量表"工作簿中，筛选销售地区中带有"西"字，且销售总量大于 7000 的数据，操作方法如下。

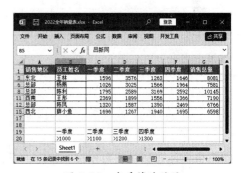

图 5-39　查看筛选结果

第1步 ▶ 打开"素材文件\第 5 章\2022 全年销量表.xlsx"，在 Excel 的空白处输入筛选条件，这里的筛选条件中"西*"表示销售地区以西开头，后面有若干字符的地区，然后单击【数据】选项卡【排序和筛选】组中的【高级】按钮，如图 5-40 所示。

第2步 ▶ 使用与前文相同的方法设置条件区域，如图 5-41 所示。

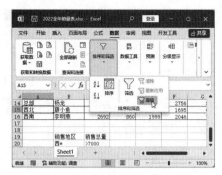

图 5-40　单击【高级】按钮

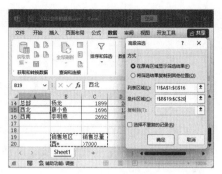

图 5-41　设置条件区域

第3步 ▶ 在【高级筛选】对话框中选中【将筛选结果复制到其他位置】单选按钮，然后单击【复制到】文本框右侧的折叠按钮 ，如图 5-42 所示。

第4步 ▶ 在工作表中选择要放置筛选结果的单元格，返回【高级筛选】对话框，单击【确定】按钮，如图 5-43 所示。

图 5-42　单击折叠按钮

图 5-43　选择单元格

第5步 ▶ 操作完成后，即可看到销售地区中带有"西"字，且销售总量大于 7000 的数据已经被筛选出来了，如图 5-44 所示。

5.4 分类汇总分析数据

分类汇总通过将数据按照特定的条件或字段

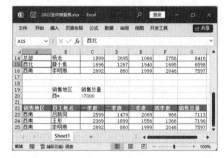

图 5-44　查看筛选结果

进行分类，然后计算每个分类的汇总值，为分析者提供了一个更加清晰和结构化的数据视图。通过这种方式，可以更好地了解数据的分布情况、比较不同分类的表现，并从中发现潜在的趋势和关联。无论是对大量数据的概览分析，还是对特定维度的深入研究，分类汇总都能提供有力的支持。

5.4.1 使用ChatGPT了解分类汇总的规则

利用Excel提供的分类汇总功能，用户可以将表格中的数据进行分类，然后再把性质相同的数据汇总到一起，使其结构更清晰，便于查找数据信息。在使用分类汇总之前，首先在 ChatGPT 中了解其规则。

> 🔟 **提问：** 请介绍Excel中分类汇总的规则。

⑥ ChatGPT：

在Excel中，分类汇总是一种数据分析和汇总的功能，它可以根据指定的条件或字段对数据进行分类，并计算每个分类的汇总值。这使用户可以更好地理解数据的分布情况、比较不同分类的数据，并从中获取洞察和结论。

下面是分类汇总的一般规则。

1. 选择分类字段：首先需要选择一个用于分类的字段或条件。这可以是任何包含分类信息的列，例如，产品类别、地区、部门等。可以根据需求，选择一个适合的字段来定义分类。

2. 定义分类条件：根据选择的字段，需要定义分类的条件或规则。这些条件可以是基于具体数值的范围、文本匹配、日期或时间条件等。根据数据的不同特征，可以使用不同的条件来定义分类。

3. 计算汇总值：一旦定义了分类条件，Excel将根据这些条件对数据进行分组，并计算每个分类的汇总值。常见的汇总方式包括求和、计数、平均值、最大值、最小值等。可以选择适当的汇总函数来计算每个分类的值。

4. 设置汇总格式：为了更好地展示分类汇总结果，可以设置合适的格式，包括添加标题、调整字体、颜色和边框等。通过设置合适的格式，可以使分类汇总结果更加易读和易于理解。

5. 更新和调整：随着数据的更新和变化，可能需要定期更新分类汇总结果。Excel提供了自动更新功能，当数据发生更改时，分类汇总会自动重新计算和更新。

通过分类汇总的规则，可以更好地组织和汇总数据，了解不同分类的情况，并发现数据中的模式和趋势。这有助于你做出准确的决策、发现问题并提出解决方案。同时，分类汇总也提供了一种简洁和可视化的方式来展示数据，使复杂的数据更易于理解。

从以上回答中，可以发现分类汇总不仅是数据分析中的基础技能，也是提升工作效率和数据洞察力的关键工具。通过选择分类字段、定义分类条件，将数据进行分组和汇总，能帮助分析者更好地理解数据、发现关键信息。

5.4.2 简单分类汇总

分类汇总是指根据指定的条件对数据进行分类，并计算各分类数据的汇总值。在进行分类汇总前，应先以需要进行分类汇总的字段为关键字进行排序，以避免无法达到预期的汇总效果。

例如，在"促销销量统计表"工作簿中，以"商品类别"为分类字段，对销售额进行求和汇总，操作方法如下。

第1步▶ 打开"素材文件\第 5 章\促销销量统计表.xlsx"，在"商品类别"列中选中任意单元格，单击【数据】选项卡【排序和筛选】组中的【升序】按钮进行排序，如图 5-45 所示。

第2步▶ 选中数据区域中的任意单元格，单击【数据】选项卡【分级显示】组中的【分类汇总】按钮，如图 5-46 所示。

图 5-45　单击【升序】按钮

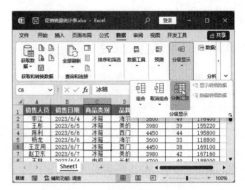

图 5-46　单击【分类汇总】按钮

第3步 ▶ 打开【分类汇总】对话框，在【分类字段】下拉列表中选择要进行分类汇总的字段，本例选择【商品类别】，在【汇总方式】下拉列表中选择需要的汇总方式，本例选择【求和】，在【选定汇总项】列表框中设置要进行汇总的项目，本例选择【销售额】，完成后单击【确定】按钮，如图 5-47 所示。

第4步 ▶ 返回工作表，即可看到工作表数据已经完成分类汇总。分类汇总后，工作表左侧会出现一个分级显示栏，通过分级显示栏中的分级显示符号可分级查看相应的表格数据，如图 5-48 所示。

图 5-47　设置分类汇总参数

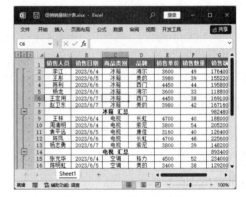

图 5-48　查看分类汇总

5.4.3　高级分类汇总

高级分类汇总主要用于对数据清单中的某一列进行两种方式的汇总。相对于简单分类汇总而言，其汇总的结果更加清晰，更便于用户分析数据信息。

例如，在"促销销量统计表"工作簿中，先按日期汇总销售额，再按日期汇总销售额的平均值，操作方法如下。

第1步 ▶ 打开"素材文件\第 5 章\促销销量统计表 .xlsx"，在"销售日期"列中选中任意单元格，单击【数据】选项卡【排序和筛选】组中的【升序】按钮↓进行排序，如图 5-49 所示。

第2步 ▶ 选中数据区域中的任意单元格，单击【数据】选项卡【分级显示】组中的【分类汇总】

按钮，如图 5-50 所示。

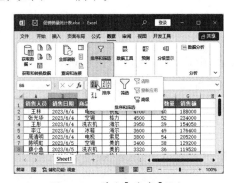

图 5-49 单击【升序】按钮

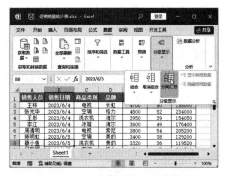

图 5-50 单击【分类汇总】按钮

第3步 ▶ 打开【分类汇总】对话框，在【分类字段】下拉列表中选择要进行分类汇总的字段，本例选择【销售日期】，在【汇总方式】下拉列表中选择需要的汇总方式，本例选择【求和】，在【选定汇总项】列表框中设置要进行汇总的项目，本例选择【销售额】，完成后单击【确定】按钮，如图 5-51 所示。

第4步 ▶ 返回工作表，将光标定位到数据区域，再次执行【分类汇总】命令，如图 5-52 所示。

第5步 ▶ 打开【分类汇总】对话框，在【分类字段】下拉列表中选择要进行分类汇总的字段，本例选择【销售日期】，在【汇总方式】下拉列表中选择需要的汇总方式，本例选择【平均值】，在【选定汇总项】列表框中设置要进行汇总的项目，本例选择【销售额】，取消选中【替换当前分类汇总】复选框，完成后单击【确定】按钮，如图 5-53 所示。

图 5-51 设置分类汇总参数

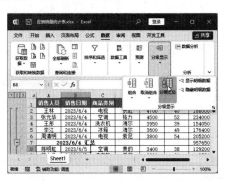

图 5-52 再次执行【分类汇总】命令

图 5-53 设置分类汇总参数

第6步 ▶ 返回工作表，即可看到表中数据按照前面的设置进行了分类汇总，并分组显示出了分类汇总的数据信息，如图 5-54 所示。

5.4.4 嵌套分类汇总

高级分类汇总虽然汇总了两次，但两次汇总时关键字都是相同的。而嵌套分类汇总是对数据清单中两列或

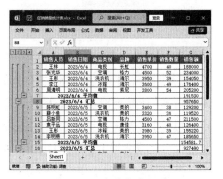

图 5-54 查看分类汇总

两列以上的数据信息同时进行汇总。

例如，在"促销销量统计表"工作簿中，先按品牌汇总销售额，再按商品类别汇总销售数量，操作方法如下。

第1步 打开"素材文件\第 5 章\促销销量统计表.xlsx"，在"品牌"列中选中任意单元格，单击【数据】选项卡【排序和筛选】组中的【升序】按钮 进行排序，如图 5-55 所示。

第2步 选中数据区域中的任意单元格，单击【数据】选项卡【分级显示】组中的【分类汇总】按钮，如图 5-56 所示。

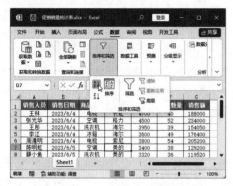

图 5-55 单击【升序】按钮

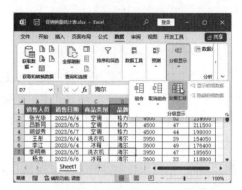

图 5-56 单击【分类汇总】按钮

第3步 打开【分类汇总】对话框，在【分类字段】下拉列表中选择要进行分类汇总的字段，本例选择【品牌】，在【汇总方式】下拉列表中选择需要的汇总方式，本例选择【求和】，在【选定汇总项】列表框中设置要进行汇总的项目，本例选择【销售额】，完成后单击【确定】按钮，如图 5-57 所示。

第4步 返回工作表，将光标定位到数据区域，再次执行【分类汇总】命令，如图 5-58 所示。

图 5-57 设置分类汇总参数

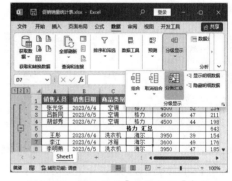

图 5-58 再次执行【分类汇总】命令

第5步 打开【分类汇总】对话框，在【分类字段】下拉列表中选择要进行分类汇总的字段，本例选择【商品类别】，在【汇总方式】下拉列表中选择需要的汇总方式，本例选择【求和】，在【选定汇总项】列表框中设置要进行汇总的项目，本例选择【销售数量】，取消选中【替换当前分类汇总】复选框，完成后单击【确定】按钮，如图 5-59 所示。

第6步 返回工作表，即可看到表中数据按照前面的设置进行了分类汇总，并分组显示出了分类汇总的数据信息，如图 5-60 所示。

图 5-59　设置分类汇总参数

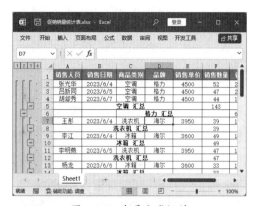

图 5-60　查看分类汇总

5.5　ChatGPT答疑解惑

通过前面知识的学习，相信读者已经掌握了数据条件格式设置、排序、筛选、分类汇总等相关技能。下面结合本章内容，让ChatGPT介绍一些工作中的实用经验与技巧，让你可以从不同的角度分析数据，从数据中获取更多信息。

5.5.1　如何按汉字的笔画排序

在编辑工资表、员工信息表等表格时，若要以员工姓名为依据进行排序，人们通常会按字母顺序进行排序。如果想要让汉字按笔画排序，可以在ChatGPT中搜索操作方法。

🔟 **提问：** 如何按汉字的笔画排序？

⑤ ChatGPT：

在Excel中，按照汉字的笔画排序是一个特殊的需求，因为默认情况下，Excel是按照字符的Unicode编码进行排序的。但是，可以通过以下步骤按照汉字的笔画顺序进行排序。

1. 首先确保你的电脑系统中已经安装了支持中文输入的输入法，例如，Microsoft Pinyin输入法或Google拼音输入法等。

2. 在Excel中，选中要排序的汉字数据所在的列。

3. 在Excel的菜单栏中，选择【数据】选项卡，然后在【排序和筛选】组中单击【排序】按钮。

4. 在弹出的【排序】对话框中，选择要排序的列，然后单击【选项】按钮。

5. 在【排序选项】对话框中，找到【排序类型】选项，将其设置为【使用拼音（笔画）】。

6. 单击【确定】按钮，然后再次单击【排序】对话框中的【确定】按钮。

这样，Excel就会按照汉字的笔画顺序对选定的列进行排序。注意，这种排序方法仅适用于系统中已经安装了支持中文输入的输入法，并且需要正确输入汉字的拼音首字母才能实现准确的排序。

需要注意的是，按照汉字的笔画排序可能会受到一些特殊情况的影响，比如，繁体字、多音字等，因此在使用这种排序方法时需要谨慎并根据实际情况进行验证和调整。

希望这些步骤可以帮助你按照汉字的笔画顺序进行排序。

根据以上回答，如果要在"员工信息登记表"工作簿中以"姓名"为关键字，并按笔画进行排序，操作方法如下。

第1步 ▶ 打开"素材文件\第 5 章\员工信息登记表.xlsx"，选中数据区域中的任意单元格，单击【数据】选项卡【排序和筛选】组中的【排序】按钮，如图 5-61 所示。

第2步 ▶ 弹出【排序】对话框，在【主要关键字】下拉列表中选择【姓名】选项，在【次序】下拉列表中选择【升序】选项，然后单击【选项】按钮，如图 5-62 所示。

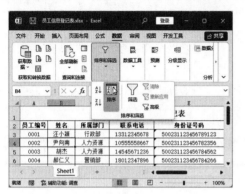

图 5-61 单击【排序】按钮

图 5-62 单击【选项】按钮

第3步 ▶ 弹出【排序选项】对话框，在【方法】栏中选中【笔划排序】单选按钮，然后单击【确定】按钮，如图 5-63 所示。

第4步 ▶ 返回【排序】对话框，单击【确定】按钮，在返回的工作表中即可查看排序后的效果，如图 5-64 所示。

图 5-63 选中【笔划排序】单选按钮

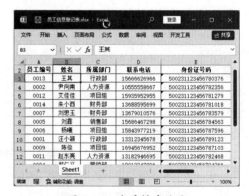

图 5-64 查看排序结果

5.5.2 如何按单元格颜色进行筛选

在编辑表格时，有时会为不同的数据设置不同的单元格背景颜色、字体颜色、条件格式等，此时可以通过颜色来筛选数据。在此之前，可以通过 ChatGPT 了解如何通过颜色进行筛选。

> **提问**：怎样按单元格颜色进行筛选？

ChatGPT：

要按单元格颜色进行筛选，可以按照以下步骤进行操作。

1. 打开你的工作表，确保你的数据中包含了不同颜色的单元格。

2. 在 Excel 的菜单栏中，选择【数据】选项卡，然后在【排序和筛选】组中单击【筛选】按钮。

3. 在你要筛选的数据列上单击筛选按钮的下拉箭头，选择【按颜色筛选】选项。

4. 在弹出的菜单中，你可以选择不同的颜色筛选选项，例如，【按单元格颜色筛选】【按字体颜色筛选】或【按单元格图标筛选】。

5. 选择适当的颜色筛选选项后，Excel 将显示一个下拉列表，其中列出了可用的颜色。

6. 选择你想要筛选的颜色，Excel 会自动应用筛选规则，只显示符合条件的单元格。

通过以上步骤，你可以按照单元格颜色进行筛选，并只显示符合条件的单元格。这对于对特定颜色标记的数据进行筛选和分析非常有用。

注意，颜色筛选选项在不同版本的 Excel 中可能会略有不同，具体的界面和选项可能会有所差异。根据你使用的 Excel 版本，可以根据上述指导进行相应的调整。

根据以上回答，如果要在"销售清单"工作簿中筛选出单元格颜色为绿色的数据，操作方法如下。

第1步 ▶ 打开"素材文件\第 5 章\销售清单 .xlsx"，单击【数据】选项卡【排序和筛选】组中的【筛选】按钮，如图 5-65 所示。

第2步 ▶ 单击"品名"右侧的筛选按钮▼，在弹出的下拉菜单中选择【按颜色筛选】选项，在弹出的子菜单中选择要筛选的颜色，本例选择【绿色】，如图 5-66 所示。

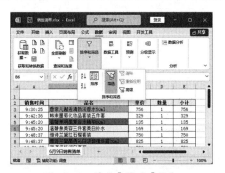

图 5-65　单击【筛选】按钮

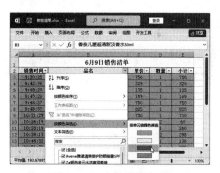

图 5-66　选择筛选颜色

第3步 ▶ 返回工作表，即可看到单元格颜色为绿色的数据已经被筛选出来了，如图 5-67 所示。

5.5.3　怎样让数据条不显示单元格数值

在编辑工作表时，要想一目了然地查看数据的大小情况，可以通过数据条功能实现。而使用数据条显示单元格数值后，为了隐藏具体数值，还可以

图 5-67　查看筛选结果

设置让数据条不显示单元格数值。在设置之前，首先在 ChatGPT 中提出问题，等待解答。

💬 **提问：** 怎样让数据条不显示单元格数值？

---

⑤ **ChatGPT:**

如果想让数据条在单元格上显示颜色，而不显示数值本身，可以按照以下步骤操作。

1. 选中包含数据条的单元格或数据范围。

2. 在 Excel 的菜单栏中，选择【开始】选项卡。

3. 在【样式】组中，单击【条件格式】下拉按钮，然后选择【数据条】选项。

4. 在弹出的条件格式对话框中，选择适当的数据条样式，例如，【色阶】或【图标集】。

5. 在数据条样式的设置中，找到【显示数值】或类似选项的复选框。

6. 取消选中【显示数值】复选框，确保它处于未选中状态。

7. 单击【确定】按钮应用数据条样式。

这样设置后，数据条将仅以颜色的形式显示在单元格上，而不会显示数值本身。

注意，具体的界面和选项可能会因使用的 Excel 版本而有所不同。根据你的 Excel 版本，你可能需要在条件格式对话框中寻找类似的选项来控制数据条的显示方式。

根据以上回答，如果要在"各级别职员工资总额对比"工作簿中，只保留数据条的颜色来显示不同级别人员的工资，操作方法如下。

第1步 ▶ 打开"素材文件\第5章\各级别职员工资总额对比.xlsx"，单击【开始】选项卡【样式】组中的【条件格式】下拉按钮，在弹出的下拉菜单中选择【管理规则】选项，如图 5-68 所示。

第2步 ▶ 弹出【条件格式规则管理器】对话框，在列表框中选择【数据条】选项，然后单击【编辑规则】按钮，如图 5-69 所示。

图 5-68　选择【管理规则】选项

图 5-69　单击【编辑规则】按钮

第3步 ▶ 弹出【编辑格式规则】对话框，在【编辑规则说明】栏中选中【仅显示数据条】复选框，单击【确定】按钮，如图 5-70 所示。

第4步 ▶ 返回【条件格式规则管理器】对话框，单击【确定】按钮，在返回的工作表中即可查看效果，如图 5-71 所示。

图 5-70　选中【仅显示数据条】复选框

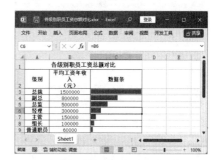

图 5-71　查看数据条

5.6　实训：分析年度考核成绩表

分析年度考核成绩表是管理团队和评估员工绩效的重要任务之一。通过仔细研究考核数据，我们可以发现员工的优势和待提升的领域，并为制定有效的奖励和改进计划提供依据。

> 💬 提问：需要分析年度考核表，考核数据已经按季度和年度收集，现在需要通过排序、筛选、条件格式等功能，分析该表格中的数据，如高于平均值的数据、排序数据等。

⑤ ChatGPT：

针对分析年度考核表的需求，你可以按照以下步骤进行。

1. 排序：使用排序功能可以按照某一列或多列的数值进行升序或降序排序。你可以选择将考核成绩按照季度或年度进行排序，以便对数据进行比较和评估。

2. 筛选：使用筛选功能可以根据特定条件过滤和显示数据。你可以筛选出符合条件的最佳员工或低于平均分的员工成绩。例如，你可以筛选出考核成绩高于某个阈值的员工或筛选出考核成绩低于平均分的员工。

3. 条件格式：使用条件格式功能可以根据设定的规则对数据进行格式化，以突出显示特定的成绩范围或评级。你可以设置条件格式来标记最佳员工的成绩或标记低于平均分的员工的成绩，以便直观地观察和分析数据。

综合运用排序、筛选和条件格式等功能，你可以对年度考核表进行全面的分析和评估。通过比较不同季度或年度的成绩、筛选出特定条件下的员工，以及使用条件格式突出显示关键信息，你可以更好地了解考核结果并做出相应的决策。

根据 ChatGPT 提供的数据分析思路，再结合本章所学的内容，下面开始对"员工年度考核表"进行分析，实例最终效果见"结果文件\第 5 章\员工年度考核表 .xlsx"文件。

第1步 打开"素材文件\第 5 章\员工年度考核表 .xlsx"，单击【数据】选项卡【排序和筛选】组中的【筛选】按钮，如图 5-72 所示。

第2步 ▶ 进入筛选状态，单击"第一季度考核成绩"右侧的筛选按钮▼，在弹出的下拉菜单中选择【数字筛选】选项，在弹出的子菜单中选择【高于平均值】选项，如图 5-73 所示。

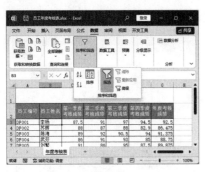
图 5-72　单击【筛选】按钮

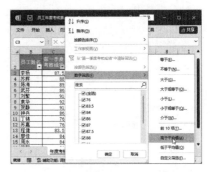
图 5-73　选择【高于平均值】选项

第3步 ▶ 查看筛选结果后，单击【数据】选项卡【排序和筛选】组中的【清除】按钮，如图 5-74 所示。

第4步 ▶ 清除筛选结果后，单击"第二季度考核成绩"右侧的筛选按钮▼，在弹出的下拉菜单中选择【数字筛选】选项，在弹出的子菜单中选择【小于或等于】选项，如图 5-75 所示。

图 5-74　单击【清除】按钮

图 5-75　选择【小于或等于】选项

第5步 ▶ 打开【自定义自动筛选方式】对话框，在【小于或等于】右侧的文本框中输入"90"，单击【确定】按钮，如图 5-76 所示。

第6步 ▶ 查看筛选结果后，单击【数据】选项卡【排序和筛选】组中的【筛选】按钮，取消筛选，如图 5-77 所示。

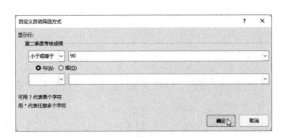
图 5-76　设置筛选参数

图 5-77　取消筛选

第7步 选中E3:E18单元格区域，单击【开始】选项卡【样式】组中的【条件格式】下拉按钮，在弹出的下拉菜单中选择【色阶】选项，在弹出的子菜单中选择一种色阶样式，如图 5-78 所示。

第8步 单击【数据】选项卡【排序和筛选】组中的【排序】按钮，如图 5-79 所示。

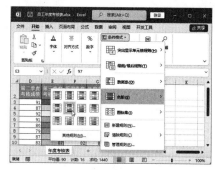

图 5-78 选择色阶样式

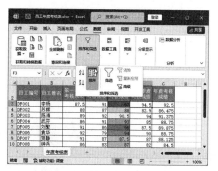

图 5-79 单击【排序】按钮

第9步 打开【排序】对话框，在【主要关键字】下拉列表中选择【年度考核成绩】选项，单击【添加条件】按钮，如图 5-80 所示。

第10步 在【次要关键字】下拉列表中选择【第四季度考核成绩】选项，完成后单击【确定】按钮，如图 5-81 所示。

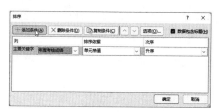

图 5-80 单击【添加条件】按钮

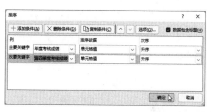

图 5-81 设置次要关键字

第11步 返回工作表，即可完成此次年度考核成绩表的分析，如图 5-82 所示。

员工编号	员工姓名	第一季度考核成绩	第二季度考核成绩	第三季度考核成绩	第四季度考核成绩	年度考核成绩
DF008	钟兵	86	83	87	82	84.5
DF010	苏嘉	76	88	91	83	84.5
DF013	周永	84	86	78	90	84.5
DF012	廖佳	84	89	87	83	85.75
DF002	苏辉	88	87	88	82.9	86.475
DF009	丁锦	76	91	86	93	86.5
DF014	陈繁	86	88	90	85.5	87.375
DF011	程健	83.5	87	95	85	87.625
DF007	贺静	91	87	87.5	87	88.125
DF015	周兵	87	87	90	89.5	88.375
DF004	武芬	86	91	93	85	88.75
DF006	袁华	92	79	94	90	88.75
DF005	刘繁	91	86	95	87.5	89.875
DF016	刘芬	93	88	91	90	90.5
DF003	陈海	89	92	90.5	94	91.375
DF001	李杨	87.5	91	97	94.5	92.5

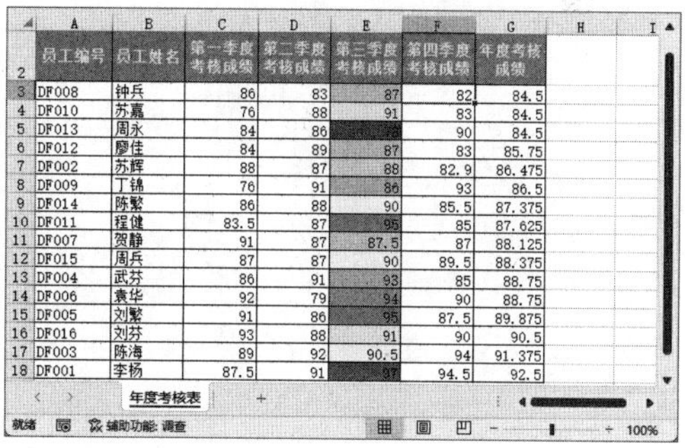

图 5-82 查看分析结果

本章小结

在本章的学习中，我们从ChatGPT中了解了各数据分析技法的使用方法与规则，学习了如何使用Excel的条件格式、排序、筛选和分类汇总等功能来分析数据。当在工作中遇到海量数据时，就可以使用排序、筛选、分类汇总等方法，快速找出关键数据，发现数据中的关键信息和趋势。

第 6 章

数据的可视化分析应用

本章导读

在数据分析的过程中，图表是一种非常有力的工具，能够将复杂的数据转化为易于理解和可视化的形式。通过图表，我们可以更直观地观察数据的变化趋势、比较不同数据之间的关系，以及发现其中的模式和异常。本章将通过ChatGPT了解图表，再学习如何选择合适的图表类型、如何设计和创建图表，以及如何解读和分析图表所传达的信息，帮助用户更深入地了解数据。

知识要点

- 了解图表的基础知识。
- 掌握创建图表的方法。
- 掌握编辑图表的方法。
- 掌握高级图表的应用。
- 了解迷你图的基础知识。
- 掌握迷你图的使用方法。

6.1 使用ChatGPT认识图表

图表是一种数据可视化工具，用于以图形的形式呈现和展示数据。通过图表，可以将大量的数据以简洁、易懂的方式展示出来，帮助我们更好地理解数据的含义和背后的故事。通过可视化的方式，图表能够突出重点，强调数据之间的差异和变化，提供直观的数据比较和分析。

6.1.1 了解图表的组成

Excel 提供了多种标准的图表类型，每一种图表类型都分为几种子类型，其中包括二维图表和三维图表。虽然图表的种类不同，但每一种图表的绝大部分组件是相同的，完整的图表包括图表区域、绘图区、图表标题、数据系列、分类轴、数字轴、图例、网格线等。下面一起来通过 ChatGPT 了解图表的组成部分。

> 🔟 提问：请介绍图表的组成。

> ⑤ **ChatGPT：**
>
> 图表是一种用来可视化数据和呈现数据关系的工具。一个图表通常由以下几个部分组成。
>
> 1. 坐标轴（Axes）：图表的基本框架，包括横轴（X轴）和纵轴（Y轴）。坐标轴用于表示数据的数值或类别，提供了数据点的定位和比较的基准。
>
> 2. 数据系列（Data Series）：图表中的实际数据点或数据集合。每个数据系列通常由一组数据点组成，代表了一组相关的数据。
>
> 3. 标题（Title）：图表的标题，用于概括或描述图表所展示的内容或主题。标题可以帮助读者快速理解图表的含义和目的。
>
> 4. 图例（Legend）：用于解释图表中不同数据系列的符号、颜色或样式。图例通常位于图表的一侧或底部，帮助读者理解图表中不同数据的来源或类别。
>
> 5. 数据标签（Data Labels）：显示数据点的具体数值或其他相关信息的文本标签。数据标签可以直接附加在数据点上或显示在图表的旁边，帮助读者更直观地理解数据。
>
> 6. 图表区域（Plot Area）：图表的主要区域，用于展示数据点或数据系列。图表区域位于坐标轴内部，包括图表的背景、数据系列和其他图形元素。
>
> 7. 辅助线（Gridlines）：可选的网格线，用于在坐标轴上提供参考和辅助刻度。辅助线可以帮助读者更准确地读取数据点的数值或位置。
>
> 这些部分共同构成了一个完整的图表，通过合理配置和使用这些组成部分，我们可以清晰地呈现数据、揭示数据间的关系，并从中获取有价值的信息和洞察。在创建和解读图表时，了解图表的组成部分及其作用是十分重要的，这有助于我们更好地利用图表进行数据分析和可视化。

通过 ChatGPT 了解了图表的组成部分后，如果对图表的构造还是不清楚，可以再结合图 6-1 所示的柱形图对照查看。在数据分析和决策过程中，图表是一种有力的工具，因此熟悉图表的组成和使用方法，能够更好地利用 Excel 提供的丰富图表功能，提升数据分析的质量和效率。

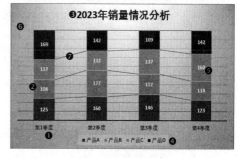

图 6-1　柱形图表

6.1.2 了解图表的类型

在数据分析和可视化的领域，Excel作为一款功能强大的工具，提供了丰富多样的图表类型，帮助用户以直观、清晰的方式呈现和分析数据。无论是商业报告、学术研究还是简单的数据展示，Excel 的图表功能都可以帮助我们将复杂的数据转化为易于理解和传达的图形形式。

在使用图表之前，可以先通过 ChatGPT 了解图表的类型。

提问： 请介绍图表的类型。

ChatGPT：

以下是一些常见的图表类型。

1. 折线图（Line Chart）：用于显示数据随时间、连续变量或有序类别而变化的趋势。

2. 柱状图（Bar Chart）：用于比较不同类别或组之间的数据。

3. 饼图（Pie Chart）：用于显示一个整体中各部分的占比情况。

4. 散点图（Scatter Plot）：用于展示两个连续变量之间的关系。

5. 面积图（Area Chart）：类似于折线图，但填充折线与 X 轴之间的区域，用于显示随时间或连续变量而变化的数据趋势。

6. 条形图（Column Chart）：类似于柱状图，但柱形是水平放置的。

7. 雷达图（Radar Chart）：用于比较多个变量在不同类别或组中的表现。

8. 箱形图（Box Plot）：用于显示数据的分布情况，包括最小值、最大值、中位数和离群值。

9. 气泡图（Bubble Chart）：类似于散点图，但添加了第三个变量，通过气泡的大小来表示第三个变量的值。

10. 地图（Map Chart）：用于显示地理位置相关的数据，在地图上标示出不同地区的数据情况。

11. 散点气泡图（Scatter Bubble Chart）：结合散点图和气泡图的特点，同时展示两个连续变量及第三个变量的大小。

12. 漏斗图（Funnel Chart）：用于展示数据在不同阶段或类别中的递减情况。

13. 组合图（Combination Chart）：结合多个图表类型，将不同类型的数据以不同的方式呈现在同一个图表中。

以上是一些常见的图表类型，每种图表类型都有不同的应用场景和适用的数据类型。根据你的数据和分析需求，选择合适的图表类型可以更好地展示和解读数据。

通过 ChatGPT，我们了解了图表的常见类型，而实际上在【插入图表】对话框中，还有更多的图表类型可供选择，如图 6-2 所示。

每种图表类型都有其特定的特点和优势，可以根据数据的性质和分析需求选择最合适的图表类型。在创建图表时，还可以根据需求进行样式和格式的定制，使图表更加清晰、易读、吸引人。同时，通过应用图表的交互功能，如数据筛选、条件格式和数据标签等，可以进一步深入分析数据，提取有价值的信息。

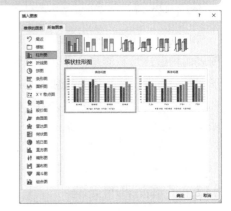

图 6-2 【插入图表】对话框

6.1.3　了解图表的配色方案

在制作图表时，合理的配色可以让显示效果成倍增加。Excel默认的配色方案适合大多数场合，但只使用默认配色，制作效果会比较普通。如果可以掌握行之有效的配色理论，可以使图表更加美观。

那么，ChatGPT会怎么为我们解答配色的方案呢？

> ⚲ **提问：** 请介绍图表的配色方案。

⑤ ChatGPT：

图表的配色方案是指选择和应用颜色的方法和策略，以在图表中传达信息和提高可视化效果。以下是一些常见的图表配色方案。

1. 单色调配色：使用同一种颜色的不同明度、饱和度和透明度来区分数据系列或数据点。这种配色方案简单、清晰，适用于单一的数据比较和强调数据趋势。

2. 渐变配色：使用颜色的渐变效果来表示数据的变化或程度。可以使用单一颜色的渐变，也可以使用多种颜色的渐变。这种配色方案可以突出显示数据的不同程度或级别。

3. 对比配色：使用明亮和暗淡、冷暖色调或互补色彩来在图表中创建对比效果。对比配色能够清晰地区分数据系列或数据点，并突出显示不同的信息。

4. 主题配色：根据数据的主题或所代表的概念选择配色方案。例如，使用绿色和蓝色来表示自然环境或生态问题，使用红色和黄色来表示热情或活力等。

5. 品牌配色：根据组织或品牌的标识色彩选择配色方案，以保持一致性和品牌形象。这种配色方案可以增强品牌辨识度，并使图表与组织的其他材料保持一致。

6. 色彩心理学配色：根据颜色对情感和心理反应的影响选择配色方案。不同颜色可以引发不同的情绪和联想，例如，红色表示活力和激情，蓝色表示冷静和信任。

7. 色盲友好配色：考虑到色盲人士的需求，选择配色方案时应确保数据系列或数据点的标记除了颜色还包含形状、图案或文字，以便色盲人士能够正确理解图表中的信息。

在选择配色方案时，应考虑数据类型、图表类型、目标受众、可读性和美观性等因素。同时，进行测试和评估，以确保配色方案在不同的显示设备和观众群体中都能够正常显示和传达所需的信息。

ChatGPT的回答虽然比较全面，但只是文字的描述并不足以让我们学会如何配色，下面根据ChatGPT的建议，学习如何为图表配色。

1. 了解特殊含义的颜色

不同的颜色支配着不同的含义，在制作图表时，首先需要掌握有特殊含义的颜色。

一般来说，有 3 种颜色的含义需要我们注意，即红、黄、绿，其具体含义如图 6-3 所示。

所以，在进行数据分析时，图表中表示利润的系列多用绿色表示，

图 6-3　颜色的含义

表示负债的系列多用红色表示，而需要特别注意的数据则用黄色表示。

2. 合理应用配色

关于配色的理论知识很多，作为非专业人士并不需要完全掌握。但掌握一定的配色知识，在设计图表时加以运用，可以使图表更加出色。

Excel中使用的颜色通常采用RGB模式或HSL模式。RGB模式使用红（R）、绿（G）、蓝（B）三种颜色，又被称为三原色，每一种颜色根据饱和度和亮度的不同分成256种颜色，并且可以调整色彩的透明度。

HSL模式是工业界的一种颜色标准，它通过色调（H）、饱和度（S）、亮度（L）三个颜色通道的变化，以及它们相互之间的叠加来得到各式各样的颜色，是目前运用最广的颜色模式之一。

（1）三原色。三原色是所有颜色的起源。其中，只有红、黄、蓝不是由其他颜色调和而成，如图 6-4 所示。

三原色同时使用的情况比较少，但是红黄搭配非常受欢迎，应用也很广。在图表设计中，我们经常会看到这两种颜色同时使用。

蓝红搭配也很常见，但只有当两者的区域分离时，才会有吸引人的效果。

（2）二次色。每一种二次色都是由离它最近的两种原色等量调和而成的，二次色处于两种三原色中间的位置，如图 6-5 所示。

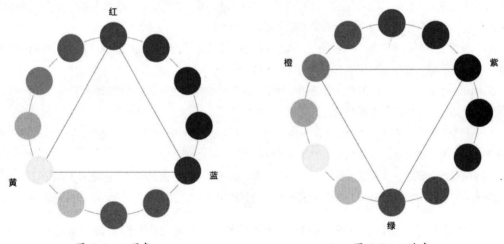

图 6-4　三原色　　　　　　　　图 6-5　二次色

二次色都拥有一种共同的颜色，其中两种共同拥有蓝色，两种共同拥有黄色，两种共同拥有红色，所以它们搭配起来很协调。如果三种二次色同时使用，画面具有丰富的色调，显得很舒适。二次色同时具有的颜色深度及广度，在其他颜色关系上很难找到。

（3）三次色。三次色由相邻的两种二次色调和而成，如图 6-6 所示。

（4）色环。每种颜色都拥有部分相邻的颜色，如此循环组成一个色环。共同的颜色是颜色关系的基本要点，如图 6-7 所示。色环通常包括 12 种不同的颜色，这 12 种常用颜色组成的色环称为12 色环。

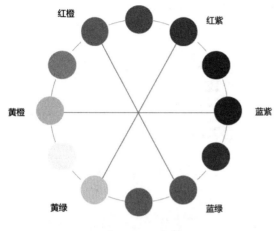

图 6-6 三次色

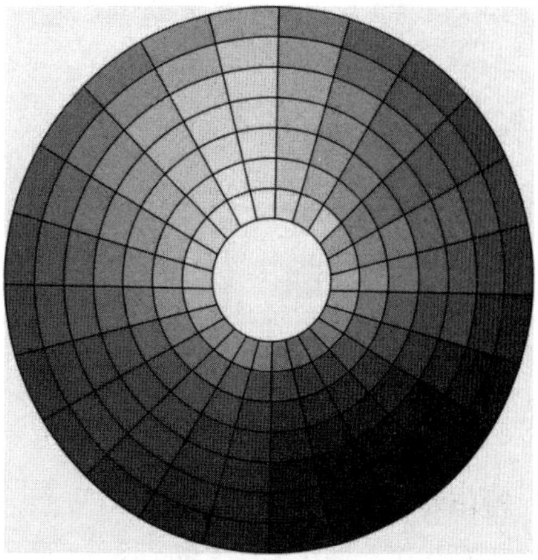

图 6-7 色环

（5）互补色。在色环上直线相对的两种颜色称为互补色，图 6-8 中的红色和绿色互为补色，具有强烈的对比效果，代表着活力、能量、兴奋。要使互补色达到最佳的效果，最好使其中一种颜色面积比较小，另一种颜色面积比较大。例如，在一个蓝色的区域里搭配橙色的小圆点。

（6）类比色。相邻的颜色称为类比色。类比色都拥有共同的颜色，这种颜色搭配具有悦目、低对比度的和谐美感。类比色非常丰富，应用这种颜色搭配可以产生不错的视觉效果，如图 6-9 所示。

（7）单色。由暗、中、明 3 种色调组成的颜色是单色。单色在搭配上并没有形成颜色的层次，但形成了明暗的层次，这种搭配在设计应用时效果比较好，如图 6-10 所示。

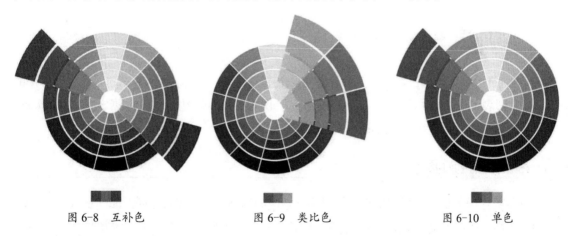

图 6-8 互补色

图 6-9 类比色

图 6-10 单色

3. 使用系统配色

如果对自己的配色水平没有信心，Excel 中也提供了比较保守的配色方案，就算不出彩，也不会出错，如图 6-11 所示。

如果系统的配色还是不能满足需求，在【页面布局】选项卡【主题】组中的【颜色】下拉列表中，可以选择其他主题颜色，改变工作表的整体配色，如图 6-12 所示。

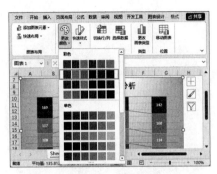

图 6-11　系统配色

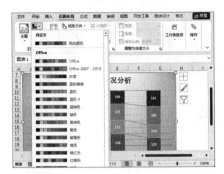

图 6-12　主题配色

4. 模仿专业图表

除了使用以上配色方法，我们还可以借鉴专业的商务图表，提取其中的颜色搭配，即可实现专业的图表配色，如图 6-13 和图 6-14 所示。

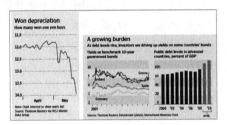

图 6-13　商务图表 1

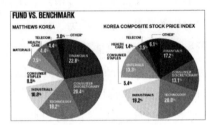

图 6-14　商务图表 2

6.2　创建图表分析数据

如果 Excel 中只有数据，看起来会十分枯燥，使用图表功能可以帮助用户迅速创建各种各样的商业图表。图表不仅能增强视觉效果，还能更直观、形象地显示出表格中各个数据之间的复杂关系，更易于理解和交流，也起到了美化表格的作用。

6.2.1　根据数据创建图表

无论是需要展示销售数据的趋势、呈现调查结果的比例，还是比较不同产品的销售额，Excel都提供了丰富的图表选项来满足需求，将复杂的数据转化为直观的可视化图形，帮助分析者更好地理解数据、发现关键数据。在创建图表之前，先通过 ChatGPT 来了解一下创建图表的方法。

> 🔟 **提问：** 请介绍使用 Excel 创建图表的方法。

> ⑤ **ChatGPT：**
> 使用 Excel 创建图表的方法如下。
> 1. 打开 Excel 并准备数据：打开 Excel 软件，准备好包含要分析的数据的电子表格。确保数据结构清晰，每列都有合适的标题，并按照需求正确组织数据。

2. 选择数据范围：根据想要呈现的数据，选择要包含在图表中的数据范围。可以使用鼠标拖选或手动输入数据范围。

3. 选择合适的图表类型：Excel提供了多种图表类型可供选择，包括柱状图、折线图、饼图、散点图等。在Excel的【插入】选项卡中，单击【图表】按钮，在弹出的菜单中选择所需的图表类型。

4. 插入图表：选中要包含图表的数据范围后，单击所选图表类型的图标。Excel将自动根据所选数据创建一个基本图表，并将其插入你的电子表格中。

5. 配置和格式化图表：根据需要，对图表进行配置和格式化。可以修改图表的标题、坐标轴标签、数据系列、颜色方案等。可以使用Excel的【设计】和【布局】选项卡来进行图表的个性化设置。

6. 调整图表大小和位置：根据需要，调整图表的大小和位置，以适应电子表格布局和展示需求。可以拖曳图表边缘或使用Excel的【布局】选项卡中的【大小】和【位置】工具进行调整。

7. 更新和编辑图表数据：如果数据发生变化，可以随时更新图表数据。在Excel中，只需修改原始数据并保存，图表将自动更新以反映最新数据。

8. 分析和解读图表：一旦图表创建完成，就可以开始分析和解读数据了。观察图表中的趋势、关联和模式，并提取有价值的信息。

通过这些步骤，可以在Excel中创建各种类型的图表，并通过配置、格式化和分析来呈现和解读数据。注意，Excel提供了丰富的图表功能，可以进一步探索和学习更多高级的图表技巧和选项，来满足自己的需求。

从以上回答中，我们了解了从创建图表到编辑图表的整个过程，下面就一起来了解几种创建图表的方法。

1. 选择图表类型创建图表

如果要创建固定类型的图表，可以根据需要选择图表类型，再进行创建。例如，要在"销售业绩"工作簿中创建柱形图，操作方法如下。

第1步 ▶ 打开"素材文件\第 6 章\销售业绩.xlsx"，选中任意数据单元格，单击【插入】选项卡【图表】组中的【插入柱形图或条形图】下拉按钮 📊，在弹出的下拉菜单中选择一种柱形图的样式，如图 6-15 所示。

第2步 ▶ 返回工作表，即可看到已经自动选取了数据区域，并按所选图表样式创建了图表，如图 6-16 所示。

图 6-15　选择图表

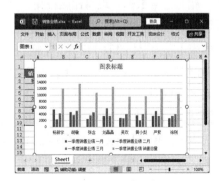

图 6-16　创建图表

2. 创建推荐样式的图表

如果在创建图表时不知道选择哪种图表样式，可以创建推荐样式的图表，操作方法如下。

第1步 ▶ 打开"素材文件\第 6 章\销售业绩 .xlsx"，选中要创建图表的数据区域，本例选中 A2:A10 和 E2:E10 单元格区域，单击【插入】选项卡【图表】组中的【推荐的图表】按钮，如图 6-17 所示。

第2步 ▶ 打开【插入图表】对话框，在【推荐的图表】选项卡中推荐了多种图表，选择一种需要的图表样式，单击【确定】按钮，如图 6-18 所示。

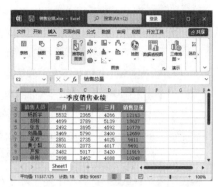

图 6-17 单击【推荐的图表】按钮

第3步 ▶ 返回工作表，即可看到已经根据选定区域和推荐的图表样式创建了图表，如图 6-19 所示。

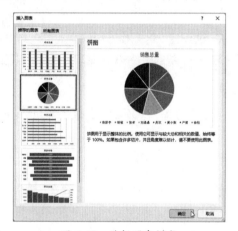

图 6-18 选择图表样式

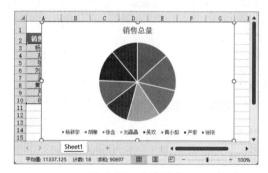

图 6-19 查看图表

3. 创建组合图表

如果是两种类型的数据，使用组合图表更能清楚地表现数据关系。

例如，要在"销售业绩"工作簿中根据一季度的销售额和总销售额创建图表，如果使用普通的柱形图，销售总额数据表现得比较模糊，此时可以使用组合图表，操作方法如下。

第1步 ▶ 打开"素材文件\第 6 章\销售业绩 .xlsx"，单击【插入】选项卡【图表】组中的【插入组合图】下拉按钮 ～，在弹出的下拉菜单中选择【创建自定义组合图】选项，如图 6-20 所示。

第2步 ▶ 打开【插入图表】对话框，自动定位在【组合图】选项中，单击【自定义组合】按钮，在【为您的数据系列选择图表类型和轴】列表框中分别选择图表类型，选中【销售总量】右侧的【次坐标轴】复选框，单击【确定】按

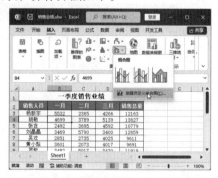

图 6-20 选择【创建自定义组合图】选项

钮，如图 6-21 所示。

第3步 ➤ 返回工作表，即可看到已经根据所选自定义图表样式创建了图表。一、二、三月的数据以柱形图显示，销售总额以折线图显示，并在右侧添加了次坐标轴显示销售总额的数据，如图 6-22 所示。

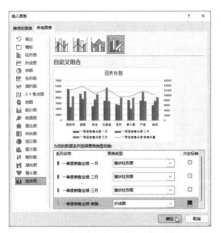

图 6-21 分别设置图表类型

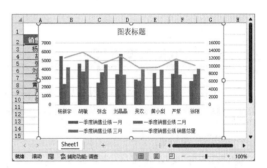

图 6-22 查看组合图表

6.2.2 更改已有图表的类型

创建之后才发现图表类型不合适，不能好好展现，就可以改变图表类型。要改变图表的类型并不需要重新插入图表，可以直接对已经创建的图表进行图表类型的更改。

例如，要将"一季度销量表"工作簿中的柱形图更改为饼图，操作方法如下。

第1步 ➤ 打开"素材文件\第 6 章\一季度销量表.xlsx"，选中图表，单击【图表设计】选项卡【类型】组中的【更改图表类型】按钮，如图 6-23 所示。

第2步 ➤ 打开【更改图表类型】对话框，选择图表样式，单击【确定】按钮，如图 6-24 所示。

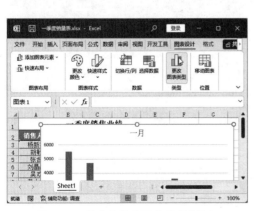

图 6-24 单击【更改图表类型】按钮

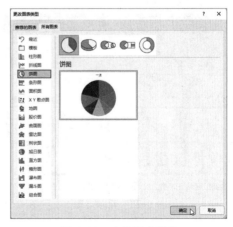

图 6-23 选择图表样式

第3步 ➤ 返回工作表，即可看到原来的柱形图已经更改为饼图，如图 6-25 所示。

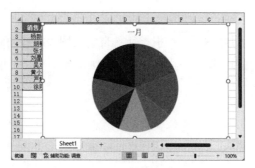

图 6-25　查看图表

6.2.3　添加图表元素完善图表

创建了图表后，为了让图表的表达更加清晰，可以添加图表元素。图表元素包括图表标题、数据标签、数据表、趋势线等，下面分别介绍添加方法。

1. 编辑图表标题

创建图表时会自动添加一个图表标题文本框，占位符默认为"图表标题"。为了更清晰地表达图表的含义，可以编辑图表标题，操作方法如下。

第1步 打开"素材文件\第 6 章\上半年销售业绩.xlsx"，选中图表标题文本框中的标题文本，如图 6-26 所示。

第2步 直接输入需要的标题，如图 6-27 所示。

第3步 选中标题文本，在【开始】选项卡的【字体】组中设置文本样式，标题编辑完成后，单击其他任意位置即可，如图 6-28 所示。

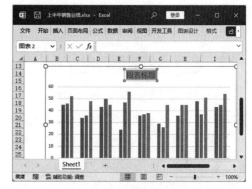

图 6-26　选择标题文本

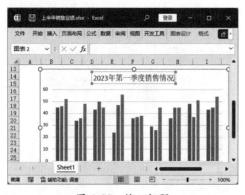

图 6-27　输入标题

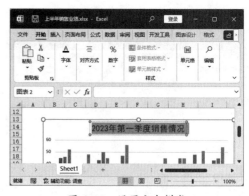

图 6-28　设置文本样式

> **教您一招：删除标题**
> 如果图表中不需要标题，可以选中标题文本框后按【Delete】键将其删除。

2. 添加数据标签

为了使所创建的图表更加清晰、明了，可以添加并设置图表标签，操作方法如下。

第1步 ▶ 打开"素材文件\第 6 章\上半年销售业绩 1.xlsx"，选中图表，单击【图表设计】选项卡【图表布局】组中的【添加图表元素】下拉按钮，在弹出的下拉菜单中选择【数据标签】选项，在弹出的子菜单中选择数据标签的位置，如【数据标签外】，如图 6-29 所示。

第2步 ▶ 单击任意数据标签，选中所有标签，右击，在弹出的快捷菜单中选择【更改数据标签形状】选项，在弹出的子菜单中选择一种数据标签形状，如图 6-30 所示。

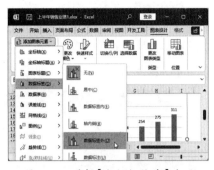

图 6-29　选择【数据标签外】选项

> **温馨提示 ●**
>
> 　　选中图表后，单击出现的【图表元素】按钮 ＋，在弹出的菜单中选中【数据标签】复选框，也可以为数据系列添加数据标签。

第3步 ▶ 保持数据标签的选中状态，单击【格式】选项卡【形状样式】组中的【形状轮廓】下拉按钮，在弹出的下拉菜单中选择数据标签的轮廓颜色，如图 6-31 所示。

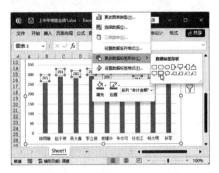

图 6-30　选择数据标签形状

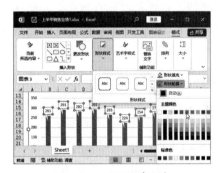

图 6-31　设置轮廓颜色

第4步 ▶ 在【格式】选项卡的【艺术字样式】中选择一种艺术字样式，如图 6-32 所示。

第5步 ▶ 操作完成后，即可看到为图表添加了数据标签后的效果，如图 6-33 所示。

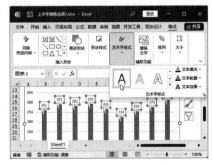

图 6-32　设置标签字体样式

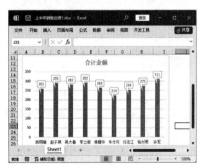

图 6-33　查看设置效果

3. 添加数据表

添加数据表可以在图表中以表格的形式展现数据信息，使数据更加直观，操作方法如下。

第1步 ▶ 接上一例操作，选中图表，单击【图表设计】选项卡【图表布局】组中的【添加图表元素】下拉按钮，在弹出的下拉菜单中选择【数据表】选项，在弹出的子菜单中选择【显示图例项标示】选项，如图 6-34 所示。

第2步 ▶ 操作完成后，即可看到为图表添加了数据表后的效果，如图 6-35 所示。

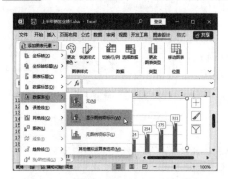

图 6-34　选择【显示图例项标示】选项

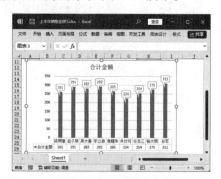

图 6-35　查看数据表

4. 添加趋势线

趋势线是用线条将低点与高点相连，利用已经发生的数据信息，推测以后大致走向的一种图形分析方法，操作方法如下。

第1步 ▶ 打开"素材文件\第 6 章\上半年销售业绩 2.xlsx"，选中图表，单击【图表设计】选项卡【图表布局】组中的【添加图表元素】下拉按钮，在弹出的下拉菜单中选择【趋势线】选项，在弹出的子菜单中选择要添加的趋势线类型，如【线性】，如图 6-36 所示。

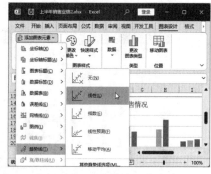

图 6-36　选择【线性】选项

第2步 ▶ 打开【添加趋势线】对话框，在【添加基于系列的趋势线】列表框中选择要添加趋势线的系列，如【3 月】，单击【确定】按钮，如图 6-37 所示。

第3步 ▶ 返回工作表，即可看到趋势线已经添加，如图 6-38 所示。

温馨提示 ▶
如果图表中只有一个数据系列，则不会打开【添加趋势线】对话框，而是直接添加趋势线。

图 6-37　选择添加趋势线的系列

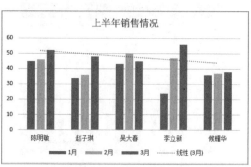

图 6-38　查看趋势线

5. 快速布局图表元素

图表的元素很多，但并不需要将所有元素应用到图表中。当不知道如何布局图表元素时，可以使用内置的布局样式，快速布局图表，操作方法如下。

第1步 接上一例操作，选中图表，单击【图表设计】选项卡【图表布局】组中的【快速布局】下拉按钮，在弹出的下拉菜单中选择一种布局样式，如【布局4】，如图 6-39 所示。

第2步 返回工作表，即可看到图表的布局已经更改，如图 6-40 所示。

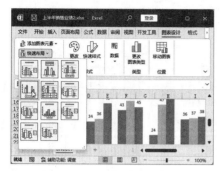

图 6-39 选择布局样式

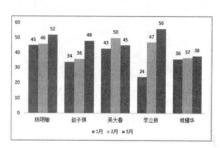

图 6-40 查看图表布局

6.2.4 美化图表效果

默认的图表样式比较普通，为了让图表的效果更加突出，可以美化图表效果。

1. 更改图表颜色

Excel内置了多种配色方案，足以支撑普通图表的美化，操作方法如下。

第1步 接上一例操作，选中图表，单击【图表设计】选项卡【图表样式】组中的【更改颜色】下拉按钮，在弹出的下拉菜单中选择一种配色方案，如图 6-41 所示。

第2步 操作完成后，即可看到图表的颜色已经更改，如图 6-42 所示。

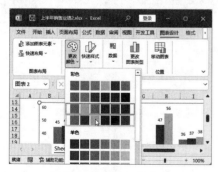

图 6-41 选择配色方案

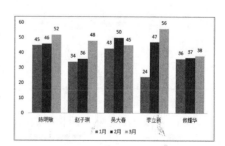

图 6-42 查看图表

温馨提示

在【页面布局】选项卡的【主题】组中，单击【颜色】下拉按钮，在弹出的下拉菜单中选择一种主题颜色，也可以更改图表颜色。

2. 使用内置图表样式

Excel内置的图表样式包括了图表的颜色、字体、图表元素等设计，是快速美化图表的最佳选择，操作方法如下。

第1步 ▶ 接上一例操作，选中图表，单击【图表设计】选项卡【图表样式】组中的【快速样式】下拉按钮，在弹出的下拉菜单中选择一种图表样式，如图 6-43 所示。

第2步 ▶ 操作完成后，即可为图表应用内置样式，如图 6-44 所示。

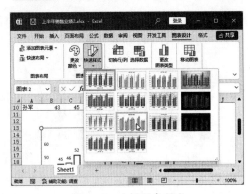

图 6-43 选择图表样式

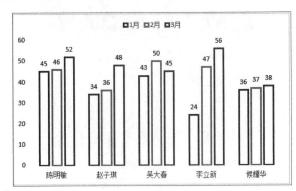

图 6-44 查看图表

3. 自定义图表样式

内置的图表样式虽然省事，但样式固定，不能满足所有人的需求，如果对图表的样式有要求，可以自定义图表样式，操作方法如下。

第1步 ▶ 接上一例操作，在图表上右击，在弹出的快捷菜单中选择【设置图表区域格式】选项，如图 6-45 所示。

第2步 ▶ 打开【设置图表区格式】窗格，在【填充与线条】选项卡的【填充】组中选中【图片或纹理填充】单选按钮，然后单击【插入】按钮，如图 6-46 所示。

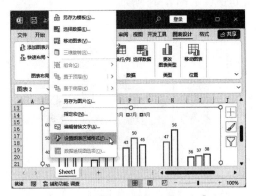

图 6-45 选择【设置图表区域格式】选项

图 6-46 单击【插入】按钮

第3步 ▶ 打开【插入图片】对话框，选择【来自文件】选项，如图 6-47 所示。

第4步 ▶ 打开【插入图片】对话框，选择"素材文件\第 6 章\背景.jpg"图片，单击【插入】按钮，如图 6-48 所示。

图 6-47 选择【来自文件】选项

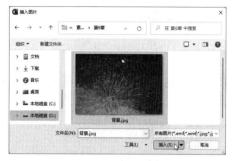

图 6-48 选择图片

第5步 在【透明度】微调框中输入"70%"，设置图片的透明度，如图 6-49 所示。

第6步 单击【格式】选项卡【当前所选内容】组中的下拉按钮，在弹出的下拉菜单中选择【系列"1月"】选项，如图 6-50 所示。

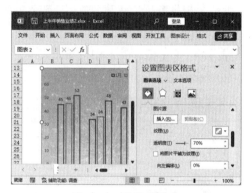

图 6-49 设置透明度

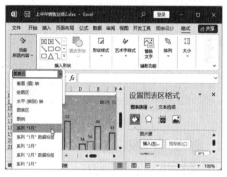

图 6-50 选择系列

第7步 单击【颜色】下拉按钮，在弹出的下拉菜单中选择一种颜色，可以填充数据系列，如图 6-51 所示。

第8步 操作完成后，即可看到为图表设置了自定义样式后的效果，如图 6-52 所示。

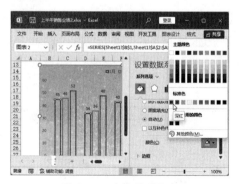

图 6-51 选择系列颜色

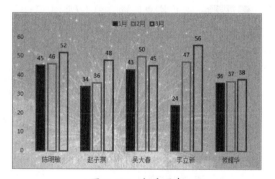

图 6-52 查看图表

温馨提示●
在实际工作中，并不需要为图表设置过多的元素，图表的作用在于分析数据，简单、大方的图表样式更有利于数据的展现。

6.3 图表的高级应用

在制作图表时，如果遇到一些特殊的数据，在图表中不易表现，如负值、超大数据等，此时我们可以使用一些方法，让图表更合理。而且千篇一律的图表会让人审美疲劳，也可以用其他图案替代数据系列。

6.3.1 特殊处理图表中的负值

在制作含有负值的图表时，负数图形与坐标轴标签会重叠在一起，不易阅读。而且因为正负数据都属于同一数据系列，所以将其设置为不同的颜色还不容易做到。这个时候，我们可以创建辅助列来制作图表，就可以完美解决图表中负值的问题。

例如，在"分店盈亏分析"工作簿中要对图表中的负值进行特殊处理，操作方法如下。

第1步 打开"素材文件\第 6 章\分店盈亏分析.xlsx"，根据数据创建辅助数据，输入的数值正负与原始数据正好相反，如图 6-53 所示。

第2步 选中数据区域，单击【插入】选项卡【图表】组中的【插入柱形图或条形图】下拉按钮 ，在弹出的下拉菜单中选择【堆积柱形图】选项，如图 6-54 所示。

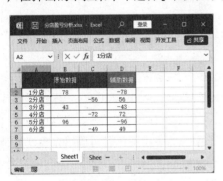

图 6-53　创建辅助数据

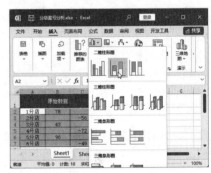

图 6-54　选择【堆积柱形图】选项

第3步 选中横坐标轴，单击【图表设计】选项卡【图表布局】组中的【添加图表元素】下拉按钮，在弹出的下拉菜单中选择【坐标轴】选项，在弹出的子菜单中选择【更多轴选项】选项，如图 6-55 所示。

第4步 打开【设置坐标轴格式】窗格，在【坐标轴选项】选项卡的【标签】组中设置【标签位置】为"无"，单击【关闭】按钮 ，如图 6-56 所示。

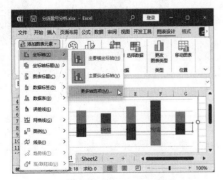

图 6-55　选择【更多轴选项】选项

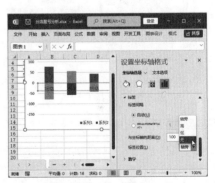

图 6-56　设置标签位置

第5步 选中根据辅助列创建的图表，单击【图表设计】选项卡【图表布局】组中的【添加图表元素】下拉按钮，在弹出的下拉菜单中选择【数据标签】选项，在弹出的子菜单中选择【轴内侧】选项，如图 6-57 所示。

第6步 选择数据标签，在数据标签上右击，在弹出的快捷菜单中选择【设置数据标签格式】选项，如图 6-58 所示。

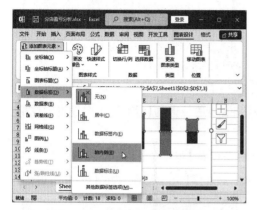

图 6-57　选择【轴内侧】选项

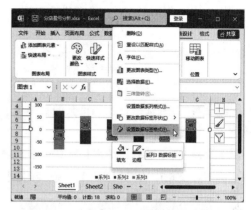

图 6-58　选择【设置数据标签格式】选项

第7步 打开【设置数据标签格式】窗格，在【标签选项】选项卡的【标签选项】组中取消选中【值】复选框，然后选中【类别名称】复选框，用以模拟分类坐标轴标签，单击【关闭】按钮×，如图 6-59 所示。

第8步 选中辅助数据系列的图形，单击【格式】选项卡【形状样式】组中的【形状填充】下拉按钮，在弹出的下拉菜单中选择【无填充】选项，如图 6-60 所示。

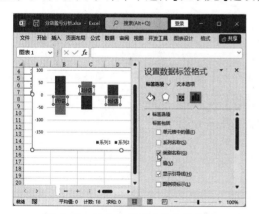

图 6-59　选中【类别名称】复选框

图 6-60　选择【无填充】选项

第9步 单击【格式】选项卡【形状样式】组中的【形状轮廓】下拉按钮，在弹出的下拉菜单中选择【无轮廓】选项，如图 6-61 所示。

第10步 分别选中正数和负数的图形，单击【图表设计】选项卡【图表布局】组中的【添加图表元素】下拉按钮，在弹出的下拉菜单中选择【数据标签】选项，在弹出的子菜单中选择【数据标签内】选项，如图 6-62 所示。

图 6-61 选择【无轮廓】选项

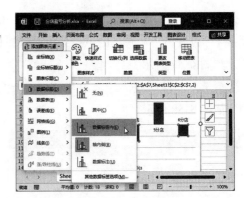

图 6-62 选择【数据标签内】选项

第11步▶ 分别选中正数和负数的数据标签，在【开始】选项卡的【字体】组中设置数据标签的字体格式，如图 6-63 所示。

第12步▶ 选中图表，单击【图表设计】选项卡【图表布局】组中的【添加图表元素】下拉按钮，在弹出的下拉菜单中选择【图例】选项，在弹出的子菜单中选择【无】选项，如图 6-64 所示。

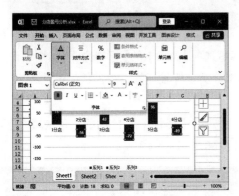

图 6-63 设置数据标签的字体格式

图 6-64 选择【无】选项

第13步▶ 单击【图表设计】选项卡【图表布局】组中的【添加图表元素】下拉按钮，在弹出的下拉菜单中选择【图表标题】选项，在弹出的子菜单中选择【无】选项，如图 6-65 所示。

第14步▶ 操作完成后，即可看到设置后的效果，如图 6-66 所示。

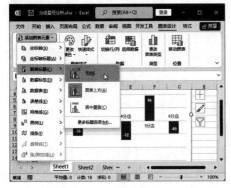

图 6-65 选择【无】选项

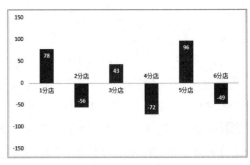

图 6-66 查看图表

6.3.2　创建可以自动更新的动态图表

在编辑工作表时，先为单元格定义名称，再通过名称为图表设置数据源，可制作出动态的数据图表。

例如，需要在"销售一部销量表"工作簿中创建图表，并希望在创建之后，将新添加的数据更新到图表中，操作方法如下。

第1步 打开"素材文件\第 6 章\销售一部销量表.xlsx"，选中 A1 单元格，单击【公式】选项卡【定义的名称】组中的【名称管理器】按钮，如图 6-67 所示。

第2步 打开【名称管理器】对话框，单击【新建】按钮，如图 6-68 所示。

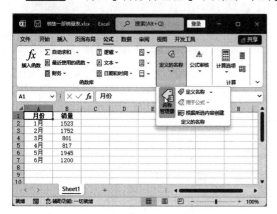

图 6-67　单击【名称管理器】按钮

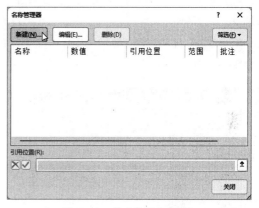

图 6-68　单击【新建】按钮

第3步 打开【新建名称】对话框，在【名称】文本框中输入"月份"，在【引用位置】参数框中将参数设置为"=Sheet1!$A$2:$A$13"，完成后单击【确定】按钮，如图 6-69 所示。

第4步 返回【名称管理器】对话框，再次单击【新建】按钮，打开【新建名称】对话框，在【名称】文本框中输入"销量"，在【引用位置】参数框中将参数设置为"=OFFSET(Sheet1!$B$1,1,0, COUNT(Sheet1!$B:$B))"，完成后单击【确定】按钮，如图 6-70 所示。

图 6-69　设置"月份"引用参数

图 6-70　设置"销量"引用参数

第5步 返回【名称管理器】对话框，在列表框中可以看到新建的所有名称，单击【关闭】按钮，如图 6-71 所示。

第6步 返回工作表，选中数据区域中的任意单元格，单击【插入】选项卡【图表】组中的【插入柱形图或条形图】下拉按钮 ▯ˇ，在弹出的下拉菜单中选择需要的柱形图样式，如图 6-72 所示。

图 6-71　单击【关闭】按钮

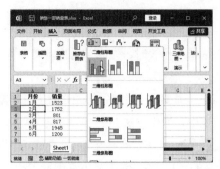

图 6-72　选择柱形图样式

第7步 选中图表，单击【图表设计】选项卡【数据】组中的【选择数据】按钮，如图 6-73 所示。

第8步 打开【选择数据源】对话框，在【图例项（系列）】栏中单击【编辑】按钮，如图 6-74 所示。

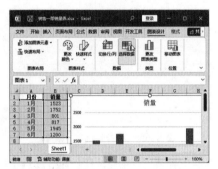

图 6-73　单击【选择数据】按钮

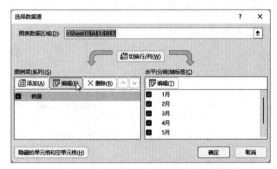

图 6-74　单击【编辑】按钮

第9步 打开【编辑数据系列】对话框，在【系列值】参数框中将参数设置为"=Sheet1!销量"，单击【确定】按钮，如图 6-75 所示。

第10步 返回【选择数据源】对话框，在【水平（分类）轴标签】栏中单击【编辑】按钮，如图 6-76 所示。

图 6-75　设置【系列值】参数

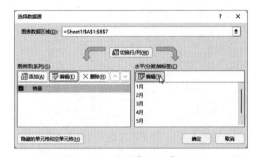

图 6-76　单击【编辑】按钮

第11步 弹出【轴标签】对话框，在【轴标签区域】参数框中将参数设置为"=Sheet1!月份"，单击【确定】按钮，如图 6-77 所示。

第12步 返回【选择数据源】对话框，单击【确定】按钮，如图 6-78 所示。

图 6-77 设置【轴标签区域】参数

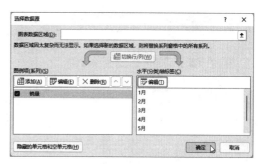

图 6-78 单击【确定】按钮

第13步▶ 返回工作表，分别在 A 列和 B 列的单元格中输入内容时，图表将自动添加相应的内容，如图 6-79 所示。

6.3.3 用箭头代替数据条

数据条是一种常用的图表类型，通过显示数据的长度来表示其大小或进行比较。然而，在某些情况下，使用箭头可以更直观地呈现数据的趋势和变化，操作方法如下。

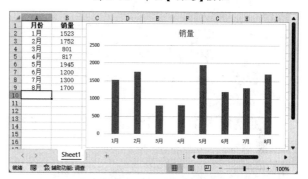

图 6-79 查看图表效果

第1步▶ 打开"素材文件\第 6 章\近 5 年销量对比 .xlsx"，选中任意数据单元格，单击【插入】选项卡【图表】组中的【推荐的图表】按钮，如图 6-80 所示。

第2步▶ 打开【插入图表】对话框，在【推荐的图表】选项卡中选择柱形图样式，单击【确定】按钮，如图 6-81 所示。

图 6-80 单击【推荐的图表】按钮

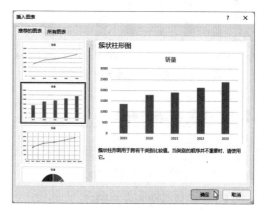

图 6-81 选择图表样式

第3步▶ 选中数据区域以外的任意区域，单击【插入】选项卡【插图】组中的【形状】下拉按钮，在弹出的下拉菜单中选择【箭头：上】工具⇧，如图 6-82 所示。

第4步▶ 在空白区域拖动鼠标，绘制一个向上的箭头，然后选中箭头，在【形状格式】选项卡的【形状样式】组中设置形状样式，如图 6-83 所示。

图 6-82　选择【箭头：上】工具

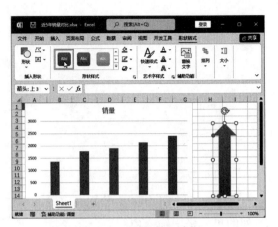

图 6-83　设置形状样式

第5步▶ 按【Ctrl+C】组合键，复制箭头形状，然后单击任意数据系列，选中所有数据系列，如图 6-84 所示。

第6步▶ 按【Ctrl+V】组合键，将箭头粘贴至数据系列，即可将系列样式更换为箭头形状，如图 6-85 所示。

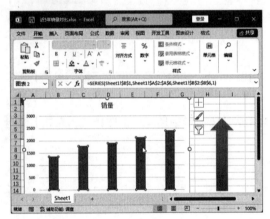

图 6-84　复制箭头并选中数据系列

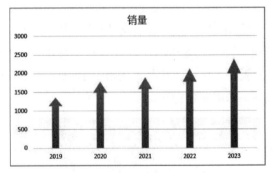

图 6-85　粘贴箭头

6.3.4　制作金字塔分布图

金字塔分布图是条形图的变形，是将纵坐标轴放置于图表的中间位置，而两个系列分别位于坐标轴的两侧，使图形更具感染力。

例如，在"男女购买方式调查"工作簿中，如果要用金字塔分布图来展现数据，操作方法如下。

第1步▶ 打开"素材文件\第 6 章\男女购买方式调查 .xlsx"，在工作表的空白单元格中输入"-1"，然后按【Ctrl+C】组合键复制该单元格，选中C2:C8 单元格区域，单击【开始】选项卡【剪贴板】组中的【粘贴】下拉按钮，在弹出的下拉菜单中选择【选择性粘贴】选项，如图 6-86 所示。

第2步▶ 打开【选择性粘贴】对话框，选中【运算】组中的【乘】单选按钮，单击【确定】按钮，如图 6-87 所示。

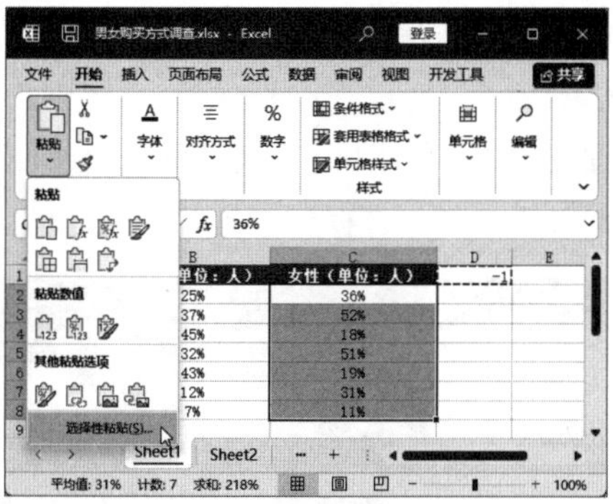

图 6-86 选择【选择性粘贴】选项

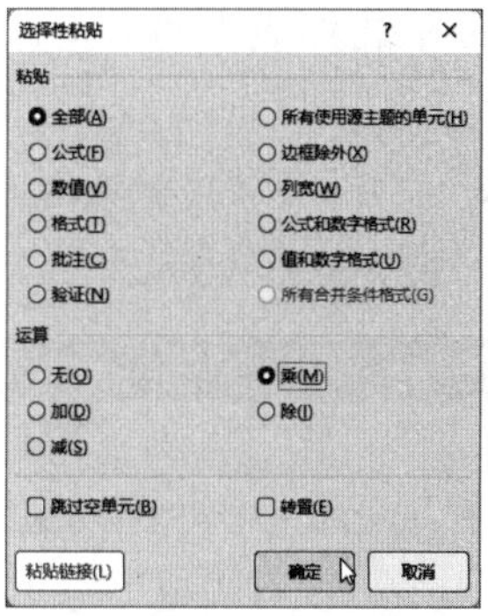

图 6-87 选中【乘】单选按钮

第3步 因为进行了运算，C2:C8 单元格区域中的格式发生了变化，需要重新设置格式。选中 B2 单元格，单击【开始】选项卡【剪贴板】组中的【格式刷】按钮，如图 6-88 所示。

第4步 当光标变为刷子的形状时，在 C2:C8 单元格区域中拖动鼠标，将格式复制到该单元格区域，如图 6-89 所示。

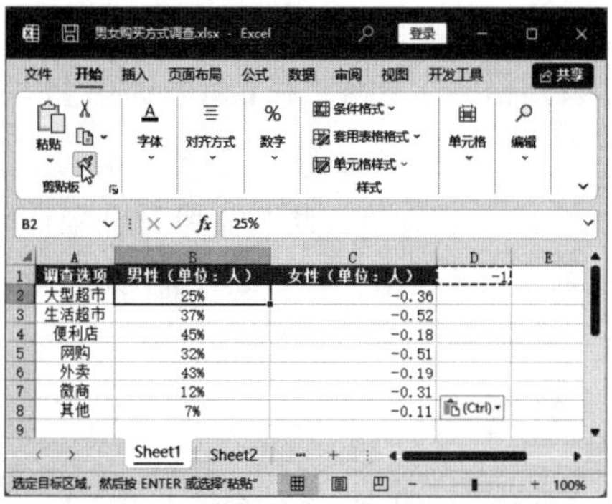

图 6-88 单击【格式刷】按钮

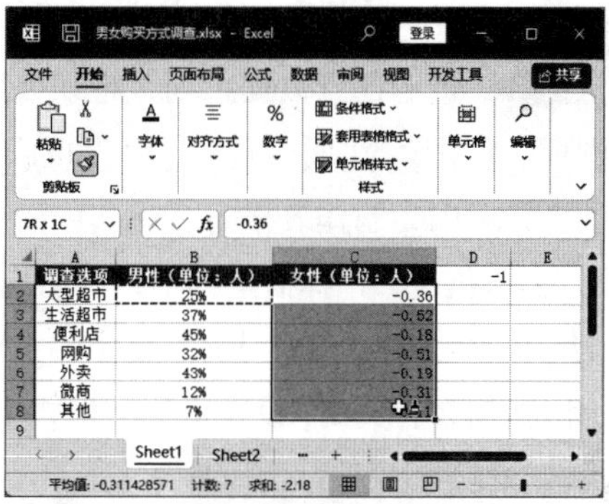

图 6-89 复制格式

第5步 选中 A1:C8 单元格区域，单击【插入】选项卡【图表】组中的【插入柱形图或条形图】下拉按钮，在弹出的下拉菜单中选择【堆积条形图】选项，如图 6-90 所示。

第6步 即可在工作表中插入一个堆积条形图，根据需要设置图表的标题样式，如图 6-91 所示。

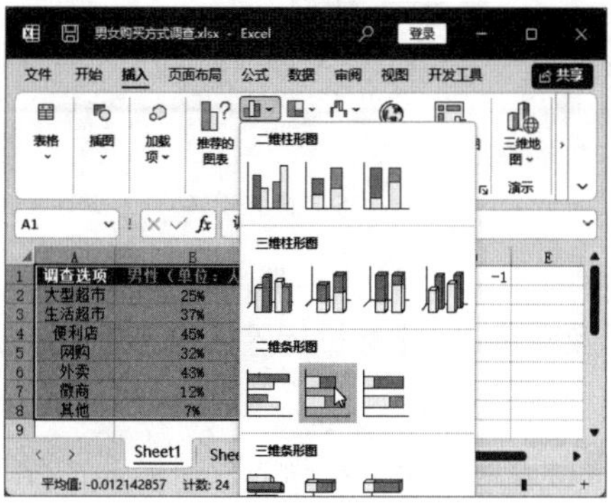

图 6-90 选择【堆积条形图】选项

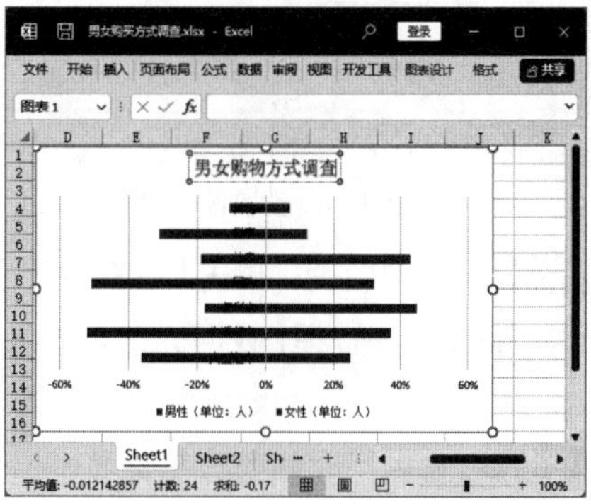

图 6-91 设置图表的标题

第7步▶ 右击图表中的纵坐标轴，在弹出的快捷菜单中选择【设置坐标轴格式】选项，如图 6-92 所示。

第8步▶ 打开【设置坐标轴格式】窗格，在【坐标轴选项】选项卡的【标签】组中设置【标签位置】为"高"，如图 6-93 所示。

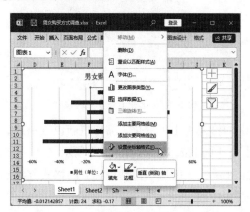

图 6-92　选择【设置坐标轴格式】选项

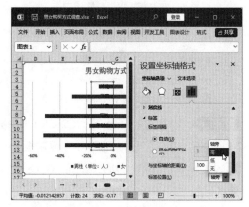

图 6-93　设置标签位置

第9步▶ 选中任意数据系列，将切换到【设置数据系列格式】窗格，在【系列选项】选项卡的【系列选项】组中设置【间隙宽度】为"80%"，如图 6-94 所示。

第10步▶ 因为制作表格时，将其中的一个数据系列设置成了负数，此时需要调整坐标轴的数字格式，去掉负号。选择横坐标轴，将切换到【设置坐标轴格式】窗格，在【坐标轴选项】选项卡的【数字】组中，在【格式代码】文本框中输入代码"#0.##0%;#0.##0%"，单击【添加】按钮，完成后单击【关闭】按钮 ✕，关闭【设置坐标轴格式】窗格，如图 6-95 所示。

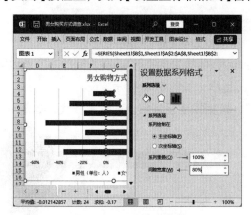

图 6-94　设置间隙宽度

图 6-95　输入代码

第11步▶ 选中图表，单击【图表设计】选项卡【图表布局】组中的【添加图表元素】下拉按钮，在弹出的下拉菜单中选择【数据标签】选项，在弹出的子菜单中选择【数据标签内】选项，如图 6-96 所示。

第12步▶ 此时，左侧的数据标签也呈负数，需要重新设置。选中左侧的数据标签，右击，在弹出的快捷菜单中选择【设置数据标签格式】选项，如图 6-97 所示。

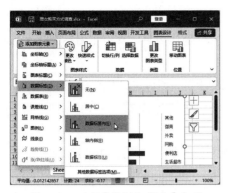

图 6-96 选择【数据标签内】选项

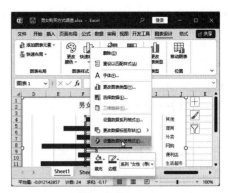

图 6-97 选择【设置数据标签格式】选项

第13步▶ 打开【设置数据标签格式】窗格，在【标签选项】选项卡的【数字】组中，在【格式代码】文本框中输入代码 "#0.##%;#0.##%"，单击【添加】按钮，完成后单击【关闭】按钮 ×，关闭【设置数据标签格式】窗格，如图 6-98 所示。

第14步▶ 分别选中两个数据系列中的数据标签，在【开始】选项卡的【字体】组中，设置标签的文本格式，如图 6-99 所示。

图 6-98 输入代码

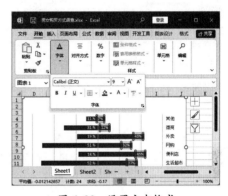

图 6-99 设置文本格式

第15步▶ 操作完成后，即可完成金字塔分布图的制作，如图 6-100 所示。

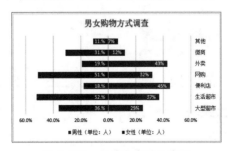

图 6-100 查看金字塔分布图

6.3.5 将精美小图标应用于图表

普通的图表容易让人产生审美疲劳，在制作数据分析报告时，如果将图表的数据系列更换为主题贴近、活泼有趣的精美小图标，可以更好地表现数据。

例如，在"男女购买方式调查"工作簿中，我们可以分别使用男、女的小图标来代替数据条，操作方法如下。

第1步 接上一例操作，因为数据标签不利于小图的展示，所以首先取消数据标签。选中图表，单击图表右侧出现的【图表元素】按钮⊞，在弹出的菜单中取消选中【数据标签】复选框，如图 6-101 所示。

第2步 选中任意空白单元格，单击【插入】选项卡【插图】组中的【图标】按钮，如图 6-102 所示。

图 6-101　取消选中【数据标签】复选框

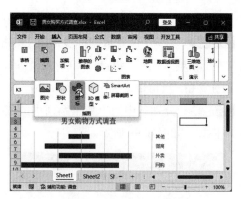

图 6-102　单击【图标】按钮

第3步 打开【图像集】对话框，选择一种男性图标，然后单击【插入】按钮，如图 6-103 所示。

第4步 关闭【图像集】对话框，选择插入的图标，单击【图形格式】选项卡【图形样式】组中的【图形填充】下拉按钮，在弹出的下拉菜单中选择一种填充颜色，如图 6-104 所示。

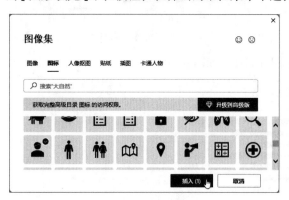

图 6-103　选择图标

图 6-104　设置图标颜色

第5步 保持图标的选中状态，单击【开始】选项卡【剪贴板】组中的【复制】按钮🗋，如图 6-105 所示。

第6步 选中右侧的数据系列，右击，在弹出的快捷菜单中选择【设置数据系列格式】选项，如图 6-106 所示。

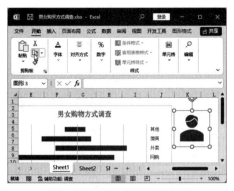

图 6-105　单击【复制】按钮

图 6-106　选择【设置数据系列格式】选项

第7步 ▶　打开【设置数据系列格式】窗格，在【填充与线条】选项卡的【填充】组中选中【图片或纹理填充】单选按钮，在【图片源】组中单击【剪贴板】按钮，如图 6-107 所示。

第8步 ▶　在下方的菜单中选中【层叠】单选按钮，如图 6-108 所示。

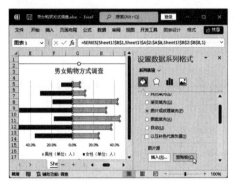

图 6-107　单击【剪贴板】按钮

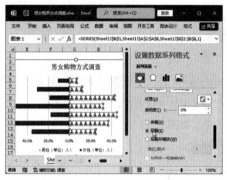

图 6-108　选中【层叠】单选按钮

第9步 ▶　使用相同的方法设置"女"的数据系列，如图 6-109 所示。

第10步 ▶　选中纵坐标轴，右击，在弹出的快捷菜单中选择【设置坐标轴格式】选项，如图 6-110 所示。

图 6-109　设置"女"的数据系列

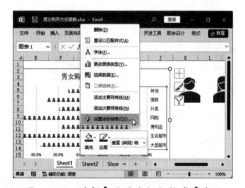

图 6-110　选择【设置坐标轴格式】选项

第11步 ▶　打开【设置坐标轴格式】窗格，在【填充与线条】选项卡的【线条】组中单击【颜色】下拉按钮，在弹出的下拉菜单中选择一种合适的颜色，如图 6-111 所示。

第12步 使用相同的方法为横坐标轴设置线条样式。完成后的效果如图 6-112 所示。

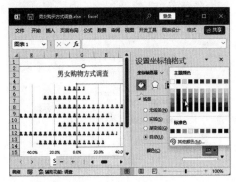

图 6-111 选择坐标轴颜色

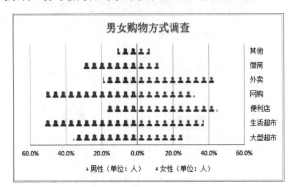

图 6-112 查看效果

6.3.6 制作比萨饼图

在制作图表时，可以将图形应用于图表中，使数据更加形象。

例如，在"文具销售统计"工作簿中，已经使用销量统计表制作了饼图，如果要制作比萨饼图，操作方法如下。

第1步 打开"素材文件\第 6 章\文具销售统计.xlsx"，选中图表，在【格式】选项卡【当前所选内容】组中的【图表元素】下拉列表中选择【绘图区】选项，然后单击下方的【设置所选内容格式】按钮，如图 6-113 所示。

第2步 打开【设置绘图区格式】窗格，在【填充与线条】选项卡的【填充】组中选中【图片或纹理填充】单选按钮，单击【插入】按钮，如图 6-114 所示。

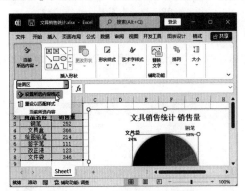

图 6-113 单击【设置所选内容格式】按钮

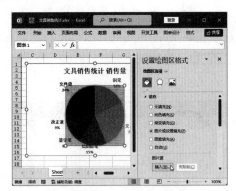

图 6-114 单击【插入】按钮

> **温馨提示●**
> 在制作比萨饼图时需要注意的是，选择的素材图片必须是圆形，否则不能很好地匹配饼图。而在选择填充区域时，需要选择绘图区，而不是饼图的扇形区域。

第3步 弹出【插入图片】对话框，选择【来自文件】选项，如图 6-115 所示。

第4步 打开【插入图片】对话框，选择"素材文件\第 6 章\比萨饼.png"图片，单击【插入】

按钮，如图 6-116 所示。

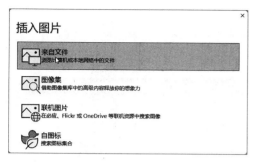

图 6-115　选择【来自文件】选项　　　　　　　　图 6-116　选择素材图片

第5步 ▶ 选择饼图的扇形区域，在【设置数据系列格式】窗格的【填充与线条】选项卡中，在【填充】组中选中【无填充】单选按钮，如图 6-117 所示。

第6步 ▶ 此时，可以看到原本的饼图已经被隐藏，但是比萨饼的图形与扇形并没有很好地契合，需要进行调整，如图 6-118 所示。

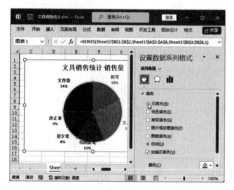

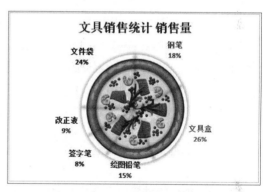

图 6-117　选中【无填充】单选按钮　　　　　　　图 6-118　查看饼图

第7步 ▶ 选中绘图区域，在【设置绘图区格式】窗格的【填充与线条】选项卡中，在【填充】组中调整【向左偏移】的百分比，直到图形和扇形边缘的线条重合，如图 6-119 所示。

第8步 ▶ 使用相同的方法对图形进行微调，以覆盖原本的扇形线条，调整完成后单击【关闭】按钮 ×，关闭【设置绘图区格式】窗格，如图 6-120 所示。

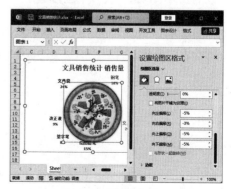

图 6-119　调整【向左偏移】的百分比　　　　　　图 6-120　调整其他偏移百分比

第9步▶ 选中扇形，单击【格式】选项卡【形状样式】组中的【形状轮廓】下拉按钮，在弹出的下拉菜单中选择【白色，背景1】选项，如图 6-121 所示。

第10步▶ 保持扇形的选中状态，再次单击【形状轮廓】下拉按钮，在弹出的下拉菜单中选择【粗细】选项，在弹出的子菜单中选择【1磅】选项，如图 6-122 所示。

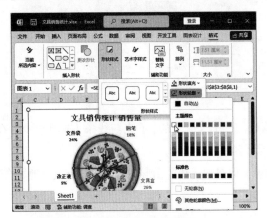

图 6-121　设置扇形轮廓

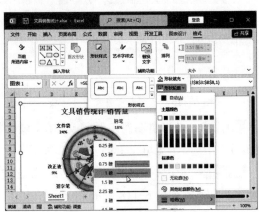

图 6-122　设置轮廓粗细

第11步▶ 选中图表标题，在【开始】选项卡的【字体】组中设置标题的文本样式。完成后的效果如图 6-123 所示。

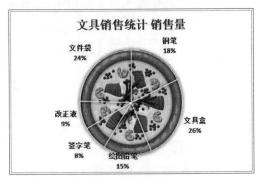

图 6-123　查看比萨饼图

6.4 使用迷你图表现数据

在数据可视化的世界中，迷你图是一种强大而简洁的工具，它能以紧凑的形式展示数据的趋势和变化。无论你是数据分析师、报告编制者还是决策者，迷你图都能帮助你快速获取关键信息，并有效传达数据的核心信息。

6.4.1 使用ChatGPT了解迷你图

迷你图通常由小型的折线图、柱状图或面积图组成，它们以精简的样式和紧凑的布局呈现数据，使你能够在有限的空间内快速识别关键数据趋势。在使用迷你图之前，可以先通过ChatGPT了解什么是迷你图。

> 💬 **提问：** 什么是迷你图？

> ⑤ **ChatGPT：**
>
> 　　迷你图（Mini Chart）是一种小型的图表，通常以较小的尺寸展示数据的趋势和变化。它是一种简洁、紧凑的数据可视化工具，能够提供关键信息的快速概览。

迷你图常见的类型包括迷你折线图、迷你柱状图和迷你面积图。它们通常由少量的数据点组成，以在有限的空间内传达数据的变化趋势。迷你图一般以小图形的形式嵌入表格、仪表盘或其他报表中，以便在有限的空间内提供可视化的数据展示。

迷你图的优点之一是其简洁性和直观性。由于其较小的尺寸，迷你图可以在有限的空间内展示多个数据序列的趋势，使用户能够快速比较和理解数据的变化。此外，迷你图还可以提供数据的背景信息，帮助用户识别潜在的模式、异常或关键点。

在 Excel 中，可以使用迷你图功能轻松创建迷你图。通过选择数据范围、适当的迷你图类型和样式，并进行必要的调整，可以快速生成迷你图，并将其插入工作表或报表中。

迷你图是一种简单而强大的数据可视化工具，可用于提供数据的快速概览和趋势分析。无论是在数据分析、报告编制还是仪表盘设计中，迷你图都是一种有用的工具，可以帮助用户快速获取数据的关键信息。

从以上回答中，我们了解了什么是迷你图。在使用迷你图时，不要因为其占位迷你，就忽视迷你图的数据分析作用。合理地应用迷你图，可以在进行数据分析时更快地得出比较数据，提取有效信息。

6.4.2 创建迷你图

创建迷你图的方法非常简单，只需选择要创建为图表的数据区域，然后选择需要的图表样式即可。在选择数据区域时，根据需要可以选择整个数据区域，也可以选择部分数据区域。

1. 创建单个迷你图

Excel 提供了折线、柱形和盈亏 3 种类型的迷你图，用户可以根据操作需要进行选择。

例如，要在"一季度销量分析"工作簿中创建折线迷你图，操作方法如下。

第1步 打开"素材文件\第 6 章\一季度销量分析.xlsx"，选中 E2 单元格，单击【插入】选项卡【迷你图】组中的【折线】按钮，如图 6-124 所示。

第2步 打开【创建迷你图】对话框，【位置范围】已经选择了 E2 单元格，单击【数据范围】右侧的 ↑ 按钮，如图 6-125 所示。

图 6-124　单击【折线】按钮

图 6-125　设置数据范围

第3步 在工作表中选中 B2:D2 单元格区域，单击【创建迷你图】对话框中的 圆 按钮，如图 6-126 所示。

第4步 返回【创建迷你图】对话框，直接单击【确定】按钮，如图 6-127 所示。

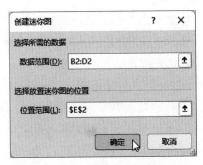

图 6-126 选择数据区域　　　　　　　图 6-127 单击【确定】按钮

温馨提示●

如果使用填充的方法向下填充迷你图，会自动创建一个迷你图组。而一次创建的多个迷你图，即为一个迷你图组。

第5步 返回工作表，即可看到 E2 单元格中已经成功创建了迷你图，如图 6-128 所示。

第6步 使用相同的方法创建其他迷你图即可，如图 6-129 所示。

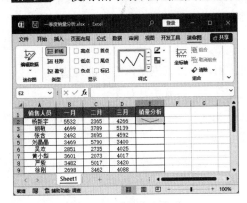

图 6-128 查看迷你图　　　　　　　　图 6-129 创建其他迷你图

2. 一次创建多个迷你图

在创建迷你图时会发现，若逐个创建，会显得非常烦琐，为了提高工作效率，我们可以一次性创建多个迷你图。

例如，要在"一季度销量分析"工作簿中创建多个柱形迷你图，操作方法如下。

第1步 打开"素材文件\第 6 章\一季度销量分析.xlsx"，选中 E2:E9 单元格区域，单击【插入】选项卡【迷你图】组中的【柱形】按钮，如图 6-130 所示。

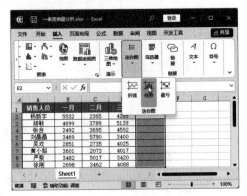

图 6-130 单击【柱形】按钮

第2步 ▶ 打开【创建迷你图】对话框，在【数据范围】文本框中选中 B2:D9 单元格区域，单击【确定】按钮，如图 6-131 所示。

第3步 ▶ 返回工作表，即可看到已经成功创建了多个迷你图，如图 6-132 所示。

图 6-131　设置数据范围

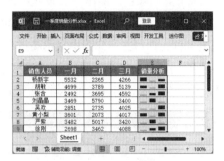

图 6-132　查看迷你图

> **教您一招：组合与取消组合迷你图**
>
> 　　如果要将单个的迷你图组合为迷你图组，可以选中要组合的迷你图，然后单击【迷你图】选项卡【组合】组中的【组合】按钮即可。如果要取消组合，可以选中迷你图组中的任意迷你图所在单元格，然后单击【迷你图】选项卡【组合】组中的【取消组合】按钮即可。

6.4.3　编辑迷你图

迷你图创建完成后，还可以对其进行更改图表类型、设置高低点，以及使用内置样式美化迷你图等操作。

1. 更改迷你图类型

迷你图中提供了 3 种类型，如果创建的迷你图类型不是自己需要的，可以重新更改迷你图类型，操作方法如下。

第1步 ▶ 打开"素材文件\第 6 章\一季度销量分析 1.xlsx"，选中任意迷你图，单击【迷你图】选项卡【类型】组中的【柱形】按钮，如图 6-133 所示。

第2步 ▶ 操作完成后，即可更改迷你图的类型，如图 6-134 所示。

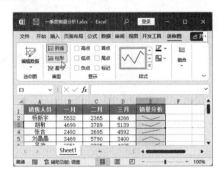

图 6-133　单击【柱形】按钮

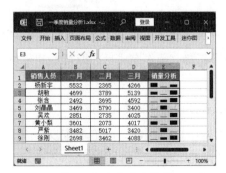

图 6-134　查看迷你图

2. 设置迷你图中不同的点

在单元格中插入迷你图后，可以根据不同数据设置突出点，如高点、低点、首点、尾点等。

例如，要在"一季度销量分析 1"工作簿中设置高点和低点，然后设置图表的颜色，最后分别设置高点和低点的颜色，操作方法如下。

第1步 接上一例操作，选中任意迷你图，选中【迷你图】选项卡【显示】组中的【高点】和【低点】复选框，即可在迷你图中显示高点和低点，如图 6-135 所示。

第2步 单击【迷你图】选项卡【样式】组中的【迷你图颜色】下拉按钮☑，在弹出的下拉菜单中选择一种颜色，如图 6-136 所示。

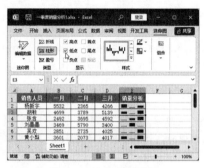
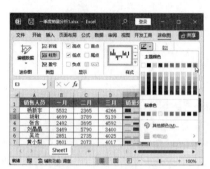

图 6-135　选中复选框　　　　　　　图 6-136　选择迷你图颜色

第3步 单击【迷你图】选项卡【样式】组中的【标记颜色】下拉按钮▦，在弹出的下拉菜单中选择【高点】选项，在弹出的子菜单中选择高点的颜色，如图 6-137 所示。

第4步 再次单击【标记颜色】下拉按钮▦，在弹出的下拉菜单中选择【低点】选项，在弹出的子菜单中选择低点的颜色，如图 6-138 所示。

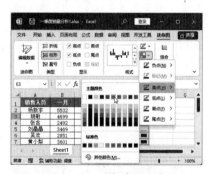
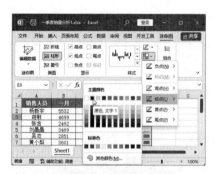

图 6-137　选择高点颜色　　　　　　图 6-138　选择低点颜色

第5步 操作完成后，即可看到最终效果，如图 6-139所示。

3. 使用内置样式美化迷你图

如果对于自己选择的颜色搭配没有信心，也可以使用内置样式快速美化迷你图，操作方法如下。

第1步 接上一例操作，选中任意迷你图，在【迷你图】

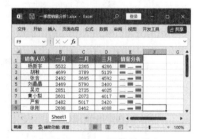

图 6-139　查看效果

选项卡的【样式】组中选择一种迷你图样式，如图 6-140 所示。

第2步 ▶ 操作完成后，即可看到迷你图应用了内置样式后的效果，如图 6-141 所示。

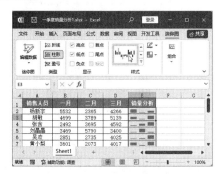

图 6-140　选择迷你图样式

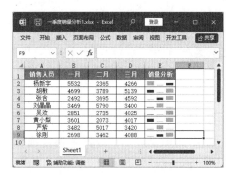

图 6-141　查看效果

6.5 ChatGPT答疑解惑

通过前面知识的学习，相信读者已经掌握了使用图表分析数据的相关知识。下面结合本章内容，让ChatGPT介绍一些图表应用中常用的技巧，让你在分析数据时，可以利用图表得出更多的信息。

6.5.1　如何在图表中筛选数据

创建图表后，我们还可以通过图表筛选器功能对图表数据进行筛选，将需要查看的数据筛选出来，从而更好地查看与分析数据。当不知道怎么筛选时，可以在ChatGPT中提问。

🔟 **提问：** 如何在图表中使用图表筛选器筛选数据？

⑤ ChatGPT：

在Excel中，可以使用图表筛选器来选择数据，以便在图表中动态显示或隐藏特定数据。以下是使用图表筛选器选择数据的步骤。

1. 选择图表：在Excel中选择已经创建好的图表，确保图表处于选中状态。

2. 打开图表筛选器：在Excel的功能区中，选择【分析】选项卡，在【筛选】组中单击【筛选器】按钮，或者按【Ctrl+Shift+L】组合键，打开图表筛选器。

3. 设置筛选条件：图表中的每个数据系列或数据点旁边，会出现一个下拉箭头。单击箭头，会弹出一个菜单，其中列出了与该数据相关的选项。根据需要，选择要显示或隐藏的特定数据项。

4. 应用筛选：选择所需的筛选条件后，单击【确定】按钮，图表会根据筛选器的设置进行更新，只显示符合条件的数据项。

通过使用图表筛选器，可以灵活地选择要在图表中显示的数据，根据自己的需求快速过滤和调整图表展示。这使你能够更好地探索数据，并将关注点放在感兴趣的数据上，提供更有针对性和易于理解的图表分析。

在 ChatGPT 中的几次提问，都会得出类似上面的回答，但在实际操作中并不能实现，可见智能 AI 不能完全替代经验操作。如果要在图表中筛选数据，操作方法如下。

第1步 打开"素材文件\第 6 章\销售统计表.xlsx"，选中图表，单击右侧的【图表筛选器】按钮 🔽，如图 6-142 所示。

第2步 打开筛选窗格，在【数值】界面的【系列】和【类别】栏中选中要显示的数据系列复选框，然后单击【应用】按钮，如图 6-143 所示。

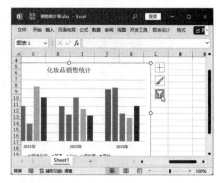

图 6-142　单击【图表筛选器】按钮

第3步 返回工作表，即可看到筛选后的数据，如图 6-144 所示。

图 6-143　设置筛选项

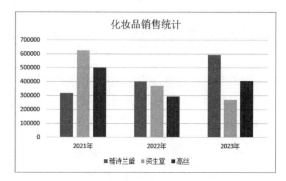

图 6-144　查看筛选结果

6.5.2　在饼图中隐藏接近0%的数据

在制作饼图时，如果其中某个数据本身靠近零值，那么在饼图中不能显示色块，但会显示一个"0%"的标签。在操作过程中，即使将这个零值标签删除掉，如果再次更改图表中的数据，这个标签又会自动出现，为了使图表更加美观，可以通过设置让接近 0% 的数据彻底隐藏起来。那么，具体应该怎么设置，来看看 ChatGPT 的回答。

🔟 **提问：** 如何在饼图中隐藏接近 0% 的数据？

ChatGPT：

要在饼图中隐藏接近 0% 的数据，可以使用以下方法。

1. 选择饼图：在 Excel 中选择已经创建好的饼图，确保饼图处于选中状态。

2. 编辑数据源：右击饼图，选择【编辑数据】或【编辑数据源】选项，进入数据源编辑界面。

3. 隐藏接近 0% 的数据：找到接近 0% 的数据，将其值设置为 0 或一个非常小的值，以使其在图表中几乎不可见。

4. 更新图表：关闭数据源编辑界面，并观察饼图的变化。接近 0% 的数据应该已经隐藏起来了，只显示具有较大数值的扇区。

通过以上步骤，可以隐藏接近 0% 的数据，使饼图更清晰地展示具有较大比例的数据，减少图表中的混乱和拥挤感。这有助于突出显示重要的数据，并提供更好的可视化效果。

如果通过以上方法来操作，需要更改原始数据，不利于后续的分析。此时，可以使用以下方法来隐藏，操作方法如下。

第1步 打开"素材文件\第 6 章\文具销售统计1.xlsx"，右击任意数据标签，在弹出的快捷菜单中选择【设置数据标签格式】选项，如图 6-145 所示。

第2步 打开【设置数据标签格式】窗格，在【标签选项】选项卡的【数字】组中，在【格式代码】文本框中输入代码"[<0.01]"";0%"，单击【添加】按钮，完成后单击【关闭】按钮 ✕，关闭【设置数据标签格式】窗格，如图 6-146 所示。

图 6-145 选择【设置数据标签格式】选项

第3步 返回工作表，即可看到图表中接近 0% 的数据自动隐藏起来了，如图 6-147 所示。

图 6-146 输入代码

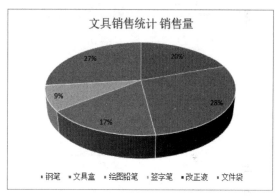

图 6-147 查看图表

6.5.3 如何分离饼图的扇区

在工作表中创建饼图图表后，所有的数据系列都是一个整体。根据操作需要，可以将饼图中的某扇区分离出来，以便突出显示该数据。那么，应该怎样分离饼图的扇区呢？问一问 ChatGPT 吧。

🔈 **提问**：如何分离饼图的扇区？

⑤ **ChatGPT**：

要分离饼图的扇区，可以采用以下方法。

1. 选择饼图：在 Excel 中选择已经创建好的饼图，确保饼图处于选中状态。

2. 选择要分离的扇区：单击要分离的扇区，使其突出显示。可以单击一次或多次，以选择多个扇区。

3. 将扇区分离：将选中的扇区分离出来，可以通过两种方式实现。

（1）拖动分离：按住选中的扇区，并将其拖动出来。这样可以手动分离扇区，使其与其他扇区有一定的间距。

（2）偏移设置：在【格式数据系列】对话框中，可以调整扇区的偏移量来实现分离。右击选中的扇区，选择【格式数据系列】选项，然后在弹出的对话框中找到【扇区边距】或【偏移量】选项，调整其数值以分离扇区。

4. 调整其他样式（可选）：根据需要，还可以调整饼图的其他样式，如颜色、边框、标签等，以使图表更具吸引力和可读性。

通过以上步骤，可以将特定的扇区从饼图中分离出来，使其与其他扇区有明显的间距，突出显示或强调特定数据。这样可以更清晰地展示相关信息，并提供更好的视觉效果。

根据以上回答，可以得出最简单的分离方法就是拖动分离。例如，要分离"电器销售情况"工作簿中销量最低的饼图，操作方法如下。

第1步 打开"素材文件\第 6 章\电器销售情况 .xlsx"，在图表中选择要分离的扇区，本例选择"6 月"数据系列，然后按住鼠标左键不放并进行拖动，如图 6-148 所示。

第2步 拖动至目标位置后，释放鼠标，即可实现该扇区的分离，如图 6-149 所示。

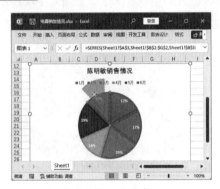

图 6-148　拖动扇形

图 6-149　查看分离效果

6.6　实训：分析产品生产统计表

产品生产统计表是一个重要的工具，用于跟踪和分析产品生产情况。通过对生产统计数据的收集和整理，可以帮助企业了解产品的产量、质量及生产效率等关键指标。这些统计数据可以帮助企业做出决策，优化生产流程，提高产品质量，增加生产效益。

> 💬 **提问：** 现在有一份生产统计表，需要创建图表来分析数据，请规划操作流程。

ChatGPT：

操作流程如下。

1. 打开 Excel 并导入生产统计表的数据。

2. 仔细审查数据，确保数据的准确性和完整性。

3. 根据需要选择要分析的数据列或数据范围。

4. 选择合适的图表类型来呈现数据。常见的图表类型包括柱形图、折线图、饼图、散点图等，根据数据的性质和分析目的选择最合适的图表类型。

5. 创建图表。在 Excel 的【插入】选项卡中，选择相应的图表类型，并根据提示将数据范围和图表选项填入相应的字段中。

6. 自定义图表样式和布局。根据需要对图表进行调整，包括修改图表标题、轴标签、图例、颜色、字体等，以便更好地展示数据和突出分析重点。

7. 添加数据标签和数据系列名称。在图表中添加数据标签和数据系列名称，以便直观地显示每个数据点的具体数值和数据系列的名称。

8. 设置图表交互和动画效果（可选）。根据需要，添加图表交互功能，比如，数据筛选器、数据切片器、数据提示及动画效果等，使图表更具吸引力和互动性。

9. 分析图表数据。仔细观察图表并分析数据趋势、关联性、异常值等，提取有价值的信息和见解。

10. 添加图表说明和注释。在图表周围添加说明性文本、注释、趋势线等，以进一步解释和强调数据的含义和分析结果。

11. 根据需要对图表进行调整和优化。根据数据分析的结果和反馈，对图表进行必要的调整和优化，以便更好地呈现数据和支持决策。

12. 导出或分享图表。将分析好的图表导出为图片或将整个 Excel 工作簿分享给相关人员，以便共享分析结果和见解。

通过以上操作流程，可以使用 Excel 创建图表来分析生产统计表中的数据。根据具体的数据和分析目的，可以灵活调整和定制图表的样式和布局，以便更好地理解和传达数据的含义。同时，及时保存和备份 Excel 文件，以便日后查看和修改。祝你在数据分析中取得成功！

根据 ChatGPT 规划的操作流程，结合素材文件的实际情况，为"生产记录表"创建图表，并添加图表元素分析数据，实例最终效果见"结果文件\第 6 章\生产记录表.xlsx"文件。

第1步 ▶ 打开"素材文件\第 6 章\生产记录表.xlsx"，选中 A2:B7 单元格区域，单击【插入】选项卡【图表】组中的【插入柱形图或条形图】下拉按钮 ，在弹出的下拉菜单中选择【簇状柱形图】选项，如图 6-150 所示。

第2步 ▶ 操作完成后，将创建一个图表，选中图表标题，删除原本的标题文本，输入标题，在【开始】选项卡的【字体】组中设置字体样式，如图 6-151 所示。

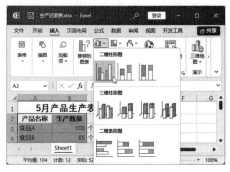

图 6-150　选择【簇状柱形图】选项

图 6-151　设置标题

第3步 ▶ 右击数据系列，在弹出的快捷菜单中选择【设置数据系列格式】选项，如图 6-152 所示。

第4步 ▶ 打开【设置数据系列格式】窗格，在【系列选项】选项卡的【系列选项】组中，在【间隙宽度】数值框中输入"80%"，单击【关闭】按钮 ×，关闭【设置数据系列格式】窗格，如图 6-153 所示。

第5步 ▶ 选中图表，单击【图表设计】选项卡【图表布局】组中的【添加图表元素】下拉按钮，在弹出的下拉菜单中选择【数据标签】选项，在弹出的子菜单中选择【数据标签内】选项，如图 6-154 所示。

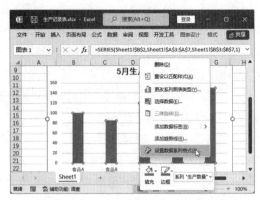

图 6-152 选择【设置数据系列格式】选项

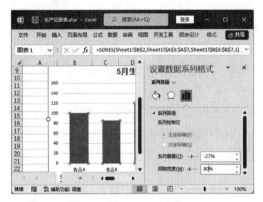

图 6-153 设置间隙宽度

图 6-154 选择【数据标签内】选项

第6步 ▶ 单击【图表设计】选项卡【图表样式】组中的【更改颜色】下拉按钮，在弹出的下拉菜单中选择一种配色方案，如图 6-155 所示。

第7步 ▶ 单击【图表设计】选项卡【图表布局】组中的【添加图表元素】下拉按钮，在弹出的下拉菜单中选择【数据标签】选项，在弹出的子菜单中选择【数据标签内】选项，如图 6-156 所示。

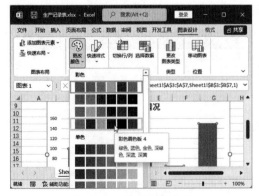

图 6-155 选择配色方案

图 6-156 选择【数据标签内】选项

第8步 选中图表标签，在【开始】选项卡的【字体】组中设置字体样式，如图 6-157 所示。

第9步 单击【插入】选项卡【文本】组中的【文本框】下拉按钮，在弹出的下拉菜单中选择【绘制横排文本框】选项，如图 6-158 所示。

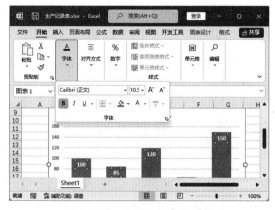

图 6-157　设置标签字体样式

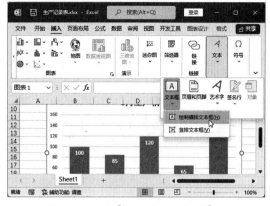

图 6-158　选择【绘制横排文本框】选项

第10步 拖动鼠标绘制文本框，输入单位文本，设置字体样式，如图 6-159 所示。

第11步 操作完成后，即可看到产品生产统计表的图表效果，如图 6-160 所示。

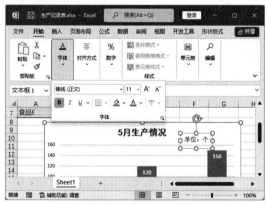

图 6-159　设置文本样式

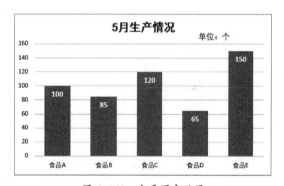

图 6-160　查看图表效果

本章小结

　　本章的重点在于掌握 Excel 中图表的创建和编辑，通过 ChatGPT，我们了解了图表基础知识，并学习了选择图表、创建图表、修改图表类型、修改图表布局、添加趋势线、创建迷你图和编辑迷你图等知识。通过本章的学习，希望大家可以在分析数据时充分利用图表的优势，查看数据走向，找到重点数据。

使用数据透视表与透视图分析数据

数据透视表和数据透视图是 Excel 中具有强大分析功能的工具,面对含有大量数据的表格,利用它们可以更直观地查看数据,并对数据进行对比和分析。本章先通过 ChatGPT 认识数据透视表和数据透视图,再详细介绍如何创建、编辑与美化数据透视表,以及如何使用数据透视图分析数据。

- 了解数据透视表和数据透视图。
- 掌握创建数据透视表的方法。
- 掌握布局数据透视表的方法。
- 掌握整理数据透视表字段的方法。
- 掌握在数据透视表中分析数据的方法。
- 掌握使用切片器的方法。
- 掌握使用数据透视图分析数据的方法。

7.1 使用ChatGPT认识数据透视表和数据透视图

面对包含大量数据的表格,利用数据透视表可以更直观地查看数据,并对数据进行对比和分析。在使用数据透视表之前,需要透彻地了解数据透视表。本节将通过 ChatGPT 对数据透视表的基础知识进行讲解。

7.1.1　什么是数据透视表

我们通常对于数据透视表的理解是：一种强大的数据处理分析工具，通过数据透视表，用户可以快速分类汇总、筛选、比较海量数据。那么，ChatGPT 又是怎么理解数据透视表的呢？

> 🔟 **提问：** 什么是数据透视表？

> 🌀 **ChatGPT：**
>
> 数据透视表是一种在 Excel 中常用的数据分析工具，它能够对大量数据进行快速汇总、分析和可视化。数据透视表能够将原始数据按照用户定义的方式进行重排和汇总，以便更好地理解数据的模式、趋势和关联。
>
> 通过数据透视表，可以根据自己的需求和分析目的对数据进行灵活的切片和切块，从而提取出关键信息。它可以帮助你回答各种问题，如数据的总和、平均值、计数、百分比、最大值和最小值等。
>
> 数据透视表的主要优点如下。
>
> 1. 灵活性：可以通过简单的拖放操作重新组织和调整数据，轻松生成所需的分析结果。
>
> 2. 数据汇总：它能够快速对大量数据进行汇总和聚合，帮助你了解数据的总体情况。
>
> 3. 数据筛选：可以根据自己的需求筛选数据，只展示感兴趣的部分。
>
> 4. 可视化：数据透视表提供了多种图表选项，可以直观地呈现数据的分析结果，使复杂的数据更易理解和传达。
>
> 数据透视表对于数据分析、报告制作和决策支持非常有用，它能够帮助你更好地理解和利用数据，发现潜在的模式和趋势，并做出相应的决策。无论是业务数据分析、销售报告、财务分析还是项目管理，数据透视表都是一种强大而实用的工具。

从以上回答中，可以看出数据透视表的应用非常广泛，那么具体可以用在哪些领域中，又可以帮助我们做些什么呢？来看一看 ChatGPT 的回答。

> 🔟 **提问：** 数据透视表的应用领域有哪些？

> 🌀 **ChatGPT：**
>
> 数据透视表在各个领域和行业中都有广泛的应用，以下是一些常见的应用领域。
>
> 1. 商业分析和销售管理：数据透视表可以帮助企业对销售数据进行分析，包括销售额、销售量、客户分布等。它可以帮助企业识别最畅销的产品、最佳销售渠道和最有前景的客户群体。
>
> 2. 财务分析和报表制作：数据透视表可以帮助财务部门对财务数据进行分析，包括收入、支出、利润等。它可以帮助制作财务报表、分析成本结构、比较不同时间段的财务表现等。
>
> 3. 人力资源管理：数据透视表可以帮助人力资源部门分析员工数据，包括员工离职率、绩效评估、薪酬结构等。它可以帮助确定优秀员工、发现人力资源需求和优化组织结构。
>
> 4. 项目管理：数据透视表可以帮助项目管理人员对项目数据进行分析，包括任务分配、进度跟踪、资源利用等。它可以帮助发现项目中的问题、优化资源分配和评估项目绩效。
>
> 5. 市场研究和调查：数据透视表可以帮助市场研究人员对市场数据进行分析，包括消费者调查、市场

份额、竞争分析等。它可以帮助了解市场趋势、优化营销策略和制定决策。

6. 教育和学术研究：数据透视表可以帮助教育机构和研究人员对学生数据、课程数据等进行分析。它可以帮助评估学生表现、识别学习趋势和优化教学计划。

无论是企业管理、市场分析、项目管理还是学术研究，数据透视表都可以提供强大的数据分析功能，帮助用户从大量数据中提取有价值的信息，支持决策和改进。它是一种重要的工具，可以提高工作效率、减少错误，并为组织和个人带来更好的结果。

从以上回答中，可以得知数据透视表能够帮助用户从大量的数据中提取有价值的信息，并支持决策和改进。无论是商业分析、财务分析、人力资源管理还是项目管理，数据透视表都能为用户提供清晰而深入的数据分析结果，帮助我们获得更多数据信息。

但文字总是空泛的，如果还不能理解数据透视表带来的便利，那么通过一个小例子，就能了解数据透视表的神奇之处了。例如，在"公司销售业绩"工作簿中计算出每一个城市的总销售额。

首先使用公式和函数来计算，操作方法如下。首先选中 J2 单元格，在编辑栏中输入公式"=LOOKUP(2,1/((B$2:B$61<>"")*NOT(COUNTIF(J$1:J1,B$2:B$61))),B$2:B$61)"，提取不重复的城市名称。使用填充柄向下复制公式，直到出现单元格错误提示，如图 7-1 所示。

然后选中 K2 单元格，在编辑栏中输入数组公式"=SUM(IF($B:$B=J2,$H:$H))"，使用填充柄向下复制公式，即可计算出公司在各城市的总销售额，如图 7-2 所示。

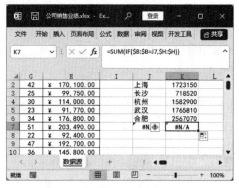

图 7-1 使用公式统计城市　　　　图 7-2 使用公式统计总销售额

但是，如果使用数据透视表计算，只需要先创建数据透视表，然后根据需要选中字段名复选框。本例选中【城市】和【销售额】复选框，即可快速统计出公司在各城市的总销售额，如图 7-3 所示。

从以上例子中可以看出，复杂的公式和函数并不是所有人都能快速掌握的技能，而使用数据透视表可以简单地进行统计计算。所以，在数据分析领域中，数据透视表的地位毋庸置疑，在进行数据分析时，好好地利用数据透视表，一定可以让你事半功倍。

图 7-3 使用数据透视表统计各城市的总销售额

7.1.2　数据透视表对数据源的要求

数据透视表是在数据源的基础上创建的，如果数据源设计不规范，那么创建的数据透视表就会漏洞百出。所以，在制作数据透视表之前，首先要了解数据源的规范。

下面就来问一问 ChatGPT 在创建数据透视表时，对数据有哪些要求。

> 🔟 提问：请说说数据透视表对数据源的要求。

> ⑤ ChatGPT：
>
> 当创建数据透视表时，数据源需要满足以下准则和要求。
>
> 1. 完整的数据：数据源应包含所有需要分析的数据，确保没有任何缺失或遗漏。确保所有相关字段的数据都包含在数据源中，没有任何遗漏的记录。
>
> 2. 一致的数据结构：数据源的每一列应具有相同的数据结构，即相同类型的数据。例如，如果某一列是数值型数据，那么该列的所有单元格都应该包含数值，而不是混合了文本和数值的数据。
>
> 3. 清晰的字段标签：数据源中的每一列应具有清晰的字段标签或列名。这些标签将用于在数据透视表中选择和识别数据字段，确保标签准确、简洁且易于理解。
>
> 4. 一致的数据格式：数据源中的数据应以一致的格式存在，例如，日期格式、数值格式等。确保相同类型的数据具有相同的格式，以便数据透视表可以正确地解析和处理数据。
>
> 5. 无空白行或列：数据源中应该没有空白行或列。删除任何不需要的行或列，确保数据范围的连续性，以便数据透视表可以准确识别和选择数据。
>
> 6. 不要使用合并单元格：在数据源中避免使用合并单元格，因为合并单元格可能导致数据透视表无法正确解析和分析数据。确保每个单元格都是独立的，并且没有任何跨越多个单元格的合并操作。
>
> 通过遵循这些准则和要求，可以创建一个完善且可靠的数据透视表，从中获取准确、有意义的数据分析结果。确保数据源的完整性、一致性和规范性，可以确保数据透视表的准确性和可靠性。

由此可见，如果要创建数据透视表，对数据源会有一些要求，并非任何数据源都可以创建出有效的数据透视表。如果遇到空白行、列等，可以使用 3.1 节的方法来整理数据。

7.1.3　图表与数据透视图的区别

在数据分析中，图表和数据透视图是常用的工具，它们能够帮助我们将复杂的数据转化为可视化和易于理解的形式。图表与数据透视图外形相似，那么它们有什么区别呢？就让 ChatGPT 来告诉我们吧。

> 🔟 提问：图表与数据透视图的区别是什么？

> ⑤ ChatGPT：
>
> 1. 图表。
>
> （1）图表是一种可视化工具，用于将数据以图形和图表的形式展示出来，使数据更加易于理解和分析。

（2）图表适合显示数据的趋势、比较、分布和关系等，以帮助用户直观地捕捉数据的关键信息。

（3）常见的图表类型包括柱状图、折线图、饼图、散点图等，每种图表类型都有其特定的用途和表达方式。

2. 数据透视图。

（1）数据透视图是一种数据分析工具，可对大量数据进行透视、汇总和分析，从多个维度探索数据的关联性和模式。

（2）数据透视图以数据表格的形式呈现，并提供了灵活的数据分组、筛选和计算功能，以便用户按照特定要求对数据进行切片和汇总。

（3）数据透视图适用于深入分析复杂数据，发现数据中的隐藏规律和趋势，从而支持更高级的数据分析和决策。

3. 区别。

（1）图表是一种数据可视化工具，强调直观呈现数据的形式和趋势，而数据透视图则更注重对数据的多维度分析和汇总。

（2）图表适合对少量数据进行简单的比较和展示，而数据透视图适用于处理大量复杂数据，并对其进行多维度的交叉分析。

（3）图表通常用于快速了解数据的整体情况，而数据透视图可用于更深入地挖掘数据的细节和模式。

综上所述，图表和数据透视图是两种不同的工具，用于不同的数据分析和展示需求。根据具体的分析目的和数据特点，选择合适的工具，可以更好地发现数据的价值。

ChatGPT 详细地罗列了图表和数据透视图的区别，在实际应用中，我们可以根据需求选择合适的工具。如果我们更关注数据的外观和形式，以及对数据的直观理解和展示，图表是一个不错的选择。而如果我们需要深入挖掘数据，分析数据的多个维度和关系，数据透视图则是更合适的选择。

7.2 创建数据透视表

数据透视表是从 Excel 的数据库中产生的一个动态汇总表格，它具有强大的透视和筛选功能，在分析数据信息时经常使用。下面介绍创建数据透视表、更改布局、整理字段、更改数据透视表的数据源及美化数据透视表的操作。

7.2.1 使用数据源创建数据透视表

数据透视表可以深入分析数据并了解一些预计不到的数据问题，使用数据透视表之前，首先要创建数据透视表，再对其进行设置。要创建数据透视表，需要连接到一个数据源，并输入报表位置。

例如，要在"公司销售业绩"工作簿中创建数据透视表，操作方法如下。

第1步 ▶ 打开"素材文件\第 7 章\公司销售业绩.xlsx"，将光标定位到数据区域的任意单元格，单击【插入】选项卡【表格】组中的【数据透视表】按钮，如图 7-4 所示。

第2步 ▶ 打开【来自表格或区域的数据透视表】对话框，在【选择表格或区域】中已经自动选择所有数据区域，直接单击【确定】按钮，如图 7-5 所示。

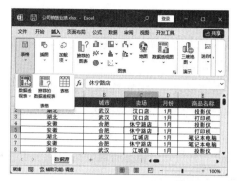

图 7-4　单击【数据透视表】按钮

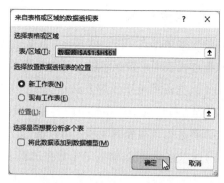

图 7-5　单击【确定】按钮

> **教您一招：在现有工作表中创建数据透视表**
>
> 如果要将创建的数据透视表放置在现有工作表中，可以在【来自表格或区域的数据透视表】对话框的【选择放置数据透视表的位置】栏中选中【现有工作表】单选按钮，并在下方的引用文本框中选择数据透视表的放置位置，即可在现有工作表中创建数据透视表。

第3步 ▶ 将新建一个工作表，在新工作表中创建一个空白数据透视表，并打开【数据透视表字段】窗格，如图 7-6 所示。

第4步 ▶ 在【数据透视表字段】窗格的【选择要添加到报表的字段】列表框中选中相应字段名称对应的复选框，即可创建出带有数据的数据透视表，如图 7-7 所示。

图 7-6　创建数据透视表

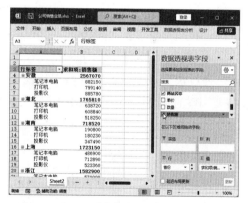

图 7-7　选中字段名复选框

> **教您一招：打开【数据透视表字段】窗格**
>
> 如果【数据透视表字段】窗格没有自动打开，可以在选中数据透视表中的任意数据单元格之后，单击【数据透视分析】选项卡【显示】组中的【字段列表】按钮，打开【数据透视表字段】窗格。

7.2.2　布局数据透视表

在创建了数据透视表之后，可以根据自己的需求和分析目的，对数据透视表进行布局，使数据透视表更加直观和易于理解。

1. 调整数据透视表字段

调整数据透视表字段，就是在【数据透视表字段】窗格的【选择要添加到报表的字段】列表框中添加数据透视表中的数据字段，并将其添加到数据透视表相应的区域。

调整数据透视表字段的方法很简单，只需要在【数据透视表字段】窗格的【选择要添加到报表的字段】列表框中选中需要的字段名称对应的复选框，将这些字段放置在数据透视表的默认区域中。如果要调整数据透视表的区域，可以通过以下方法来进行。

（1）通过拖动鼠标调整：在【数据透视表字段】窗格中，直接通过鼠标将需要调整的字段名称拖动到相应的列表框，即可更改数据透视表的布局，如图 7-8 所示。

（2）通过菜单调整：在【数据透视表字段】窗格下方的四个列表框中，选择需要调整的字段名称按钮，在弹出的下拉菜单中选择需要移动到其他区域的选项，如【移动到行标签】【移动到列标签】等选项，即可在不同的区域之间移动字段，如图 7-9 所示。

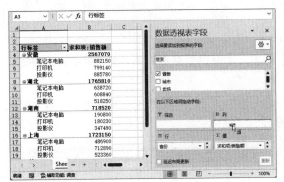 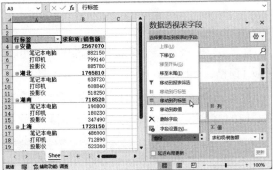

图 7-8　通过拖动鼠标调整　　　　　　　　图 7-9　通过菜单调整

（3）通过快捷菜单调整：在【数据透视表字段】窗格的【选择要添加到报表的字段】列表框中，右击需要调整的字段名称，在弹出的快捷菜单中选择【添加到行标签】【添加到列标签】等选项，即可将该字段的数据放置在数据透视表的某个特定区域中，如图 7-10 所示。

图 7-10　通过快捷菜单调整

2. 调整报表布局

数据透视表默认的布局方式是压缩形式，会将所有行字段都堆积到一列中。

如果要更改布局，可以选中数据透视表中的任意单元格，单击【设计】选项卡【布局】组中的【报表布局】下拉按钮，在弹出的下拉菜单中，就可以根据需要选择报表布局及其显示方式了，如图 7-11 所示。

图 7-11　查看报表布局

在选择时，首先要清楚每一种布局的特点和优缺点，然后根据实际情况选用。

（1）以压缩形式显示：数据透视表的所有行字段都将堆积到一列中，可以节省横向空间。缺点是：一旦将该数据透视表数值化、转化为普通表格，因行字段标题都堆积在一列中，将难以进行数据分析，如图 7-12 所示。

（2）以大纲形式显示：数据透视表的所有行字段都将按顺序从左往右依次排列，该顺序以【数据透视表字段】窗格行标签区域中的字段顺序为依据。如果需要将数据透视表中的数据复制到新的位置或进行其他处理，例如，将数据透视表数值化、转化为普通表格，使用该形式较合适。缺点是：占用了更多的横向空间，如图 7-13 所示。

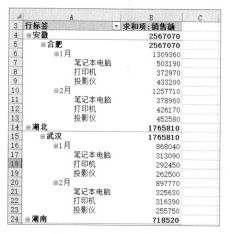

图 7-12　以压缩形式显示

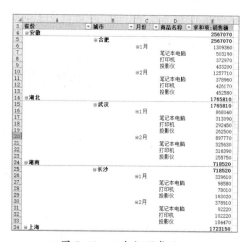

图 7-13　以大纲形式显示

（3）以表格形式显示：与大纲布局类似，数据透视表的所有行字段都将按顺序从左往右依次排列，该顺序以【数据透视表字段】窗格行标签区域中的字段顺序为依据，但是每个父字段的汇总值都会显示在每组的底部，如图 7-14 所示。大多数情况下，使用表格布局能够使数据看上去更直观、清晰。缺点是：占用了更多的横向空间。

（4）重复所有项目标签：在使用大纲布局和表格布局时，选择该显示方式，可以看到数据透视表中自动填充了所有的项目标签，如图 7-15 所示。重复所有项目标签便于将数据透视表进行其他处理，例如，将数据透视表数值化、转化为普通表格等。

省份	城市	月份	商品名称	求和项:销售额
安徽	合肥	1月	笔记本电脑	503190
			打印机	372970
			投影仪	433200
		1月 汇总		1309360
		2月	笔记本电脑	378960
			打印机	426170
			投影仪	452580
		2月 汇总		1257710
	合肥 汇总			2567070
安徽 汇总				2567070
湖北	武汉	1月	笔记本电脑	313090
			打印机	292450
			投影仪	262500
		1月 汇总		868040
		2月	笔记本电脑	325630
			打印机	316390
			投影仪	255750
		2月 汇总		897770
	武汉 汇总			1765810
湖北 汇总				1765810
湖南	长沙	1月	笔记本电脑	98580
			打印机	78010
			投影仪	163020
		1月 汇总		339610
		2月	笔记本电脑	92220
			打印机	102220
			投影仪	184470
		2月 汇总		378910
	长沙 汇总			718520

图 7-14　以表格形式显示

省份	城市	月份	商品名称	求和项:销售额
安徽	合肥	1月	笔记本电脑	503190
安徽	合肥	1月	打印机	372970
安徽	合肥	1月	投影仪	433200
安徽	合肥	1月 汇总		1309360
安徽	合肥	2月	笔记本电脑	378960
安徽	合肥	2月	打印机	426170
安徽	合肥	2月	投影仪	452580
安徽	合肥	2月 汇总		1257710
安徽	合肥 汇总			2567070
安徽 汇总				2567070
湖北	武汉	1月	笔记本电脑	313090
湖北	武汉	1月	打印机	292450
湖北	武汉	1月	投影仪	262500
湖北	武汉	1月 汇总		868040
湖北	武汉	2月	笔记本电脑	325630
湖北	武汉	2月	打印机	316390
湖北	武汉	2月	投影仪	255750
湖北	武汉	2月 汇总		897770
湖北	武汉 汇总			1765810
湖北 汇总				1765810
湖南	长沙	1月	笔记本电脑	98580
湖南	长沙	1月	打印机	78010
湖南	长沙	1月	投影仪	163020
湖南	长沙	1月 汇总		339610
湖南	长沙	2月	笔记本电脑	92220
湖南	长沙	2月	打印机	102220
湖南	长沙	2月	投影仪	184470
湖南	长沙	2月 汇总		378910
湖南	长沙 汇总			718520
湖南 汇总				718520

图 7-15　重复所有项目标签

（5）不重复项目标签：默认情况下，创建的数据透视表不会重复显示项目标签，便于在进行数据分析相关操作时能够更直观、清晰地查看数据。如果设置了【重复所有项目标签】，选择该命令即可撤销所有重复项目的标签。

3. 选择分类汇总的显示方式

Excel提供了3种分类汇总的显示方式，方便用户根据需要进行设置。设置方法是：选中数据透视表中的任意单元格，单击【设计】选项卡【布局】组中的【分类汇总】下拉按钮，在弹出的下拉菜单中根据需要选择分类汇总的显示方式即可，如图7-16所示。

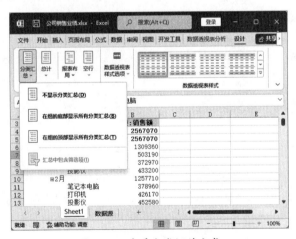

图 7-16　查看分类汇总方式

（1）不显示分类汇总：选择该命令，数据透视表中的分类汇总将被删除，如图 7-17 所示。

（2）在组的底部显示所有分类汇总：选择该命令，数据透视表中的分类汇总将显示在每组的底部，即默认情况下的数据透视表分类汇总的显示方式，如图 7-18 所示。

（3）在组的顶部显示所有分类汇总：在压缩布局和大纲布局的数据透视表中，选择该命令，可以使数据透视表中的分类汇总显示在每组的顶部，如图 7-19 所示。

图 7-17　不显示

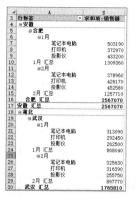

图 7-18　在组的底部显示

图 7-19　在组的顶部显示

7.2.3　整理数据透视表字段

布局数据透视表，可以从一定角度筛选数据的内容；而整理数据透视表其他字段，则可以满足用户对数据透视表格式上的需求。

1. 重命名字段

当用户向数据区域添加字段后，系统都会将其重命名，比如，"数量"会重命名为"求和项：数量"，这样就会加大字段所在列的列宽，影响表格的整洁和美观，此时可以重命名字段，操作方法如下。

第1步 ▶ 打开"素材文件\第 7 章\公司销售业绩 1.xlsx"，选中数据透视表的列标题单元格，如"求和项：数量"，在编辑栏中输入"销售数量"，如图 7-20 所示。

第2步 ▶ 按【Enter】键即可更改列标题，然后使用相同的方法更改其他列标题即可，如图 7-21 所示。

图 7-20　输入标题

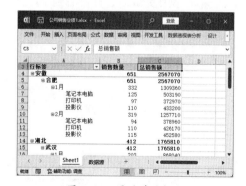

图 7-21　更改其他标题

温馨提示 ◆

数据透视表中每个字段的名称必须唯一，Excel 不接受任意两个字段具有相同的名称，即创建的数据透视表的各个字段的名称不能相同。创建的数据透视表的字段名称与数据源表头的名称也不能相同，否则会出现错误提示。

2. 删除字段

用户在分析数据时，对于数据透视表中不再需要分析的字段可以进行删除。删除字段主要有以下两种方法。

（1）在窗格中删除：在【数据透视表字段】窗格的标签区域中单击需要删除的字段右侧的下拉按钮 ▼，在弹出的下拉菜单中选择【删除字段】选项，如图 7-22 所示。

（2）通过字段删除：在数据透视表中希望删除的字段上右击，在弹出的快捷菜单中选择【删除"字段名"】选项，比如，要删除"月份"字段，则选择【删除"月份"】选项，如图 7-23 所示。

图 7-22　在窗格中删除　　　　　　　　图 7-23　通过字段删除

3. 隐藏字段标题

如果用户不需要在数据透视表中显示行或列的字段标题，可以隐藏字段标题，操作方法如下。

第1步 ● 打开"素材文件\第 7 章\公司销售业绩 2.xlsx"，将数据透视表的布局调整为"以表格形式显示"，选中数据透视表中的任意单元格，单击【数据透视表分析】选项卡【显示】组中的【字段标题】按钮，如图 7-24 所示。

第2步 ● 操作完成后，即可看到字段标题已经隐藏，如图 7-25 所示。

图 7-24　单击【字段标题】按钮　　　　　　图 7-25　查看隐藏效果

7.2.4　更新来自数据源的更改

如果数据透视表的数据源内容发生了改变，需要用户刷新数据透视表才能更新数据透视表中的数据。刷新数据透视表的方法有以下几种。

1. 手动刷新数据透视表

当需要手动刷新数据透视表时，可以通过以下方法来操作。

（1）使用右键刷新：在数据透视表的任意单元格中右击，在弹出的快捷菜单中选择【刷新】选项，如图 7-26 所示。

（2）使用菜单刷新：选中数据透视表中的任意单元格，单击【数据透视表分析】选项卡【数据】组中的【刷新】下拉按钮，在弹出的下拉菜单中选择【刷新】或【全部刷新】选项，可以刷新工作簿中的数据透视表，如图 7-27 所示。

图 7-26　使用右键刷新

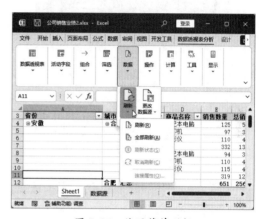

图 7-27　使用菜单刷新

2. 在打开文件时刷新数据透视表

可以设置在打开数据表的同时自动更新，操作方法如下。

第1步 ▶ 打开"素材文件\第 7 章\公司销售业绩 2.xlsx"，在数据透视表的任意区域中右击，在弹出的快捷菜单中选择【数据透视表选项】选项，如图 7-28 所示。

第2步 ▶ 打开【数据透视表选项】对话框，切换到【数据】选项卡，选中【打开文件时刷新数据】复选框，单击【确定】按钮，如图 7-29 所示。

图 7-28　选择【数据透视表选项】选项

图 7-29　选中【打开文件时刷新数据】复选框

7.2.5 格式化数据透视表

美观的数据透视表可以给人耳目一新的感觉，也能让人更愿意仔细查看数据透视表中的数据。Excel内置了多种数据透视表样式，使用内置的样式可以轻松让数据透视表变个样。

例如，要在"公司销售业绩 1"工作簿中使用内置数据透视表样式，操作方法如下。

第1步 打开"素材文件\第 7 章\公司销售业绩 1.xlsx"，选中数据透视表中的任意单元格，单击【设计】选项卡【数据透视表样式】组中的 按钮，如图 7-30 所示。

第2步 在打开的数据透视表样式下拉列表中选择一种需要应用的样式，如图 7-31 所示。

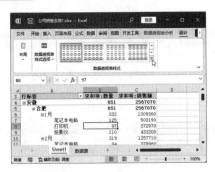
图 7-30 单击 按钮

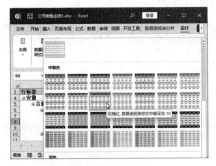
图 7-31 选择样式

第3步 选中【设计】选项卡【数据透视表样式】组中的【镶边行】复选框，如图 7-32 所示。

第4步 操作完成后，即可看到应用了内置数据透视表样式的效果，如图 7-33 所示。

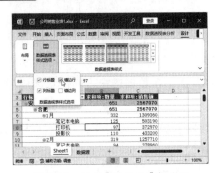
图 7-32 选中【镶边行】复选框

图 7-33 查看效果

> **温馨提示**
> Excel提供的内置样式被分为【浅色】【中等色】和【深色】3组，列表中越往下的样式越复杂。而且，选择不同的内置样式，选中【镶边行】和【镶边列】复选框后，显示效果也不一样，大家可以一一尝试。如果对内置的样式不满意，也可以选择【新建数据透视表样式】选项，创建自定义的数据透视表样式。

7.3 在数据透视表中分析数据

在Excel中，数据透视表和普通的数据列表的分析方法十分相似，排序和筛选的规则完全相同。

而在数据透视表中，除了排序和筛选，切片器也是分析数据的有力工具。

7.3.1　在数据透视表中排序数据

如果要进行自动排序，主要方法有通过字段下拉列表自动排序、通过功能区按钮自动排序和通过快捷菜单自动排序。

1. 通过字段下拉列表自动排序

在 Excel 中，我们可以利用数据透视表的行标签标题下拉菜单中的相应命令进行自动排序。

例如，要在"公司销售业绩 2"工作簿中为"月份"字段排序，操作方法如下。

第1步 打开"素材文件\第 7 章\公司销售业绩 2.xlsx"，单击"月份"字段右侧的下拉按钮，在弹出的下拉菜单中，根据需要选择【升序】或【降序】选项，本例选择【降序】，如图 7-34 所示。

第2步 操作完成后，该字段将按降序排序，如图 7-35 所示。

图 7-34　选择【降序】选项　　　　　图 7-35　查看排序

> **温馨提示**
>
> 排序后，如果选择的是升序排序，行标签字段右侧的下拉按钮将变为形状；如果选择的是降序排序，行标签字段右侧的下拉按钮将变为形状。

2. 通过功能区按钮自动排序

在 Excel 中，可以通过功能区的"升序"和"降序"功能快速进行自动排序。

例如，要在"公司销售业绩 2"工作簿中为"总销售额"字段升序排序，操作方法如下。

第1步 打开"素材文件\第 7 章\公司销售业绩 2.xlsx"，选中"总销售额"字段中的任意数据单元格，单击【数据】选项卡【排序和筛选】组中的【升序】按钮，如图 7-36 所示。

第2步 操作完成后，即可看到"总销售额"字段已经升序排序，如图 7-37 所示。

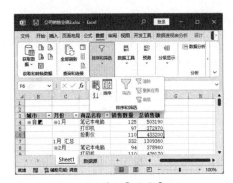

图 7-36　单击【升序】按钮

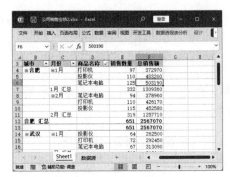

图 7-37　查看排序

3. 通过快捷菜单自动排序

在 Excel 中，可以通过快捷菜单中的"排序"功能快速进行自动排序。

例如，要在"公司销售业绩 2"工作簿中为"销售数量"字段升序排序，操作方法如下。

第1步 打开"素材文件\第 7 章\公司销售业绩 2.xlsx"，右击"销售数量"字段中的任意数据单元格，在弹出的快捷菜单中选择【排序】选项，在弹出的子菜单中选择【升序】选项，如图 7-38所示。

第2步 操作完成后，即可看到"销售数量"字段已经按所选的顺序排列，如图 7-39 所示。

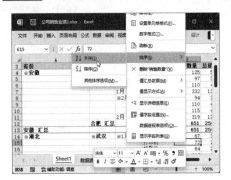

图 7-38　选择【升序】选项

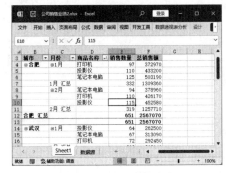

图 7-39　查看排序

7.3.2　在数据透视表中筛选数据

在数据透视表中可以方便地对数据进行筛选。

在筛选数据时，如果是对数据透视表进行整体筛选，可以使用字段下拉列表筛选。如果要筛选以开头是、开头不是、等于、不等于、结尾是、结尾不是、包含、不包含等为条件的数据，可以使用标签筛选。如果要找出最大的几项、最小的几项、等于多少、不等于多少、大于多少、小于多少等数据，可以使用值筛选来查找。

1. 使用字段下拉列表筛选数据

例如，要在"一季度销售情况"工作簿中筛选"李江"和"杨燕""一月"的销售数据，操作方法如下。

第1步 ▶ 打开"素材文件\第 7 章\一季度销售情况 .xlsx",单击行标签右侧的下拉按钮 ▼ ,在弹出的下拉菜单中取消选中【全选】复选框,然后选中【李江】和【杨燕】复选框,单击【确定】按钮,如图 7-40 所示。

第2步 ▶ 返回数据透视表,即可看到行标签右侧的下拉按钮变为 ▼ 形状,数据透视表中筛选出了业务员【李江】和【杨燕】的销售数据,如图 7-41 所示。

图 7-40 选中复选框

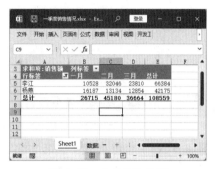

图 7-41 查看筛选数据

第3步 ▶ 单击列标签右侧的下拉按钮 ▼ ,在弹出的下拉菜单中,选中【一月】复选框,单击【确定】按钮,如图 7-42 所示。

第4步 ▶ 返回数据透视表,即可看到列标签右侧的下拉按钮变为 ▼ 形状,数据透视表中筛选出了业务员"李江"和"杨燕""一月"的销售数据,如图 7-43 所示。

图 7-42 选中【一月】复选框

图 7-43 查看筛选结果

2. 使用"标签筛选"功能筛选数据

例如,要筛选出不是"李"姓的业务员的销售数据,操作方法如下。

第1步 ▶ 打开"素 材 文 件\第 7 章\一 季 度 销 售 情况 .xlsx",单击行标签右侧的下拉按钮 ▼ ,在弹出的下拉菜单中选择【标签筛选】选项,在弹出的子菜单中选择【开头不是】选项,如图 7-44 所示。

第2步 ▶ 打开【标签筛选(业务员)】对话框,设置【显示的项目的标签】为【开头不是】【李】,单击【确定】按

图 7-44 选择【开头不是】选项

钮，如图 7-45 所示。

第3步 返回数据透视表，即可看到不是"李"姓的业务员的销售数据已经被筛选出来了，如图 7-46 所示。

图 7-45　设置筛选参数

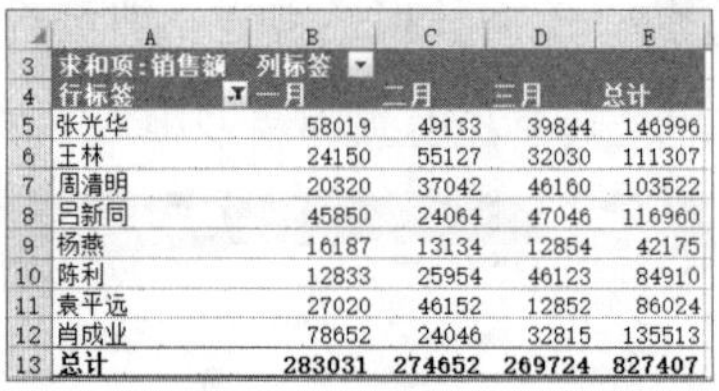

图 7-46　查看筛选结果

3. 使用"值筛选"功能筛选数据

例如，要筛选出总计大于"100000"的业务员记录，操作方法如下。

第1步 打开"素材文件\第 7 章\一季度销售情况 .xlsx"，单击行标签右侧的下拉按钮▼，在弹出的下拉菜单中选择【值筛选】选项，在弹出的子菜单中选择【大于】选项，如图 7-47 所示。

第2步 打开【值筛选（业务员）】对话框，设置【求和项：销售额】【大于】【100000】，单击【确定】按钮，如图 7-48 所示。

图 7-47　选择【大于】选项

第3步 返回数据透视表，即可看到总计大于"100000"的业务员记录已经被筛选出来了，如图 7-49 所示。

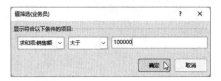

图 7-48　设置筛选参数

图 7-49　查看筛选结果

7.3.3　设置数据透视表的值汇总方式

在数据透视表中，求和是最常用的汇总方式，所以在汇总时，值显示方式默认为求和。但是，因为数据不同，分析的目的也不同，此时可以设定其他的汇总方式，如平均值、最大值、最小值、乘积等。

例如，要将"公司销售业绩 2"工作簿中"求和项：数量"的值汇总依据设置为平均值，操作方法如下。

第1步 打开"素材文件\第 7 章\公司销售业绩 2.xlsx"，打开【数据透视表字段】窗格，单击要设置的值字段右侧的下拉按钮▼，如【总销售额】字段，在弹出的下拉菜单中选择【值字段设置】选项，如图 7-50 所示。

第2步 ▶ 打开【值字段设置】对话框，在【值汇总方式】选项卡的列表框中选择一种汇总方式，如【平均值】，单击【确定】按钮，如图 7-51 所示。

图 7-50　选择【值字段设置】选项

图 7-51　选择汇总方式

第3步 ▶ 返回工作表，即可看到汇总方式已经更改为平均值，如图 7-52 所示。

	B	C	D	E	F
3	城市	月份	商品名称	销售数量	平均值项:销售额
4	⊟合肥	⊟1月	笔记本电脑	125	167730
5			打印机	97	124323.3333
6			投影仪	110	144400
7		1月 汇总		332	145484.4444
8		⊟2月	笔记本电脑	94	126320
9			打印机	110	142056.6667
10			投影仪	115	150860
11		2月 汇总		319	139745.5556
12	合肥 汇总			651	142615
13				651	142615
14	⊟武汉	⊟1月	笔记本电脑	67	156545
15			打印机	72	146225

图 7-52　查看汇总

温馨提示●

在数据透视表的数值区域中，在要更改汇总方式的数值列中，右击任意单元格，在弹出的快捷菜单中选择【值汇总依据】选项，在弹出的子菜单中选择汇总方式，如【平均值】，操作完成后，即可看到汇总方式已经更改为平均值。

7.3.4　设置数据透视表的值显示方式

在数据透视表中，通过设置值显示方式，可以转换数据的查看方式，找到数据规律。

使用【总计的百分比】值显示方式，可以得到数据透视表中各数据项占总比重的情况；使用【列汇总的百分比】值显示方式，可以在列汇总数据的基础上，得到该列中各个数据项占列总计比重的情况等。

例如，要在"公司销售业绩 3"工作簿的数据透视表中对各分店、各产品销售额占总销售额的比重进行分析，我们可以对"求和项：销售额"字段设置【总计的百分比】的值显示方式，操作方法如下。

第1步 ▶ 打开"素材文件\第 7 章\公司销售业绩3.xlsx"，在数据透视表中右击，在弹出的快捷菜单中选择【值字段设置】选项，如图 7-53 所示。

第2步 ▶ 打开【值字段设置】对话框，切换到【值显示方式】选项卡，在【值显示方式】下拉列表中选择

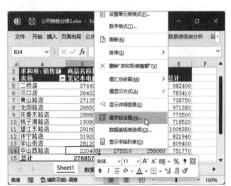

图 7-53　选择【值字段设置】选项

【总计的百分比】选项，单击【确定】按钮，如图 7-54 所示。

第3步 返回数据透视表，即可看到值字段占总销售额的百分比，如图 7-55 所示。

图 7-54　选择【总计的百分比】选项

图 7-55　查看值字段

7.3.5 使用切片器分析数据

切片器是一种图形化的筛选方式，它可以为数据透视表中的每个字段创建一个选取器，浮动显示在数据透视表之上。

如果要筛选某一个数据，在选取器中单击某个字段项，就可以十分直观地查看数据透视表中的信息了。

1. 插入切片器

例如，要在"公司销售业绩 2"工作簿的数据透视表中插入切片器，操作方法如下。

第1步 打开"素材文件\第 7 章\公司销售业绩 2.xlsx"，选中数据透视表中的任意单元格，单击【数据透视表分析】选项卡【筛选】组中的【插入切片器】按钮，如图 7-56 所示。

第2步 打开【插入切片器】对话框，选中需要的字段名复选框，单击【确定】按钮，如图 7-57 所示。

第3步 返回工作表，即可看到已经插入了切片器，如图 7-58 所示。

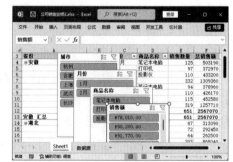

图 7-56　单击【插入切片器】按钮　　图 7-57　选中字段名复选框　　图 7-58　查看切片器

2. 使用切片器分析数据

在数据透视表中插入切片器后，要对字段进行筛选，只需在相应的切片器筛选框中选择需要查看的字段项即可。筛选后，未被选择的字段项将显示为灰色，同时该筛选框右上角的【清除筛选器】按钮呈可单击状态。

例如，要筛选"杭州 1 月份打印机"的销售情况，操作方法如下。

第1步 接上一例操作，在【城市】切片器筛选框中单击【杭州】，其他切片器中将筛选出杭州的销售情况，如图 7-59 所示。

第2步 依次在【月份】切片器筛选框中单击【1月】、在【商品名称】切片器筛选框中单击【打印机】，即可筛选出"杭州 1 月份打印机"的销售情况，如图 7-60 所示。

图 7-59　单击【杭州】

图 7-60　查看筛选结果

3. 清除筛选器

在切片器中筛选数据后，如果需要清除筛选结果，方法主要有以下几种。

（1）选中要清除筛选的切片器筛选框，按【Alt+C】组合键，可以清除筛选器。

（2）单击相应筛选框右上角的【清除筛选器】按钮，如图 7-61 所示。

（3）右击相应的切片器，在弹出的快捷菜单中选择【从"切片器名称"中清除筛选器】选项即可，如图 7-62 所示。

图 7-61　通过功能按钮清除

图 7-62　通过快捷菜单清除

4. 美化切片器

创建切片器之后，也可以对切片器进行美化，而使用内置样式是最简便的方法之一，操作方法如下。

第1步 ▶ 接上一例操作，按住【Ctrl】键选中所有切片器，单击【切片器】选项卡【切片器样式】组中的【快速样式】下拉按钮，在弹出的下拉菜单中选择一种切片器样式，如图 7-63 所示。

第2步 ▶ 操作完成后，即可为切片器应用内置样式，如图 7-64 所示。

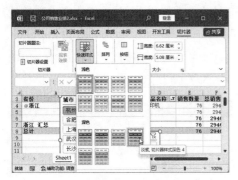

图 7-63　选择切片器样式

图 7-64　查看切片器

7.4 使用数据透视图分析数据

数据透视图是数据透视表的图形表达方式，其图表类型与一般图表类型类似，主要有柱形图、条形图、折线图、饼图、面积图、股价图等。下面将介绍创建数据透视图、更改数据透视图的布局、设置数据透视图的样式等操作。

7.4.1 创建数据透视图

在创建数据透视图时，如果使用数据源创建，会一同创建数据透视表；如果是在数据透视表中为数据创建数据透视图，则可以直接将数据透视图显示出来。

1. 使用数据源创建数据透视图

如果没有为表格创建数据透视表，可以使用数据源表直接创建数据透视图。在创建数据透视图时，系统还会同时创建数据透视表，一举两得，操作方法如下。

第1步 ▶ 打开"素材文件\第 7 章\产品销售管理系统.xlsx"，在"产品销售统计表"工作表中选中数据源表中的任意单元格，单击【插入】选项卡【图表】组中的【数据透视图】下拉按钮，在弹出的下拉菜单中选择【数据透视图】选项，如图 7-65 所示。

第2步 ▶ 打开【创建数据透视图】对话框，保持默认设置，单击【确定】按钮，如图 7-66 所示。

第3步 ▶ 返回工作表，即可看到创建了一个空白的数据透视表和一个空白的数据透视图，如图 7-67 所示。

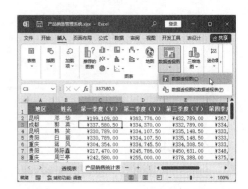

图 7-65　选择【数据透视图】选项

图 7-66　单击【确定】按钮

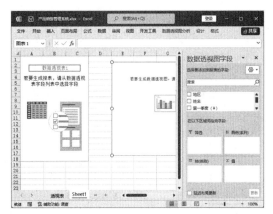

图 7-67　创建数据透视表和数据透视图

第4步 ● 在【数据透视图字段】窗格中选中相应字段名复选框，如图 7-68 所示。

第5步 ● 操作完成后，即可创建出相应的数据透视表和数据透视图，如图 7-69 所示。

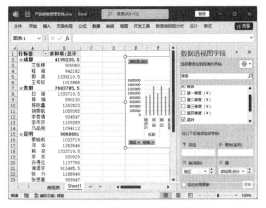

图 7-68　选中相应字段名复选框

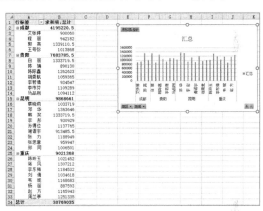

图 7-69　查看数据透视表和数据透视图

2. 使用数据透视表创建数据透视图

如果已经创建了数据透视表，可以根据数据透视表中的数据来创建数据透视图，操作方法如下。

第1步 ● 打开"素材文件\第 7 章\产品销售管理系统 .xlsx"，在"透视表"工作表中选中数据透视表中的任意单元格，单击【插入】选项卡【图表】组中的【数据透视图】按钮，如图 7-70 所示。

第2步 ● 打开【插入图表】对话框，在左侧的列表中选择图表类型，如【柱形图】；在右侧选择柱形图的样式，如【堆积柱形图】，单击【确定】按钮，如图 7-71 所示。

图 7-70　单击【数据透视图】按钮

第3步 ▶ 返回数据透视表，即可看到创建的数据透视图，如图 7-72 所示。

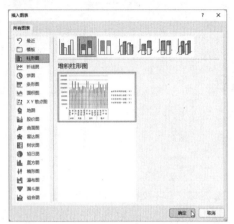

图 7-71　选择图表类型

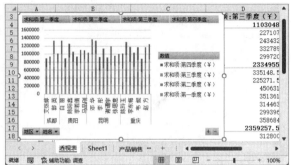

图 7-72　查看数据透视图

7.4.2　在数据透视图中筛选数据

当数据透视图中数据较多时，查看起来比较困难，此时可以使用筛选功能筛选数据，操作方法如下。

第1步 ▶ 接上一例操作，单击【地区】下拉按钮，在弹出的下拉菜单中取消选中【全选】复选框，然后选中要筛选的字段名复选框，单击【确定】按钮，如图 7-73 所示。

第2步 ▶ 操作完成后，即可看到筛选结果，如图 7-74 所示。

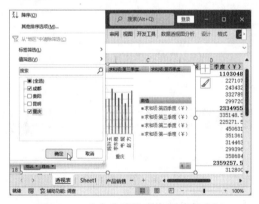

图 7-73　选中要筛选的字段名复选框

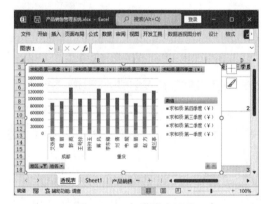

图 7-74　查看筛选结果

7.4.3　把数据透视图移动到单独的工作表中

有很多场合并不适合把数据展示出来，如果有单独的图表工作表，不仅方便查看和控制图表，还能保护数据的安全。

如果要把数据透视图移动到图表工作表中，操作方法如下。

第1步 ▶ 接上一例操作，选中图表，单击【数据透视图分析】选项卡【操作】组中的【移动图表】

按钮，如图 7-75 所示。

第2步 ▶ 打开【移动图表】对话框，选中【新工作表】单选按钮，并在右侧的文本框中输入新工作表的名称（也可以不输入，默认为Chart1），单击【确定】按钮，如图 7-76 所示。

图 7-75 单击【移动图表】按钮

图 7-76 设置移动工作表

第3步 ▶ 操作完成后，返回工作簿，即可看到已经新建了一个工作表，并将数据透视图移动到了新的工作表中，如图 7-77 所示。

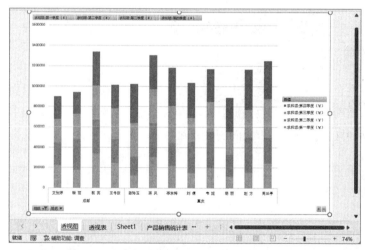

图 7-77 查看移动后的数据透视图

温馨提示 ▶

　　如果将图表工作表中的数据透视图再次移动到普通工作表中，移动后的图表工作表将会被自动删除。

7.4.4 美化数据透视图

　　美化数据透视图的方法与美化图表的方法基本相同，此处仅简单介绍如何使用内置样式美化数据透视图，操作方法如下。

第1步 ▶ 接上一例操作，选中数据透视图，单击【设计】选项卡【图表样式】组中的【快速样式】下拉按钮，在弹出的下拉菜单中选择一种图表样式，如图 7-78 所示。

第2步 ▶ 操作完成后，即可看到数据透视图美化后的效果，如图 7-79 所示。

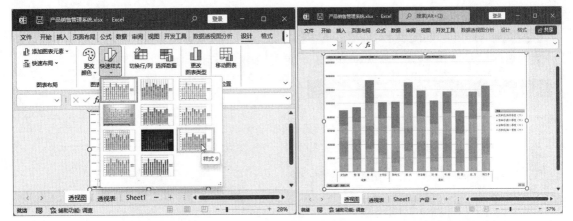

图 7-78 选择图表样式   图 7-79 查看美化效果

7.5 / ChatGPT答疑解惑

通过前面知识的学习，相信读者已经掌握了数据清洗与加工的相关技能。下面结合本章内容，让 ChatGPT 介绍一些工作中的实用经验与技巧，让你在清洗和加工数据时可以更加得心应手。

7.5.1 如何利用多个数据源创建数据透视表

在数据分析和报告中，有时需要整合多个数据源来创建全面的数据透视表。利用多个数据源创建数据透视表可以帮助我们更全面、准确地分析和汇总数据。通过将不同数据源的数据整合到一个数据透视表中，我们可以获得更全面的视角，发现数据之间的关联和趋势。那么，具体应该怎么操作呢？可以来向 ChatGPT 寻找答案。

> 🔟 **提问**：如何利用多个数据源创建数据透视表？

> ⑤ **ChatGPT**：
> 创建数据透视表时，通常情况下我们只使用一个数据源。但有时，我们需要将多个数据源合并起来，以创建更全面和综合的数据透视表。以下是利用多个数据源创建数据透视表的一般步骤。
> 1. 确定数据源：确定要使用的多个数据源，并确保这些数据源包含相似的数据字段和数据类型。
> 2. 数据准备：对每个数据源进行必要的准备工作，包括清洗数据、格式化数据和统一字段名称等。确保数据源之间的数据格式一致，以便于后续合并。
> 3. 合并数据源：在 Excel 中，可以使用【数据】选项卡中的"获取外部数据"或"数据模型"功能来合并多个数据源。根据数据源类型的不同，选择适当的方法进行数据合并。
> 4. 创建数据透视表：选择合并后的数据源，然后通过【数据】选项卡中的"透视表"功能创建数据透视表。按照需求选择行、列和值字段，并进行适当的数据汇总和分析设置。
> 5. 数据透视表更新：如果多个数据源中的数据发生变化，可以通过刷新数据透视表来更新数据。在

Excel中，可以使用【数据】选项卡中的【全部刷新】或【刷新】按钮来更新数据透视表。

　　需要注意的是，在使用多个数据源创建数据透视表时，数据源之间的关联和一致性非常重要。确保数据源之间的字段匹配，并正确地定义数据源之间的关系，以便正确地合并和分析数据。

　　总之，利用多个数据源创建数据透视表可以帮助我们获取更全面和综合的数据分析结果。遵循上述步骤，并确保数据源的准备和合并工作正确无误，可以轻松创建具有多个数据源的数据透视表，并从中获得更深入的数据洞察。

　　从以上回答中，可以看出是先将数据源整合，再创建数据透视表。而通过"多重合并计算数据区域"的方法创建数据透视表，可以通过多个数据源直接创建。例如，在"员工工资汇总表"工作簿中，包含了4月、5月和6月3张工作表，并记录了工资支出情况，如图7-80所示。

图 7-80　数据源

　　现在要根据这3张工作表中的数据，创建一个数据透视表，操作方法如下。

第1步 ▶ 打开"素材文件\第 7 章\员工工资汇总表.xlsx"，在任意一张工作表中（如"4 月"）按【Alt+D+P】组合键，弹出【数据透视表和数据透视图向导--步骤 1（共 3 步）】对话框，选中【多重合并计算数据区域】和【数据透视表】单选按钮，单击【下一步】按钮，如图 7-81 所示。

第2步 ▶ 弹出【数据透视表和数据透视图向导--步骤 2a（共 3 步）】对话框，选中【创建单页字段】单选按钮，单击【下一步】按钮，如图 7-82 所示。

图 7-81　选择报表类型

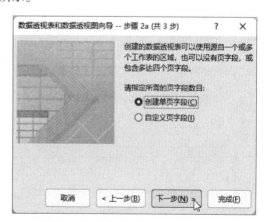

图 7-82　选中【创建单页字段】单选按钮

🔍 **教您一招：添加命令到快速访问工具栏**

　　若需经常使用【数据透视表和数据透视图向导】对话框来创建数据透视表，可以将相应的按钮添加到快速访问工具栏。操作方法如下：打开【Excel选项】对话框，切换到【快速访问工具栏】选项卡，在【从下列位

置选择命令】下拉列表中选择【不在功能区中的命令】选项，在列表框中找到【数据透视表和数据透视图向导】
选项进行添加即可。

第3步 ▶ 弹出【数据透视表和数据透视图向导-第 2b 步，共 3 步】对话框，在【选定区域】参
数框中，选择"4月"工作表中的数据区域作为数据源，单击【添加】按钮，如图 7-83 所示。

第4步 ▶ 所选数据区域添加到了【所有区域】列表框中，如图 7-84 所示。

图 7-83　选择数据源

图 7-84　添加数据源

第5步 ▶ 使用相同的方法，将"5月"和"6月"工作表中的数据区域添加到【所有区域】列表
框，单击【下一步】按钮，如图 7-85 所示。

第6步 ▶ 弹出【数据透视表和数据透视图向导--步骤 3（共 3 步）】对话框，选中【新工作表】
单选按钮，单击【完成】按钮，如图 7-86 所示。

图 7-85　添加其他数据源

图 7-86　选中【新工作表】单选按钮

第7步 ▶ 系统将自动新建一张名为"Sheet 1"的工作表，并根据"4月""5月""6月"工作表
中的数据创建数据透视表，此时值字段以计数方式进行汇总。在【数据透视表字段】窗格的【值】区
域中，选择【计数项：值】字段，在弹出的下拉菜单中选择【值字段设置】选项，如图 7-87 所示。

第8步 ▶ 弹出【值字段设置】对话框，在【值汇总方式】选项卡的【计算类型】列表框中选择
【求和】选项，然后单击【确定】按钮，如图 7-88 所示。

图 7-87　选择【值字段设置】选项

图 7-88　选择【求和】选项

第9步 单击列标签右侧的下拉按钮，在弹出的下拉菜单中设置要进行汇总的项目，单击【确定】按钮，如图 7-89 所示。

第10步 完成上述操作后，最终效果如图 7-90 所示。

图 7-89　选择汇总项目

图 7-90　查看汇总数据

7.5.2　如何让数据透视表中的空白单元格显示为0

默认情况下，当数据透视表单元格中没有值时显示为空白，如果希望空白单元格显示为 0，则需要进行设置。在此之前，可以在 ChatGPT 中查询如何让数据透视表中的空白单元格显示为 0。

提问： 如何让数据透视表中的空白单元格显示为 0？

ChatGPT：

要将数据透视表中的空白单元格显示为 0，可以按照以下步骤进行操作。

1. 选中数据透视表：选中数据透视表中的任意单元格。

2. 进入数据透视表选项卡：在 Excel 的菜单栏中，选择【数据透视表分析】选项卡。

3. 打开【数据透视表选项】对话框：在【数据透视表分析】选项卡中，单击【数据透视表】组中的【选项】按钮。

4. 在【数据透视表选项】对话框中，切换到【布局和格式】选项卡。

5. 设置空白单元格显示为 0：在对话框中，找到【对于空单元格，显示】选项，在右侧的文本框中输入"0"。

6. 单击【确定】按钮以保存设置。

现在数据透视表中的空白单元格将显示为 0。请注意，这个设置会应用于整个数据透视表，包括数据字段和汇总字段。如果数据源中存在空白单元格，它们将被显示为 0，从而提供更清晰的数据展示和分析。

根据以上回答，如果要让"家电销售情况"工作簿中的空白单元格显示为 0，操作方法如下。

第1步 ▶ 打开"素材文件\第 7 章\家电销售情况 .xlsx"，选中数据透视表中的任意单元格，单击【数据透视表分析】选项卡【数据透视表】组中的【选项】按钮，如图 7-91 所示。

第2步 ▶ 打开【数据透视表选项】对话框，在【布局和格式】选项卡的【格式】栏中，选中【对于空单元格，显示】复选框，在右侧的文本框中输入"0"，然后单击【确定】按钮，如图 7-92 所示。

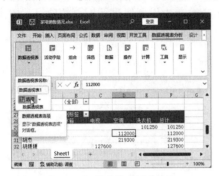

图 7-91　单击【选项】按钮

图 7-92　选中【对于空单元格，显示】复选框

第3步 ▶ 返回数据透视表，即可看到空白单元格显示为 0，如图 7-93 所示。

27	求和项:销售额	列标签				
28	行标签	冰箱	电视	空调	洗衣机	总计
29	艾佳佳	0	0	0	101250	101250
30	郝仁义	0	0	112000	0	112000
31	胡杰	0	0	219300	0	219300
32	胡媛媛	0	127600	0	0	127600
33	刘露	0	0	0	172350	172350
34	刘思玉	0	0	182400	0	182400
35	樊新	173820	0	0	0	173820
36	汪小颖	0	0	0	121170	121170
37	王其	76500	0	0	0	76500
38	杨曦	0	338400	0	0	338400
39	赵东亮	225960	0	0	0	225960
40	总计	476280	466000	513700	394770	1850750

图 7-93　查看设置效果

7.5.3　在多个数据透视表中共享切片器

在 Excel 中，如果根据同一数据源创建了多个数据透视表，我们可以共享切片器。共享切片器后，在切片器中进行筛选时，多个数据透视表将同时刷新数据，实现多数据透视表联动，以便进行多角度的数据分析。如果要在多个数据透视表中共享切片器，可以问一问 ChatGPT 应该如何实现。

⌨ **提问：** 如何在多个数据透视表中共享切片器？

⑤ **ChatGPT：**

共享切片器是一种功能强大的工具，可以在多个数据透视表之间同步筛选和过滤数据。通过共享切片器，我们可以简化数据分析过程，同时保持不同数据透视表之间的一致性。下面是在多个数据透视表中共享切片器的步骤。

1. 创建数据透视表：首先创建需要的数据透视表，并确保它们使用了相同的数据源或数据源之间有关联。

2. 创建切片器：在其中一个数据透视表上创建切片器。选择需要的字段作为切片器，并设置相应的筛选条件。

3. 连接数据透视表：选中切片器，然后在 Excel 的菜单栏中选择【切片器】选项卡，单击【报表连接】按钮。

4. 选择数据透视表：在弹出的【数据透视表连接】对话框中，勾选需要连接切片器的其他数据透视表。确保选择的数据透视表使用了相同的数据源或数据源之间有关联。

5. 应用切片器：单击【确定】按钮后，切片器将被应用于所选的数据透视表。现在无论我们在哪个数据透视表上进行筛选和过滤操作，所有连接的数据透视表都将同步更新。

通过报表连接功能，我们可以方便地在多个数据透视表之间共享切片器，实现数据的联动筛选和过滤。这样可以提高数据分析的效率，并确保各个数据透视表之间的数据一致性。

下面我们用一个实例来创建可共享的切片器。例如，在"奶粉销售情况"工作簿中，根据同一数据源创建了 3 个数据透视表，显示了销售额的不同分析角度，如图 7-94 所示。

现在要为这几个数据透视表创建一个共享的【分区】切片器，操作方法如下。

图 7-94 数据源

第1步 ▶ 打开"素材文件\第 7 章\奶粉销售情况 .xlsx"，选中数据透视表中的任意单元格，单击【数据透视表分析】选项卡【筛选】组中的【插入切片器】按钮，如图 7-95 所示。

第2步 ▶ 弹出【插入切片器】对话框，选中要创建切片器的字段名复选框，本例选中【分区】复选框，单击【确定】按钮，如图 7-96 所示。

第3步 ▶ 返回工作表，选中插入的切片器，单击【切片器】选项卡【切片器】组中的【报表连接】按钮，如图 7-97 所示。

图 7-95 单击【插入切片器】按钮   图 7-96 选中【分区】复选框   图 7-97 单击【报表连接】按钮

第4步 ▶ 弹出【数据透视表连接（分区）】对话框，选中要共享切片器的多个数据透视表选项前的复选框,单击【确定】按钮,如图 7-98 所示。

第5步 共享切片器后,在共享切片器中筛选字段时,被连接起来的多个数据透视表就会同时刷新。例如,在切片器中单击【南岸区】字段,该工作表中共享切片器的 3 个数据透视表都同步刷新了,如图 7-99 所示。

图 7-98 选择数据透视表

图 7-99 查看共享切片器

7.6 实训:分析销售统计表

销售统计表是一种重要的数据资源,它记录了公司或组织的销售活动和业绩情况。通过对销售统计表的分析,我们可以深入了解销售数据的趋势、销售业绩的表现及销售策略的有效性。

> **提问:** 本例为分析销售统计表,需要用数据透视表分别统计销售额、总计、最高销售额和最低销售额,并创建数据透视图查看数据,请规划制作步骤。

ChatGPT:

下面是制作数据透视表并进行相应统计的步骤。

1. 打开销售统计表:打开包含销售统计数据的工作簿,并确保数据已经准备好,并且每列都有合适的标题。

2. 选中数据:选中包含销售统计数据的范围,包括标题行和所有数据行。

3. 创建数据透视表:在 Excel 的菜单栏中,选择【插入】选项卡,然后单击【数据透视表】按钮。在弹出的对话框中,确认数据范围已正确选择,并选择在新工作表中创建数据透视表。

4. 设定数据透视表字段:在数据透视表字段列表中,将销售额字段拖放到【值】区域,确保它使用求和函数。然后将产品字段拖放到【行】区域,将日期字段拖放到【列】区域。

5. 添加额外的统计项目:单击数据透视表字段列表上方的【值字段设置】按钮,选择【值字段设置】选项。在弹出的对话框中,可以选择添加额外的统计项目,如总计、最大值和最小值。

6. 创建数据透视图:单击数据透视表上方的【数据透视图】按钮,选择【数据透视图】选项。在弹出的对话框中,可以选择将数据透视表放置在新工作表中。

7. 查看数据透视图:转到创建的数据透视图工作表,查看按产品和日期分组的销售统计数据。可以根据需要对数据透视图进行格式化、调整布局和应用其他功能。

　　通过以上步骤，可以根据销售统计表数据创建一个数据透视表，并进行销售额、总计、最高销售额和最低销售额的统计。数据透视图将提供一种更直观、易于分析和汇总销售数据的方式，帮助你深入了解销售情况。

　　根据ChatGPT提供的思路，我们一起通过数据透视表，从不同的角度解读销售数据，发现其中的关联和规律，以支持决策制定和业务优化。实例最终效果见"结果文件\第7章\销售统计表.xlsx"文件。

　　第1步 ▶ 打开"素材文件\第 7 章\销售统计表.xlsx"，选中任意数据单元格，单击【插入】选项卡【表格】组中的【数据透视表】按钮，如图 7-100 所示。

　　第2步 ▶ 打开【来自表格或区域的数据透视表】对话框，保持默认设置，单击【确定】按钮，如图 7-101 所示。

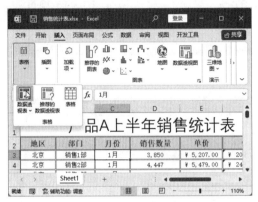

图 7-100　单击【数据透视表】按钮

图 7-101　单击【确定】按钮

　　第3步 ▶ 在【数据透视表字段】窗格的【选择要添加到报表的字段】列表框中依次选中【地区】【月份】【销售数量】【销售额】复选框，将字段添加到报表区域，如图 7-102 所示。

　　第4步 ▶ 选中 B3 单元格，在编辑栏中更改数据透视表字段标题，如图 7-103 所示。

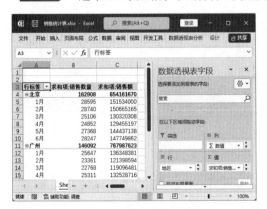

图 7-102　添加字段到报表

图 7-103　更改字段标题

　　第5步 ▶ 使用相同的方法修改 C3 单元格中的字段标题，如图 7-104 所示。

　　第6步 ▶ 在【设计】选项卡的【数据透视表样式】组中选择一种数据透视表样式，如图 7-105 所示。

图 7-104　更改其他字段标题

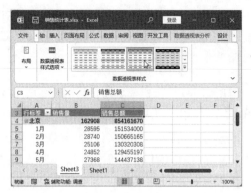

图 7-105　选择数据透视表样式

第7步 ▶ 在【数据透视表字段】窗格的【选择要添加到报表的字段】列表框中拖动【销售额】字段，将其再次添加到【值】区域，如图 7-106 所示。

第8步 ▶ 将在数据透视表中再次添加一个"求和项：销售额"字段，双击该字段标题，如图 7-107 所示。

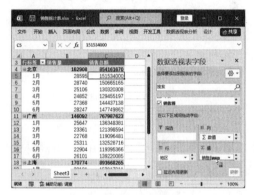

图 7-106　拖动字段

图 7-107　双击字段标题

第9步 ▶ 打开【值字段设置】对话框，在【自定义名称】文本框中输入字段标题，在【计算类型】列表框中选择【平均值】选项，完成后单击【确定】按钮，如图 7-108 所示。

第10步 ▶ 单击【数据透视表分析】选项卡【筛选】组中的【插入切片器】按钮，如图 7-109 所示。

图 7-108　选择【平均值】选项

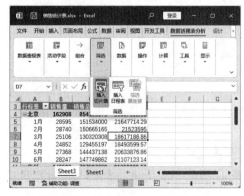

图 7-109　单击【插入切片器】按钮

第11步● 打开【插入切片器】对话框，选择需要筛选的字段，单击【确定】按钮，如图 7-110 所示。

第12步● 在插入的切片器中分别单击【广州】【3 月】筛选数据即可，如图 7-111 所示。

图 7-110　选择字段

图 7-111　使用切片器筛选数据

本章小结

本章系统地讲解了使用数据透视表的方法，包括通过 ChatGPT 了解数据透视表、创建和编辑数据透视表、分析数据透视表、使用数据透视图和在数据透视表中进行计算等知识。通过本章的学习，在遇到海量数据时，就可以灵活地使用数据透视表汇总数据，取得数据分析的关键数据。

第 8 章

数据的预算与规划分析

本章导读

在对表格进行数据分析时，经常需要对数据变化情况进行模拟，并分析和查看数据变化后所导致的其他数据变化的结果。此时，可以使用数据分析工具来分析数据。本章将通过 ChatGPT 了解数据分析工具的特点，再详细介绍使用模拟运算表、方案运算、规划求解和数据分析工具库分析数据的基本操作。

知识要点

- 了解模拟运算表。
- 掌握使用模拟运算表计算的方法。
- 了解方案运算。
- 掌握使用方案运算的方法。
- 了解规划求解。
- 掌握规划求解的方法。
- 了解数据分析工具库。
- 掌握使用数据分析工具库分析数据的方法。

8.1 使用模拟运算表

模拟运算表作为工作表的一个单元格区域，可以显示某个计算公式中一个或多个变量替换成不同值时的结果。模拟运算表为同时求解某一个运算中所有可能的变化值的组合提供了计算依据，并且可以将不同的计算结果显示在工作表中，帮助用户对数据进行查找和比较。

8.1.1　使用ChatGPT了解模拟运算表

模拟运算表是一种在电子表格软件中使用的工具，用于模拟和分析基于某种模型或假设的不同情况和结果。如果要在 Excel 中使用模拟运算表，可以先通过 ChatGPT 了解什么是模拟运算表。

> 🗣 **提问：** 请解释 Excel 中的模拟运算表。

> ⑤ **ChatGPT：**
>
> 在 Excel 中，模拟运算表是一种基于电子表格的功能，用于模拟和分析不同情况下的结果。它使用 Excel 的功能和公式，结合用户定义的参数和变量，以及相应的逻辑和算法，进行多次计算和模拟，从而生成多个可能的结果。
>
> 在 Excel 中创建模拟运算表的过程包括以下步骤。
>
> 1. 定义输入参数和变量：确定需要模拟和分析的参数和变量，可以是数字、文本或公式。这些参数和变量可以代表各种情况下的输入条件，例如，销售量、价格、成本等。
>
> 2. 设置计算逻辑和公式：使用 Excel 的函数和公式，根据定义的参数和变量，编写计算逻辑和公式。这些公式可以包含各种数学运算、逻辑判断和数据处理，以模拟特定情况下的计算过程。
>
> 3. 运行模拟：在模拟运算表中，用户可以设定不同的参数和变量值，然后通过运行模拟来生成结果。Excel 会根据设定的参数和变量，自动执行计算和模拟，生成对应的输出结果。
>
> 4. 分析和比较结果：根据模拟运算的结果，用户可以进行进一步的分析和比较。可以使用 Excel 的其他功能和工具，如图表、数据透视表等，来可视化和汇总结果，以便更好地理解和解释模拟结果。
>
> 通过模拟运算表，用户可以在 Excel 中进行复杂的情景分析、决策模拟和预测。它可以帮助用户在不同的参数和变量设定下，评估各种情况下的可能结果，以便更好地规划和决策。同时，Excel 的灵活性和强大的计算能力，使模拟运算表成为一个实用的工具，适用于许多领域，包括财务分析、投资评估、风险管理等。

通过 ChatGPT 的解释，我们了解了模拟运算表，其优势在于提供了一种探索不同情景的方法，帮助我们更好地理解问题的影响因素和可能的结果。通过多次模拟和分析，我们可以评估不同决策方案的风险和收益，做出更合理的决策。

8.1.2　进行单变量求解

变量求解就是求解具有一个变量的方程，它通过调整可变单元格中的数值，使之按照给定的公式来满足目标单元格中的目标值。

例如，在"商品价格分析"工作簿中，公司的新产品进价为 700 元，销售费用为 56 元，要计算销售利润在不同情况下的加价百分比，操作方法如下。

第1步 ▶ 打开"素材文件\第 8 章\商品价格分析.xlsx"，在工作表中选中 B4 单元格，输入公式"=B1*B2-B3"，然后按【Enter】键确认，如图 8-1 所示。

第2步 ▶ 选中 B4 单元格，单击【数据】选项卡【预测】组中的【模拟分析】下拉按钮，在弹出的下拉菜单中选择【单变量求解】选项，如图 8-2 所示。

图 8-1　输入公式

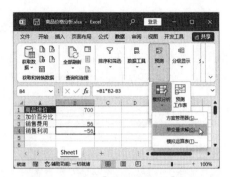

图 8-2　选择【单变量求解】选项

第3步 ▶ 弹出【单变量求解】对话框，在【目标值】文本框中输入理想的利润值，本例输入"300"，在【可变单元格】文本框中输入"$B$2"，单击【确定】按钮，如图 8-3 所示。

第4步 ▶ 弹出【单变量求解状态】对话框，单击【确定】按钮，如图 8-4 所示。

第5步 ▶ 返回工作表，即可计算出销售利润为 300 元时的加价百分比，如图 8-5 所示。

图 8-3　输入利润值

图 8-4　查看求解状态

图 8-5　查看计算结果

8.1.3　使用单变量模拟运算表分析数据

通过模拟运算表，可以在给出一个或两个变量的可能取值时，来查看某个目标值的变化情况。

例如，在"贷款利率计算"工作簿中，假设某人向银行贷款 500 万元，借款年限为 10 年，每年还款期数为 1 期，现在计算不同"年利率"下的"等额还款额"，操作方法如下。

第1步 ▶ 打开"素材文件\第 8 章\贷款利率计算.xlsx"，选中 F2 单元格，输入公式"=PMT(B2/D2,E2,-A2)"，按【Enter】键得出计算结果，如图 8-6 所示。

第2步 ▶ 选中 B5 单元格，输入公式"=PMT(B2/D2,E2,-A2)"，按【Enter】键得出计算结果，如图 8-7 所示。

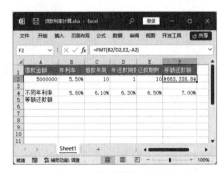

图 8-6　计算等额还款额

图 8-7　查看计算结果

第3步 ▶ 选中 B4:F5 单元格区域，单击【数据】选项卡【预测】组中的【模拟分析】下拉按钮，在弹出的下拉菜单中选择【模拟运算表】选项，如图 8-8 所示。

第4步 ▶ 弹出【模拟运算表】对话框，将光标插入点定位到【输入引用行的单元格】参数框，在工作表中选择要引用的单元格，单击【确定】按钮，如图 8-9 所示。

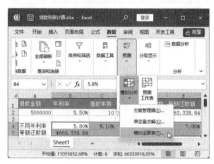

图 8-8　选择【模拟运算表】选项

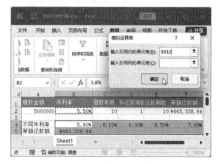

图 8-9　输入参数

第5步 ▶ 完成上述操作后，即可计算出不同"年利率"下的"等额还款额"，然后将这些计算结果的数字格式设置为"货币"，如图 8-10 所示。

图 8-10　设置货币格式

8.1.4　使用双变量模拟运算表分析数据

使用单变量模拟运算表时，只能解决一个输入变量对一个或多个公式计算结果的影响问题。

如果有两个变量影响公式的计算结果，就需要使用双变量模拟运算表。

例如，在"多种贷款利率计算"工作簿中，假设借款年限为 15 年，年利率为 5.9%，每年还款期数为 1，现要计算不同"借款金额"和不同"还款期数"下的"等额还款额"，操作方法如下。

第1步 ▶ 打开"素材文件\第 8 章\多种贷款利率计算 .xlsx"，选中 F2 单元格，输入公式"=PMT(B2/D2,E2,-A2)"，按【Enter】键得出计算结果，如图 8-11 所示。

第2步 ▶ 选中 A5 单元格，输入公式"=PMT(B2/D2,E2,-A2)"，按【Enter】键得出计算结果，如图 8-12 所示。

图 8-11　计算等额还款额

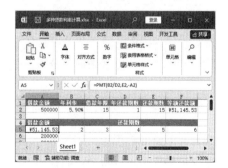

图 8-12　查看计算结果

第3步 ▶ 选中 A5:F9 单元格区域，单击【数据】选项卡【预测】组中的【模拟分析】下拉按钮，在弹出的下拉菜单中选择【模拟运算表】选项，如图 8-13 所示。

第4步 ▶ 弹出【模拟运算表】对话框，将光标插入点定位到【输入引用行的单元格】参数框，在工作表中选择要引用的单元格，如图 8-14 所示。

图 8-13　选择【模拟运算表】选项

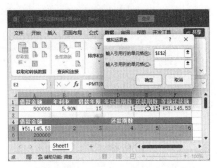

图 8-14　设置引用行的单元格

第5步 ▶ 将光标插入点定位到【输入引用列的单元格】参数框，在工作表中选择要引用的单元格，单击【确定】按钮，如图 8-15 所示。

第6步 ▶ 完成上述操作后，即可在工作表中计算出不同"借款金额"和不同"还款期数"下的"等额还款额"，然后将这些计算结果的数字格式设置为"货币"，如图 8-16 所示。

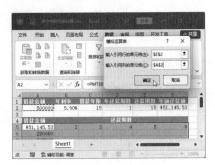

图 8-15　设置引用列的单元格

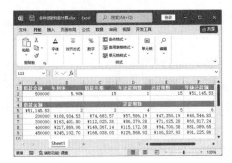

图 8-16　设置货币格式

8.2 使用方案运算

在分析计算模型中一到两个关键因素的变化对结果的影响时，使用模拟运算表非常方便。但是，如果要同时考虑更多的因素来进行分析，使用方案运算更容易处理问题。

8.2.1 使用ChatGPT了解方案运算

方案运算的核心思想是通过对不同方案进行定量的计算和比较，以便选择最佳的方案或做出明智的决策。这种方法可以帮助我们权衡不同的选择，并评估它们在特定条件下的影响和结果。如果你还不了解方案运算，不妨先通过ChatGPT了解一下。

🔟 **提问：** 请解释Excel中的方案运算。

⊛ **ChatGPT：**

方案运算是一种计算和比较不同方案效果和可行性的方法。它通过定量分析和评估不同的方案，以帮助你做出明智的决策和选择最佳的方案。方案运算通常涉及定义评估指标、收集数据、建立模型、应用计算方法和进行结果分析的过程。

在Excel中，方案管理器是一种功能强大的工具，可用于管理和比较多个不同的方案。通过方案管理器，你可以定义和组织不同的方案，以便进行比较、分析和评估。

具体而言，通过方案管理器进行方案运算的过程如下。

1. 定义方案：首先需要在方案管理器中定义各个方案。每个方案通常表示一个特定的业务情景或决策方案。你可以为每个方案指定名称、描述和相关参数。

2. 添加数据表：在每个方案中，可以添加数据表。数据表包含了方案所涉及的数据，可以是Excel工作表中的数据，也可以是其他数据源中的数据。通过添加数据表，可以将不同的数据源关联到各个方案中。

3. 设定参数和公式：在每个方案中，可以设定参数和公式。参数是影响方案结果的变量，可以通过单元格引用或直接输入值进行定义。公式是用于计算方案结果的表达式，可以使用Excel的函数和运算符来进行计算。

4. 运行方案：一旦定义了方案、添加了数据表并设定了参数和公式，就可以通过方案管理器运行各个方案。运行方案会触发计算，根据设定的参数和公式，对数据进行处理和分析，生成相应的结果。

5. 比较和评估：通过方案管理器，可以方便地比较各个方案的结果。可以查看方案的摘要信息、数据表的内容、参数的设定及计算结果等。这样可以更好地理解方案之间的差异和优劣，并进行决策和评估。

方案管理器提供了一种集中管理和分析多个方案的方法，使你能够更轻松地进行方案运算和决策分析，并且能够将多个方案集中在一个工作簿中，方便对比和评估它们的结果。

从以上回答中，可以得知方案运算是Excel中强大的功能之一，它提供了一个有效的工具，来管理和比较不同的方案，并从中获取有价值的洞察和决策支持。无论是进行业务分析、项目管理还是决策评估，方案运算都能提供有力的帮助，提高工作效率和准确性。

8.2.2 创建方案

如果要解决包括较多可变因素的问题，或者要在几种假设分析中找到最佳执行方案，可以用方案管理器来实现。

例如，在"房屋贷款方式分析"工作簿中，以 80 万元的公积金贷款为例，5 年期以下的年利率假定为 4.8%，5 年期以上的年利率假定为 5.5%，现在分别对 5 年还款、20 年还款及等本、等额还款等 4 种方式进行分析比较，操作方法如下。

第1步 打开"素材文件\第8章\房屋贷款方式分析.xlsx"，在A5单元格中输入公式"=IF(D2="等额",PMT(A2/12,C2*12,-B2,,)*C2*12-B2,(B2*C2*12+B2)/2*A2/12)"，按【Enter】键确认；在B5单元格中输入公式"=A5/B2"，按【Enter】键确认；在C5单元格中输入公式"=A5/C2"，按【Enter】键确认，如图 8-17 所示。

第2步 分别为工作表中的单元格定义名称，如图 8-18 所示。

图 8-17　输入公式　　　　　图 8-18　定义单元格名称

第3步 单击【数据】选项卡【预测】组中的【模拟分析】下拉按钮，在弹出的下拉菜单中选择【方案管理器】选项，如图 8-19 所示。

温馨提示●
　　为单元格区域定义名称，可以在之后生成方案报告时显示对应的定义名称，而不是单元格名称，更利于数据的查看。

图 8-19　选择【方案管理器】选项

第4步 打开【方案管理器】对话框，单击【添加】按钮，如图 8-20 所示。

第5步 弹出【添加方案】对话框，在【方案名】文本框中输入"等额 5 年期"，在【可变单元格】参数框中将参数设置为"$A$2,$C$2:$D$2"，单击【确定】按钮，如图 8-21 所示。

第6步 弹出【方案变量值】对话框，分别设置相应的参数，单击【确定】按钮，如图 8-22 所示。

图 8-20　单击【添加】按钮　　图 8-21　添加方案　　图 8-22　设置相应的参数

第7步 返回【方案管理器】对话框，即可看到添加了【等额 5 年期】方案，单击【添加】按钮，如图 8-23 所示。

第8步 打开【添加方案】对话框，然后依次添加其他方案，输入方案名称，设置【可变单元格】的参数为"A2,C2:D2"，单击【确定】按钮，如图 8-24 所示。

第9步 在打开的【方案变量值】对话框中设置相应的参数，如图 8-25 所示。

图 8-23 单击【添加】按钮 　　图 8-24 添加其他方案 　　图 8-25 设置相应的参数

第10步 使用相同的方法设置第三个方案，如图 8-26 所示。

第11步 使用相同的方法设置第四个方案，如图 8-27 所示。

第12步 方案设置完成后，在【方案】列表框中选择要查看的方案，单击【显示】按钮，工作表中即可显示该方案的详细数据，如图 8-28 所示。

  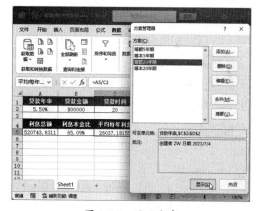

图 8-26 设置第三个方案　图 8-27 设置第四个方案 　　图 8-28 显示方案

8.2.3 编辑与删除方案

方案都是在不断更改中渐渐完善的，如果觉得数据不合适，可及时更改。如果觉得某个方案已经不再需要，也需要立即删除，以免影响数据分析。如果要更改和删除方案，操作方法如下。

第1步 接上一例操作，打开【方案管理器】对话框，在【方案】列表框中选择需要修改的方案名称，单击【编辑】按钮，如图 8-29 所示。

第2步▶ 打开【编辑方案】对话框，更改方案名（本例保持方案名不变），单击【确定】按钮，如图 8-30 所示。

第3步▶ 打开【方案变量值】对话框，更改【贷款年率】的值为"0.059"，单击【确定】按钮即可修改方案，如图 8-31 所示。

第4步▶ 如果要删除方案，在【方案管理器】对话框中选中需要删除的方案，单击【删除】按钮即可删除该方案，如图 8-32 所示。

图 8-29　单击　　　图 8-30　单击【确定】按钮　　　图 8-31　更改贷款年率　　　图 8-32　单击
【编辑】按钮　　　　　　　　　　　　　　　　　　　　　　　　　　　　　　　　　　【删除】按钮

8.2.4　生成方案报告

在查看方案时，每次只能查看一个方案所生成的结果，不利于对比分析。此时，可以在方案管理器中生成方案摘要查看，操作方法如下。

第1步▶ 接上一例操作，打开【方案管理器】对话框，单击【摘要】按钮，如图 8-33 所示。

第2步▶ 弹出【方案摘要】对话框，在【报表类型】栏中选中【方案摘要】单选按钮，在【结果单元格】参数框中将参数设置为"=$A$5:$C$5"，单击【确定】按钮，如图 8-34 所示。

第3步▶ 返回工作表，即可看到自动创建了一个名为"方案摘要"的工作表，如图 8-35 所示。

图 8-33　单击【摘要】
按钮

图 8-34　设置
报告参数

图 8-35　查看方案摘要

使用规划求解

为了合理地利用资源,经常会计算如何调配资源,利用有限的人力、物力、财力等资源,得到最佳的经济效果,达到产量最高、利润最大、成本最小、资源消耗最少的目标。因为可选方案太多了,要求解的变量也不止一个,用模拟运算表、方案管理器都没有办法得到准确的答案,此时可以使用规划求解工具。

8.3.1 使用ChatGPT了解规划求解

规划求解是一种强大的数学工具,用于解决复杂的优化问题。无论是在商业决策、工程规划、资源分配还是在其他领域中,规划求解都能帮助我们找到最佳的决策方案,以最大化收益、最小化成本或满足特定的约束条件。在使用规划求解之前,可以先通过ChatGPT了解什么是规划求解。

> 💬 **提问:** 请解释Excel中的规划求解。

🛞 **ChatGPT:**

在Excel中,规划求解是一种用于解决优化问题的功能。优化问题通常涉及在给定的约束条件下,找到最佳的决策或方案,以使特定的目标函数取得最优值。规划求解能够自动搜索可能的解决方案,以找到最优解或接近最优解的结果。

Excel中的规划求解功能基于线性规划(Linear Programming)和非线性规划(Nonlinear Programming)等数学模型,通过设置决策变量、约束条件和目标函数,对问题进行建模和求解。

在使用规划求解功能时,需要定义决策变量,这是希望优化的参数或值。然后需要设置约束条件,这些条件限制了决策变量的取值范围。最后需要定义目标函数,这是希望最大化或最小化的指标或目标。

一旦设置好了决策变量、约束条件和目标函数,Excel的规划求解功能将自动搜索可能的解决方案,并找到满足约束条件并使目标函数取得最优值的最佳解。可以选择不同的求解方法和参数设置,以调整求解的准确性和效率。

规划求解在许多领域中都有广泛的应用,例如,生产计划、资源分配、运输优化、投资组合管理等。它能够帮助你做出更明智的决策,优化资源利用,提高效率和效益。

总之,Excel中的规划求解功能为解决优化问题提供了强大的工具,能够帮助你找到最佳的决策或方案。无论是在工作中进行数据分析和决策,还是在学习和研究中进行数学建模和优化,规划求解都是一个有用的功能,可以提供准确的结果和深入的洞察。

综上所述,在Excel中,规划求解功能为用户提供了一个便捷而强大的工具,使建模和求解优化问题变得简单而高效。通过定义决策变量、约束条件和目标函数,可以快速地获得最佳决策方案。

在实际工作中,规划问题的种类有很多,而根据其所要解决的问题,可以分以下两种。

(1)确认了某个目标,需要解决如何使用最少的人力、物力和财力达到目标的问题。

(2)已经确认了一定数量的人力、物力和财力,需要解决如何才能让其获得最大收益的问题。

而从数学的角度来讲，规划问题都有以下特点。

（1）决策变量：每个规划问题都有一组需要求解的未知数，被称为决策变量，而这组决策变量的一组确定值就是一个具体的规划方案。

（2）约束条件：对于规划问题的决策变量，都有一定的限制条件，被称为约束条件，而约束条件可以用与决策变量有关的不等式或等式来表示。

（3）目标：每个规划问题都有一个明确的目标，例如，增加利润或是减少成本。目标通常可以用与决策变量有关的函数来表示。

解决规划问题时，首先需要将实际问题数学化、模型化，也就是将实际问题通过一组决策变量、一组用不等式或等式表示的约束条件，以及目标函数来表示。

在 Excel 中，这些变量、等式、函数都可以利用单元格中的数值、公式及规划求解工具中的参数来构成。

所以，只要能在工作表中将决策变量、约束条件和目标函数的相关关系清晰地用有关的公式描述清楚，就可以方便地应用规划求解工具求解了。

8.3.2 加载规划求解工具

默认情况下，Excel 并没有加载规划求解工具，所以在使用规划求解之前，首先要手动加载规划求解工具，操作方法如下。

第1步 打开"素材文件\第 8 章\生产成本规划.xlsx"，在【文件】选项卡中选择【更多】选项，在弹出的菜单中选择【选项】选项，如图 8-36 所示。

第2步 打开【Excel 选项】对话框，在【加载项】选项卡中单击【转到】按钮，如图 8-37 所示。

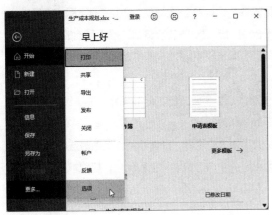

图 8-36 选择【选项】选项

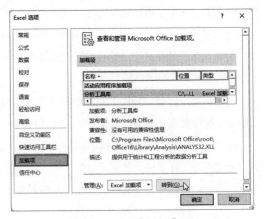

图 8-37 单击【转到】按钮

第3步 打开【加载项】对话框，选中【规划求解加载项】复选框，单击【确定】按钮，如图 8-38 所示。

第4步 返回工作表，即可看到【数据】选项卡中添加了【规划求解】命令按钮，如图 8-39 所示。

图 8-38 选中【规划求解加载项】复选框

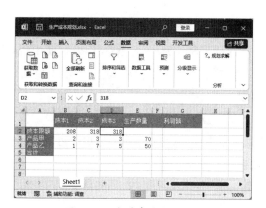

图 8-39 查看命令按钮

8.3.3 规划模型求解

规划问题的种类很多，但大致可以分为两类：一类是确定任务，如何完成；另一类是拥有物资，如何取得最大利润。下面以解决第二类问题为例，介绍规划模型求解的使用方法。

例如，企业需要生产甲和乙两种产品，其中一件甲产品需要成本 1—3kg、成本 2—3kg、成本 3—5kg，一件乙产品需要成本 1—2kg、成本 2—6kg、成本 3—7kg，而现在已知每天成本的使用限额是成本 1—325kg，成本 2—390kg，成本 3—420kg。根据预测，产品甲可以获利 1.5 万元，产品乙可以获利 2.1 万元。

现在我们要做的，就是规划如何生产，才能在有限的成本下获得最大的利润。

1. 建立工作表

规划求解的第一步，是将规划模型有关的数据及用公式表示的关联关系输入工作表中。例如，要在"生产成本规划"工作簿中建立工作表，操作方法如下。

第1步 接上一例操作，在工作表中输入相关数据，生产数量暂时设置为 70 和 50，B5 单元格为成本 1 的消耗总量，其计算公式为"=B3*$E3+B4*$E4"，如图 8-40 所示。

第2步 将公式填充到 C4:D5 单元格区域。G2 单元格为计算利润额的目标函数，其计算公式为"=E3*1.5+E4*2.1"，如图 8-41 所示。

图 8-40 计算成本消耗总量

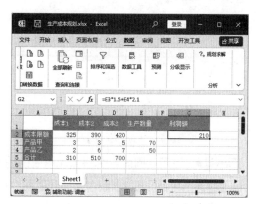

图 8-41 计算利润额

2. 规划求解

工作表制作完成后，就可以开始使用规划求解工具了，操作方法如下。

第1步 ▶ 接上一例操作，单击【数据】选项卡【分析】组中的【规划求解】按钮，如图 8-42 所示。

第2步 ▶ 打开【规划求解参数】对话框，在【设置目标】参数框中将参数设置为"$G$2"，选中【最大值】单选按钮，在【通过更改可变单元格】参数框中将参数设置为"$E$3:$E$4"，单击【添加】按钮，如图 8-43 所示。

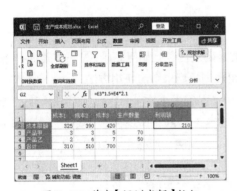

图 8-42　单击【规划求解】按钮　　　　　　图 8-43　单击【添加】按钮

第3步 ▶ 打开【添加约束】对话框，在【单元格引用】参数框中将参数设置为成本 1 所在单元格 B5，在【约束】参数框中将参数设置为成本 1 的限额所在单元格 B2，单击【添加】按钮，如图 8-44 所示。

第4步 ▶ 使用相同的方法添加成本 2 的约束条件，单击【添加】按钮，如图 8-45 所示。

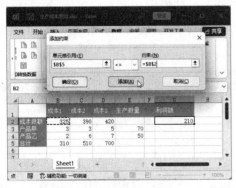

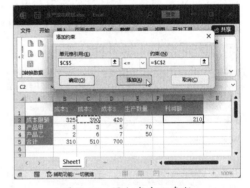

图 8-44　单击【添加】按钮　　　　　　图 8-45　添加成本 2 参数

第5步 ▶ 使用相同的方法添加成本 3 的约束条件，完成后单击【确定】按钮，如图 8-46 所示。

第6步 ▶ 返回【规划求解参数】对话框，在【选择求解方法】下拉列表中选择【单纯线性规划】选项，单击【求解】按钮，如图 8-47 所示。

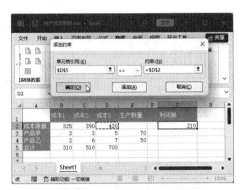

图 8-46 添加成本 3 参数

图 8-47 单击【求解】按钮

第7步 Excel开始计算，求解完成后弹出【规划求解结果】对话框，可以看到规划求解工具已经找到一个可满足所有约束的最优解。选中【保留规划求解的解】单选按钮，在【报告】栏中选择【运算结果报告】【敏感性报告】【极限值报告】选项，单击【确定】按钮，如图 8-48 所示。

第8步 返回工作表，即可看到最佳生产为每天生产 0 个产品甲，生产 60 个产品乙，而不能达到之前随意设置的生产数量和利润，如图 8-49 所示。

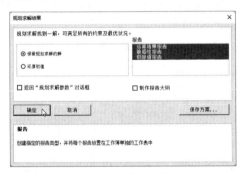

图 8-48 单击【确定】按钮

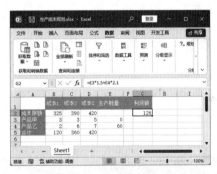

图 8-49 查看求解结果

第9步 在运算结果报告中，列出了目标单元格和可变单元格及它们的初始值、最终结果、约束条件和有关约束条件的相关信息，如图 8-50 所示。

第10步 在敏感性报告中，【规划求解参数】对话框的【设置目标】参数框中所指定的公式的微小变化，以及约束条件的微小变化，对求解结果都会有一定影响。这个报告提供了关于求解对这些微小变化的敏感性信息，如图 8-51 所示。

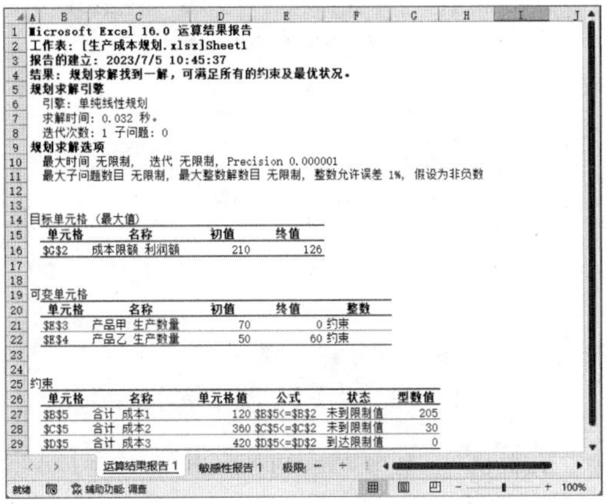

图 8-50 查看运算结果报告

第11步 在极限值报告中，列出了目标单元格和可变单元格及它们的数值、上下限和目标值。下限是在满足约束条件和保持其他可变单元格数值不变的情况下，某个可变单元格可以取到的最小值；上限是在这种情况下可以取到的最大值，如图 8-52 所示。

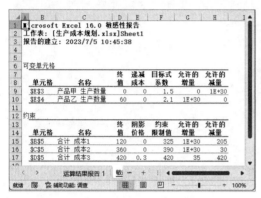

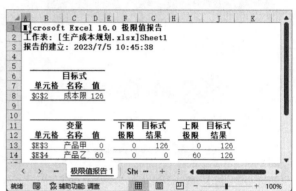

图 8-51　查看敏感性报告　　　　　　图 8-52　查看极限值报告

8.3.4　修改规划求解参数

如果要修改规划求解参数，直接修改约束条件就可以了，操作方法如下。

第1步 接上一例操作，修改工作表中的成本 3 的限额，将 D2 单元格的 "420" 更改为 "500"，单击【数据】选项卡【分析】组中的【规划求解】按钮，如图 8-53 所示。

第2步 打开【规划求解参数】对话框，直接单击【求解】按钮，如图 8-54 所示。

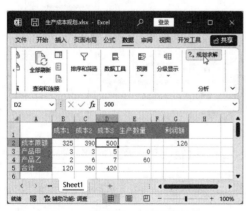

图 8-53　单击【规划求解】按钮　　　　图 8-54　单击【求解】按钮

第3步 在打开的【规划求解结果】对话框中直接单击【确定】按钮，如图 8-55 所示。

第4步 返回工作表，即可看到新的规划方案，如图 8-56 所示。

图 8-55　单击【确定】按钮　　　　　　　　图 8-56　查看修改方案

8.4 使用Excel数据分析工具库

很多人经常使用Excel表格记录数据，却不知道使用Excel数据分析工具库可以深入地分析数据，找出数据中的规律。本节将介绍如何使用Excel数据分析工具库分析数据，让隐藏在数据表中的数据一目了然地展示在眼前。

8.4.1 使用ChatGPT了解数据分析工具库

在Excel中分析数据时，除了可以使用图表、数据透视表等我们所熟知的工具，还可以使用数据分析工具库。如果你还不知道什么是数据分析工具库，那么就通过ChatGPT来了解一下吧。

> ⑩ **提问：** 请解释Excel中的数据分析工具库。

> ⑥ **ChatGPT：**
>
> 在Excel中，数据分析工具库是一组内置的功能和工具，用于处理和分析数据。它提供了各种强大的功能，可以帮助用户进行数据的统计、汇总、可视化、建模和预测等。
>
> Excel的数据分析工具库中包含了多个功能模块，其中一些常见的功能模块如下。
>
> 1. 描述统计：包括平均值、中位数、标准差、最大值、最小值等统计指标的计算，以及频率分布和直方图的生成。
>
> 2. 数据表：用于创建和管理数据表格，包括数据的排序、筛选、删除重复项等操作。
>
> 3. 条件格式化：通过设置条件，可以对数据进行格式化，例如，高亮显示最大值、最小值，根据数值范围设置颜色等。
>
> 4. 数据透视表：用于快速分析和汇总大量数据，可以通过拖放字段进行数据分组、计算总和、求平均值等，以及生成交叉表和透视图。
>
> 5. 回归分析：用于建立线性回归模型，通过拟合数据点，预测未来的数值。
>
> 6. 假设检验：用于进行统计假设检验，例如，t 检验、方差分析等，以确定数据之间的显著性差异。

> 7. 数据挖掘: 包括聚类分析、关联规则挖掘等技术，用于发现数据中的模式和关联关系。
>
> 通过使用Excel的数据分析工具库，用户可以对数据进行深入的分析和探索，从而获取有关数据的信息，用于支持决策和解决问题。这些工具提供了简便易用的界面和功能，无须编写复杂的代码，即可进行数据分析和处理，使数据分析变得更加高效和可靠。
>
> 无论是对个人用户还是商业用户而言，Excel的数据分析工具库都是一个强大的资源，可以帮助他们更好地理解和利用数据，发现数据中的模式和趋势，从而做出明智的决策。通过熟练掌握和应用数据分析工具库，用户可以提高工作效率，并从数据中获得更大的价值。

从以上回答中，可以得知除了常见的分析工具，还可以通过数据分析工具库对数据进行深层次的分析，找到隐藏的数据规律。

8.4.2 加载Excel数据分析工具库

Excel的"分析工具库"一开始并没有默认显示在选项卡中，需要从【Excel选项】对话框中加载才可以使用，操作方法如下。

第1步 打开"素材文件\第8章\员工成绩表.xlsx"，在【文件】选项卡中选择【更多】选项，在弹出的菜单中选择【选项】选项，如图 8-57 所示。

第2步 打开【Excel选项】对话框，在【加载项】选项卡中单击【转到】按钮，如图 8-58 所示。

第3步 打开【加载项】对话框，选中【分析工具库】复选框，单击【确定】按钮，如图 8-59 所示。

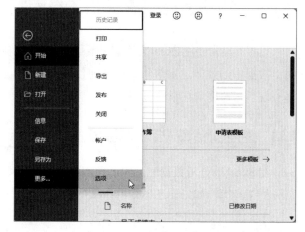

图 8-57 选择【选项】选项

第4步 返回工作表，即可看到【数据】选项卡中添加了【数据分析】命令按钮，如图 8-60 所示。

图 8-58 单击【转到】按钮

图 8-59 选中【分析工具库】复选框

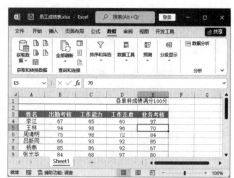

图 8-60 查看命令按钮

8.4.3　描述性统计分析

描述统计的作用是描述随机变量的统计规律性，例如，某新产品的评价、某培训机构的成绩等。

而随机变量的常用统计量有平均值、标准误差、标准偏差、方差、最大值、最小值、中值、峰值、众数等。

其中，平均值说明了随机变量的集中程度；差值说明了随机变量相对于平均值的离散程度，是最常用的两个统计量。

例如，要在"员工成绩表"工作簿中使用"描述统计"工具计算出平均值、方差和标准差等统计量，操作方法如下。

第1步 ▶ 接上一例操作，单击【数据】选项卡【分析】组中的【数据分析】按钮，如图 8-61所示。

第2步 ▶ 打开【数据分析】对话框，选择【描述统计】选项，单击【确定】按钮，如图 8-62所示。

第3步 ▶ 打开【描述统计】对话框，单击【输入区域】文本框右侧的⬆按钮，如图 8-63 所示。

图 8-61　单击【数据分析】按钮

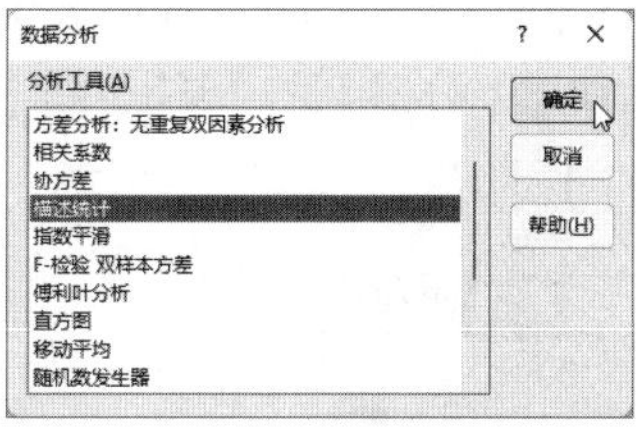

图 8-62　选择【描述统计】选项

图 8-63　单击⬆按钮

第4步 ▶ 在工作表中选中需要分析的成绩所在的单元格区域，本例选中 B3:E14 单元格区域，单击🔽按钮，如图 8-64 所示。

第5步 ▶ 返回【描述统计】对话框，选中【标志位于第一行】复选框，在【输出选项】栏中选择输出区域，本例选中【新工作表组】单选按钮，选中【汇总统计】复选框，完成后单击【确定】按钮，如图 8-65 所示。

第6步 ▶ 返回工作表，即可看到描述统计结果已经存放在新工作表中。从分析结果中可以看出，"工作态度"中

图 8-64　选择分析区域

的平均值为 81.4，中位数为 82，平均值与中位数相差较小，说明成绩分布比较正常。而"业务考核"的成绩中，平均值与中位数相差较大，众数与中位数均为 92，偏度达到 -1.34，说明该项成绩偏高，可能是考核标准较低，可以相对提高考核难度，如图 8-66 所示。

图 8-65 设置统计参数

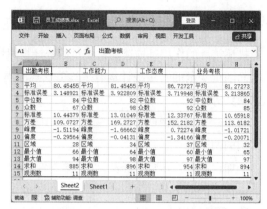

图 8-66 查看统计结果

8.4.4 直方图

直方图是一种统计报告图，由一系列高度不等的纵向条纹或线段表示数据分布的情况。通过函数和图表向导虽然也可以完成直方图的创建，但是使用"直方图"工具会更加简单方便。

例如，要在"员工成绩表 1"工作簿中将员工考核成绩中的"工作能力"分为 5 组创建直方图，操作方法如下。

第1步 ▶ 打开"素材文件\第 8 章\员工成绩表 1.xlsx"，在工作表中设置组距，按成绩的优、良、中、差和不及格来分类，单击【数据】选项卡【分析】组中的【数据分析】按钮，如图 8-67 所示。

第2步 ▶ 打开【数据分析】对话框，选择【直方图】选项，单击【确定】按钮，如图 8-68 所示。

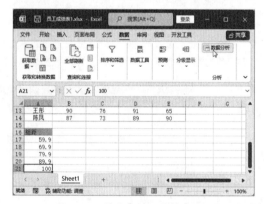

图 8-67 单击【数据分析】按钮

图 8-68 选择【直方图】选项

第3步 ▶ 打开【直方图】对话框，在【输入】栏中设置输入区域（创建直方图的成绩所在区域，本例为 C4:C14 单元格区域）和接收区域（本例为 A17:A21 单元格区域），在【输出选项】栏中选择输出位置，本例选中【新工作表组】单选按钮，选中【图表输出】复选框，完成后单击【确定】按钮，如图 8-69 所示。

第4步 ▶ 返回工作表，即可看到直方图已经创建。在直方图的分析结果中，"频率"代表的数据为"频数"，59.9 的频率是 0，说明成绩在 60 分以下的人数为 0 个；100 的频率是 4，说明成绩在

90 ~ 100 的人数为 4 个，如图 8-70 所示。

图 8-69 设置分析参数

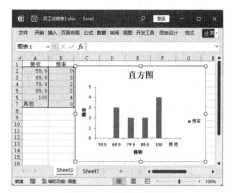

图 8-70 查看直方图

8.4.5 方差分析

使用"方差分析"工具，可以分析一个或多个因素在不同水平对总体的影响。

例如，要在"促销成绩分析"工作簿中，使用"方差分析"工具，分析各促销方式对销量的影响，操作方法如下。

第1步 打开"素材文件\第8章\促销成绩分析.xlsx"，单击【数据】选项卡【分析】组中的【数据分析】按钮，如图 8-71 所示。

第2步 打开【数据分析】对话框，选择【方差分析：单因素方差分析】选项，单击【确定】按钮，如图 8-72 所示。

图 8-71 单击【数据分析】按钮

图 8-72 选择【方差分析：
单因素方差分析】选项

第3步 打开【方差分析：单因素方差分析】对话框，在【输入】栏中设置输入区域，本例为 A3:F6 单元格区域，在【分组方式】栏中选中【行】单选按钮，选中【标志位于第一列】复选框，在【输出选项】栏中设置输出区域，本例选中 A8 单元格，完成后单击【确定】按钮，如图 8-73 所示。

第4步 返回工作表，即可看到分析结果。方差分析结果分为两部分，第一部分为总括，只需关注"方差"值的大小，值越小越稳定。从结果中可以看出，"促销方式B"的方差为58.3，值最小，促销成绩最稳定。第二部分为方差分析结果，需要关注P值的大小，值越小代表区域越大，如果P

值小于 0.05，则需要继续深入分析下去；如果P值大于 0.05，则说明所有组别没有差别，不用再进行深入比较和分析。本例的P值为 0.516，大于 0.05，说明促销成绩比较客观，如图 8-74 所示。

图 8-73　设置分析参数

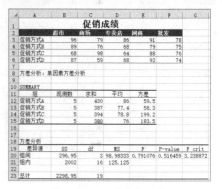

图 8-74　查看分析结果

8.4.6　指数平滑

使用"指数平滑"工具，通过加权平均的方法，对未来的数据进行预测。但是，对于初学者来说，使用"指数平滑"工具需要具备一些统计学概念。

在使用"指数平滑"工具预测未来值时，首先要确定阻尼系数，而这个系数我们通常用a来表示。那么，如何确定a的值呢？

a的大小规定了在新预测值中，新数据和原预测值所占的比例，所以a值越大，新数据所占的比例就越大，原预测值所占的比例就越小。而在确定a值时，可以通过已知数据的规律来确定a值的范围。

（1）数据波动不大，比较平稳时，应将a值取小，如 0.05 ~ 0.2。

（2）数据有波动，但整体波动不明显，a值可以取 0.1 ~ 0.4。

（3）数据波动较大，有明显的上升和下降趋势，a值可取 0.5 ~ 0.8。

但在实际应用中，也不需要完全按照以上方法来设定a值，可以选择几个a值进行计算，然后选择预测误差较小的作为最终a值。

在使用"指数平滑"工具预测未来值时，还要根据数据的趋势线来选择平滑次数。

（1）一次平滑：适用于无明显变化趋势的数列，其计算公式为$S_t^1 = a \cdot X_1 + (1-a)S_t - 1^1$。

（2）二次平滑：建立在一次平滑的基础上，适用于直线变化趋势的数列，其计算公式为$S_t^2 = a \cdot S_t^1 + (1-a)S_t - 1^2$。

（3）三次平滑：建立在二次平滑的基础上，适用于二次曲线变化的数列，其计算公式为$S_t^3 = a \cdot S_t^2 + (1-a)S_t - 1^3$。

例如，要在"产品生产量预测"工作簿中，通过"指数平滑"工具预测 2024 年的生产量，操作方法如下。

第1步 ▶ 打开"素材文件\第 8 章\产品生产量预测 .xlsx"，单击【数据】选项卡【分析】组中的【数据分析】按钮，如图 8-75 所示。

第2步 ▶ 打开【数据分析】对话框，选择【指数平滑】选项，然后单击【确定】按钮，如图 8-76 所示。

图 8-75　单击【数据分析】按钮

图 8-76　选择【指数平滑】选项

温馨提示 ●

　　如果进行一次平滑计算之后，得到的趋势线是直线，那就需要进行二次平滑。二次平滑的方法与一次平滑相同，但是在设置输入区域时，应该注意输入区域为一次平滑后的结果区域。如果要进行三次平滑，那三次平滑的输入区域则为二次平滑后的结果区域。

第3步 ▶ 打开【指数平滑】对话框，在【输入】栏中设置输入区域，设置【阻尼系数】为"0.1"，在【输出选项】栏中设置输出区域，选中【图表输出】复选框，然后单击【确定】按钮，如图 8-77 所示。

第4步 ▶ 此时，可以看到阻尼系数为 0.1 时图表的趋势情况，如图 8-78 所示。

图 8-77　设置分析参数

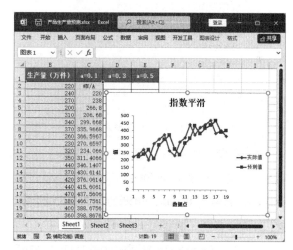

图 8-78　查看图表趋势

第5步 ▶ 再次打开【指数平滑】对话框，在【输入】栏中设置输入区域，设置【阻尼系数】为"0.3"，在【输出选项】栏中设置输出区域，选中【图表输出】复选框，然后单击【确定】按钮，如图 8-79 所示。

第6步 ▶ 此时，可以看到阻尼系数为 0.3 时图表的趋势情况，如图 8-80 所示。

图 8-79　设置分析参数

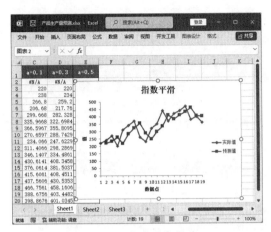

图 8-80　查看图表趋势

第7步 ▶ 再次打开【指数平滑】对话框，在【输入】栏中设置输入区域，设置【阻尼系数】为"0.5"，在【输出选项】栏中设置输出区域，选中【图表输出】复选框，然后单击【确定】按钮，如图 8-81 所示。

第8步 ▶ 此时，可以看到阻尼系数为 0.5 时图表的趋势情况，如图 8-82 所示。

图 8-81　设置分析参数

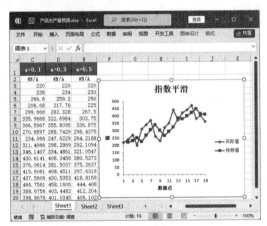

图 8-82　查看图表趋势

第9步 ▶ 对比三次指数平滑的趋势线，发现阻尼系数为 0.1 时，预测值和实际值最接近，所以确定阻尼系数为 0.1 时，预测的误差最小。因此，使用阻尼系数为 0.1 套入公式计算：$a \cdot X_1 + (1 - a) S_t - 1^1$，计算方法为"=0.1*360+(1-0.1)*398.8676"，得出计算结果 394.98084，这个数值就是 2024 年的预测生产量，如图 8-83 所示。

图 8-83　预测生产量

8.4.7 移动平均

移动平均是通过分析变量的时间发展趋势进行预测，通过时间的推进，依次计算出一定期数内的平均值，形成平均值时间序列，从而反映对象的发展趋势，从而实现未来值预测。例如，在"产品销售额预测"工作簿中使用"移动平均"工具预测 2024 年的销售额，操作方法如下。

第1步 ▶ 打开"素材文件\第 8 章\产品销售额预测 .xlsx"，单击【数据】选项卡【分析】组中的【数据分析】按钮，如图 8-84 所示。

第2步 ▶ 打开【数据分析】对话框，选择【移动平均】选项，单击【确定】按钮，如图 8-85 所示。

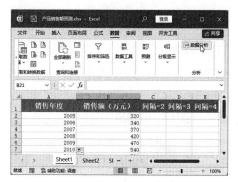

图 8-84 单击【数据分析】按钮

图 8-85 选择【移动平均】选项

第3步 ▶ 打开【移动平均】对话框，在【输入】栏中设置输入区域，并设置【间隔】为"2"，在【输出选项】栏中设置输出区域，选中【图表输出】复选框，完成后单击【确定】按钮，如图 8-86 所示。

第4步 ▶ 此时，可以看到间隔为 2 时图表的趋势情况，如图 8-87 所示。

图 8-86 设置分析参数

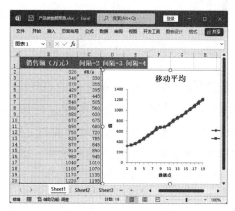

图 8-87 查看图表趋势

第5步 ▶ 再次打开【移动平均】对话框，在【输入】栏中设置输入区域，并设置【间隔】为"3"，在【输出选项】栏中设置输出区域，选中【图表输出】复选框，完成后单击【确定】按钮，如图 8-88 所示。

第6步 ▶ 此时，可以看到间隔为 3 时图表的趋势情况，如图 8-89 所示。

图 8-88　设置分析参数

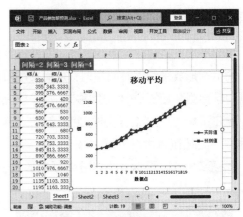

图 8-89　查看图表趋势

第7步 ▶ 再次打开【移动平均】对话框，在【输入】栏中设置输入区域，并设置【间隔】为"4"，在【输出选项】栏中设置输出区域，选中【图表输出】复选框，完成后单击【确定】按钮，如图 8-90 所示。

第8步 ▶ 此时，可以看到间隔为 4 时图表的趋势情况，如图 8-91 所示。

图 8-90　设置分析参数

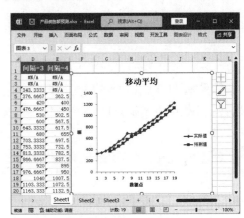

图 8-91　查看图表趋势

第9步 ▶ 对比三次移动平均的趋势线，发现间隔为 2 时，预测的误差最小。所以，使用 2022 年+2023 年的移动平均值除以 2（如果间隔为 3，则取前 3 年数值的平均值，以此类推），即公式为"=(C19+C20)/2"，得出计算结果 1165，这个数值就是 2024 年的预测销售额，如图 8-92 所示。

图 8-92　计算预测销售额

8.4.8 抽样分析

使用"抽样"工具，可以从众多数据中创建一个样本数据组。在抽样时，如果数据呈周期性分布，可以选择周期抽取；如果数据量太多，也没有规律，可以随机抽取。

例如，商场要在众多购物小票中抽取 10 张，小票所属的顾客即为幸运顾客，可以得到奖励。现在在"抽奖"工作簿中，随机抽取 10 个小票编号，操作方法如下。

第1步 打开"素材文件\第 8 章\抽奖.xlsx"，单击【数据】选项卡【分析】组中的【数据分析】按钮，如图 8-93 所示。

第2步 打开【数据分析】对话框，选择【抽样】选项，然后单击【确定】按钮，如图 8-94 所示。

第3步 打开【抽样】对话框，在【输入】栏中设置输入区域，在【抽样方法】栏中选中【随机】单选按钮，在【样本数】文本框中输入"10"，在【输出选项】栏中设置输出区域，完成后单击【确定】按钮，如图 8-95 所示。

第4步 返回工作表，即可看到已经随机抽取了 10 个小票编号，如图 8-96 所示。

图 8-93 单击【数据分析】按钮

图 8-94 选择【抽样】选项　　图 8-95 设置参数　　图 8-96 查看抽样结果

8.5 ChatGPT答疑解惑

通过前面知识的学习，相信读者已经掌握了数据预算与规划的相关技能。下面结合本章内容，让 ChatGPT 介绍一些与预算和规划分析相关的知识，让你在分析数据时可以更加方便。

8.5.1 使用单变量求解时有哪些注意事项

使用单变量求解是一种常见的方法，用于通过单一变量来推导或计算出其他变量的值。在进行单变量求解之前，可以先问一问 ChatGPT 有哪些注意事项。

提问：请介绍使用单变量求解的注意事项。

ChatGPT：

在使用单变量求解时，有几个注意事项需要考虑。

1. 定义问题：清晰地定义要解决的问题和所需的求解目标。确定要找到的未知变量，并明确需要通过单变量求解来获得的结果。

2. 确定变量关系：理解变量之间的数学关系，并建立合适的数学模型。确定目标变量与其他变量之间的函数关系，以便进行求解。

3. 选择适当的求解方法：根据问题的性质和求解目标，选择适当的单变量求解方法。常见的方法包括二分法、牛顿法、割线法等。了解不同方法的优点和适用范围，选择最合适的方法来解决问题。

4. 设置初始值：单变量求解通常需要提供一个初始值作为求解的起点。选择一个合适的初始值，以便求解过程能够顺利进行。根据问题的特点和求解方法的要求，设置合适的初始值。

5. 迭代求解：单变量求解通常是一个迭代的过程。根据选择的求解方法，进行多次迭代，逐步逼近最优解。注意，设置合适的迭代终止条件，以避免无限循环或过早终止。

6. 检验结果：在得到最终的求解结果之前，进行结果的检验和验证。确保结果符合问题的要求，并进行适当的结果解释和解读。

7. 考虑问题的局限性：单变量求解有其局限性，特别是在处理复杂问题时。了解问题的局限性，并根据需要考虑使用其他求解方法或技术来获得更全面的解决方案。

通过遵循这些注意事项，可以更好地应用单变量求解方法来解决问题，并获得准确、可行的结果。同时，灵活运用不同的数学和计算工具，选择最合适的求解方法。

综上所述，在使用单变量求解时，遵循这些注意事项，可以更好地解决问题，并获得准确的结果。同时，持续学习和探索其他求解方法和技术，以拓宽求解问题的工具和视野。因为单变量求解是由反复的迭代计算得到的最终结果，Excel 默认的最多迭代计算次数为"100"，如果增加迭代计算次数，可以使每次求解进行更多的计算，获得更多的机会求出精确结果。如果要设置最大迭代计算次数，操作方法如下。

第1步 ▶ 打开"素材文件\第8章\商品价格分析.xlsx"，在【文件】选项卡中选择【更多】选项，在弹出的菜单中选择【选项】选项，如图 8-97 所示。

第2步 ▶ 弹出【Excel 选项】对话框，在【公式】选项卡的【最多迭代次数】数值框中，根据需要输入 1～32767 的数值，单击【确定】按钮即可，如图 8-98 所示。

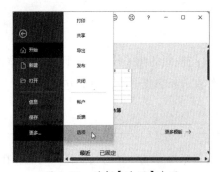

图 8-97　选择【选项】选项

图 8-98　设置迭代次数

8.5.2 如何使用规划求解以最低成本购买固定数量的礼品

公司活动时，经常会需要购买固定数量的礼品，怎么买最划算，可以在ChatGPT的帮助下，使用规划求解来制定方案。

> 🗣 **提问：** 请介绍通过规划求解，求出以最低成本购买固定数量礼品的方法。

> 🌀 **ChatGPT：**
> 通过规划求解方法，可以确定以最低成本购买固定数量礼品的方法。以下是使用规划求解进行最低成本购买礼品的一般步骤。
> 1. 定义目标：明确目标是以最低成本购买固定数量的礼品。这是优化问题的目标。
> 2. 收集数据：确定购买礼品的可选项和相应的成本。收集礼品的名称、价格和可用数量等数据，并将其记录在Excel或其他数据分析工具中。
> 3. 建立数学模型：根据问题要求，建立数学模型来描述成本最低化的问题。模型通常包括决策变量、目标函数和约束条件。
> 4. 定义决策变量：决策变量是影响问题解决的变量。在这种情况下，决策变量可以是购买每种礼品的数量。将它们表示为变量，并为每个决策变量设置范围和限制条件。
> 5. 建立目标函数：目标函数是需要最小化的指标，即成本。根据每种礼品的价格和购买数量，建立一个总成本的数学表达式作为目标函数。
> 6. 添加约束条件：根据问题的限制条件，添加约束条件来限制购买数量、可用数量、预算等。这些约束条件可以是等式或不等式，确保问题的解是可行且符合要求的。
> 7. 执行求解：使用规划求解方法，如线性规划、整数规划等，将数学模型输入相应的求解工具中。工具将尝试找到满足目标函数和约束条件的最优解。
> 8. 分析结果：分析求解的结果，确定最低成本购买礼品的方法。检查每种礼品的购买数量，确保其满足要求并在预算范围内。
> 通过以上步骤，可以利用规划求解方法找到以最低成本购买固定数量礼品的方法。关键是准确建立数学模型、定义决策变量和目标函数，并考虑合适的约束条件。这种方法可以帮助优化购买决策，确保以最低成本获得所需的礼品数量。

结合以上回答，假设以下场景：某公司组织抽奖活动，各等级奖品设置情况如图 8-99 所示。

等级	礼品名称	数量	单价
一等奖	iPhone	<=30	6500
二等奖	冰箱	<=80	2000
三等奖	榨汁机	>=260	450

图 8-99 奖品设置情况

公司员工有 500 人，为了让每位员工能抽到奖品，总奖品数量必须为 500 件，现在要计算各种奖品应各购买多少才能达到要求，且成本最低，操作方法如下。

第1步 ▶ 打开"素材文件\第 8 章\礼品计划.xlsx"，在工作表中，在D2 单元格中输入公式"=B2*C2"，并将公式复制到D3:D4 单元格区域，如图 8-100 所示。

第2步 ▶ 在B5 单元格中输入公式"=SUM(B2:B4)"，然后将公式复制到D5 单元格，如图 8-101 所示。

图 8-100　输入公式

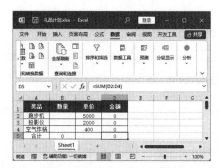

图 8-101　输入合计公式

温馨提示●

　　本操作中，因为是要通过规划求解计算各种奖品应购买多少数量，因此 B2:B4 单元格区域中不用填写数字。

第3步▶　在数据区域中选中任意单元格，单击【数据】选项卡【分析】组中的【规划求解】按钮，如图 8-102 所示。

第4步▶　弹出【规划求解参数】对话框，在【设置目标】参数框中将参数设置为"$D$5"，在【通过更改可变单元格】参数框中将参数设置为"$B$2:$B$4"，单击【添加】按钮，如图 8-103 所示。

第5步▶　弹出【添加约束】对话框，将 B2 单元格的约束条件设置为"<=30"，单击【添加】按钮，如图 8-104 所示。

图 8-102　单击【规划求解】按钮

图 8-103　单击【添加】按钮

图 8-104　添加约束条件

第6步▶　继续在【添加约束】对话框中添加约束条件，将 B3 单元格的约束条件设置为"<=80"，单击【添加】按钮，如图 8-105 所示。

第7步▶　继续在【添加约束】对话框中添加约束条件，将 B4 单元格的约束条件设置为"＞=260"，单击【添加】按钮，如图 8-106 所示。

第8步▶　继续在【添加约束】对话框中添加约束条件，将 B5 单元格的约束条件设置为"=500"，单击【确定】按钮，如图 8-107 所示。

图 8-105 继续添加约束条件

图 8-106 继续添加约束条件

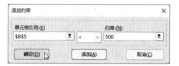
图 8-107 继续添加约束条件

第9步 返回【规划求解参数】对话框，在【遵守约束】列表框中将显示添加的所有约束条件，单击【求解】按钮，如图 8-108 所示。

第10步 弹出【规划求解结果】对话框，选中【保留规划求解的解】单选按钮，单击【确定】按钮，如图 8-109 所示。

第11步 返回工作表，工作表中将显示求解的结果，如图 8-110 所示。

图 8-108 单击【求解】按钮

图 8-109 选中【保留规划求解的解】
单选按钮

图 8-110 查看求解结果

8.5.3 使用规划求解的注意事项

规划求解是一种强大的方法，用于解决各种现实世界中的问题。无论是在工程、经济、管理还是其他领域中，规划求解都被广泛应用。那么，在使用规划求解时有哪些需要注意的事项呢？来问一问 ChatGPT 吧。

> 🔟 **提问：** 规划求解的注意事项有哪些？

> 🔗 **ChatGPT：**
>
> 在使用规划求解时，有几个注意事项需要考虑。
>
> 1. 清晰定义目标：在进行规划求解之前，需要明确定义要解决的问题和所需的优化目标。这可以是最大化利润、最小化成本、最大化资源利用率等。确保目标明确可衡量，以便进行准确的求解。
>
> 2. 准备可靠的数据：规划求解需要依赖可靠的数据来进行分析和计算。确保拥有完整、准确的数据集，并将其准备好以供规划求解算法使用。
>
> 3. 确定约束条件：规划求解往往涉及各种约束条件，如资源限制、时间限制、法规要求等。在进行规划求解之前，需要明确这些约束条件，并确保算法考虑到了这些限制。

4. 选择适当的求解方法：根据问题的复杂性和规模，选择适当的规划求解方法。常见的方法包括线性规划、整数规划、动态规划等。了解各种求解方法的特点和适用范围，选择最合适的方法来解决问题。

5. 考虑多个解决方案：在规划求解过程中，可能存在多个可行的解决方案。考虑评估和比较这些方案，以选择最佳的解决方案。

6. 迭代优化：规划求解往往需要多次迭代，通过调整参数和约束条件，逐步优化解决方案。持续监控和评估结果，并根据需要进行调整和改进。

7. 验证和解释结果：在得出最终的规划求解结果之前，务必验证和解释结果的准确性和合理性。确保结果符合实际情况，并能够解决问题或达到优化目标。

通过遵循这些注意事项，可以更好地利用规划求解方法来解决复杂的问题，并获得准确、可行的解决方案。

从以上回答中，我们了解了使用规划求解的注意事项，通过遵循这些注意事项，可以更好地应用规划求解方法来解决复杂问题，并获得可行的最优解。同时，不断学习和探索新的规划求解技术和工具，以提高问题求解的效率和准确性。

8.6 实训：制作年度销售计划表

在年初或年末时，企业常常会提出新一年的各种计划和目标，例如，产品的销售计划。销售计划通常会依据上一年的销售情况，对新一年的销售额提出要求。本例将应用 Excel 对新一年的销售情况做出规划，确定要完成的目标、各部门需要完成的总目标等。

> 🗣 **提问：** 现在需要制作一份年度销售计划表，需要通过单变量求解，设置利润目标值，确定要完成的目标和各部门需要完成的总目标，请规划制作过程。

⑤ ChatGPT：
制作年度销售计划表并使用单变量求解的步骤如下。

1. 确定利润目标值：首先根据公司的战略目标和预期利润要求，确定年度销售计划的利润目标值。这是确定各部门需要完成的总目标的基础。

2. 划分各部门目标：根据组织结构和业务分工，将年度销售目标分配给各个部门或团队。考虑每个部门的能力和资源，并根据市场需求和竞争情况，合理分配目标。

3. 收集数据：收集相关的销售数据，包括历史销售数据、市场趋势、竞争情况等。这些数据将用于制定销售计划和进行单变量求解。

4. 设定单变量：选择一个关键变量，比如，销售量、销售价格或市场份额作为单变量。这个变量将是你希望通过调整来实现利润目标的关键因素。

5. 建立模型：根据收集到的数据和利润目标，建立一个基于单变量的数学模型。模型可以是一个简单的方程或一个复杂的数学模型，用来描述目标变量与单变量之间的关系。

6. 进行求解：使用 Excel 的求解功能，将模型中的单变量设置为可变单元格，通过迭代计算得到满足利润目标的最佳单变量值。Excel 的求解功能可以通过设置目标单元格、调整单变量单元格和设置约束条件来实现单变量求解。

7. 分析结果：根据求解的结果，分析每个部门需要达到的单变量值，以及整体销售计划的可行性。根据分析结果，可以调整部门目标和单变量设置，以实现更合理的销售计划。

8. 编制年度销售计划表：将分析结果整理成年度销售计划表，包括各部门的目标、单变量设定和其他相关指标。可以使用Excel或其他类似的工具来创建和管理销售计划表。

9. 监测和调整：定期监测销售计划的执行情况，并根据实际销售情况进行调整。根据销售计划表的数据，可以进行实际销售与目标的对比分析，及时调整目标和策略，以确保实现利润目标。

以上是制作年度销售计划表并使用单变量求解的一般步骤。具体的流程和方法可以根据具体情况进行调整和细化。

以上回答为我们指出了关键信息，在制作时，可以结合本章的内容进行制作，实例最终效果见"结果文件\第 8 章\年度销售计划表.xlsx"文件。

第1步▶ 打开"素材文件\第 8 章\年度销售计划表.xlsx"，选中C2 单元格，在该单元格中输入公式"=SUM(B7:B10)"，计算出 B7:B10 单元格区域中的数据之和，如图 8-111 所示。

第2步▶ 选中C3 单元格，在该单元格中输入公式"=SUM(D7:D10)"，计算出 D7:D10 单元格区域中的数据之和，如图 8-112 所示。

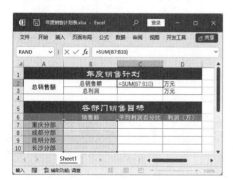

图 8-111　输入总销售额公式

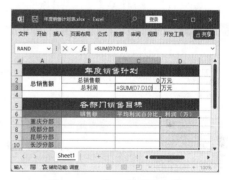

图 8-112　输入总利润公式

第3步▶ 选中D7 单元格，在该单元格中输入公式"=B7*C7"，计算出 B7 和 C7 单元格的乘积，以得到利润值，如图 8-113 所示。

第4步▶ 拖动D7 单元格右下角的填充柄，将公式填充至整列，如图 8-114 所示。

图 8-113　输入利润公式

图 8-114　填充公式

第5步 ▶ 将各部门的平均利润填入表格区域即可计算出各部门要达到的目标利润、全年总销售额和总利润。单击【数据】选项卡【预测】组中的【模拟分析】下拉按钮，在弹出的下拉菜单中选择【单变量求解】选项，如图 8-115 所示。

第6步 ▶ 打开【单变量求解】对话框，设置【目标单元格】为 D7，【目标值】为 1500，在【可变单元格】中引用要计算结果的单元格 B7，单击【确定】按钮，如图 8-116 所示。

图 8-115 选择【单变量求解】选项

图 8-116 设置求解参数

第7步 ▶ Excel 将自动计算出目标单元格 D7 中的结果达到目标值 1500 时，B7 单元格应达到的值，如图 8-117 所示。

第8步 ▶ 用相同的方式计算出各部门利润要达到指定值时的销售额，制定出销售额目标，如图 8-118 所示。

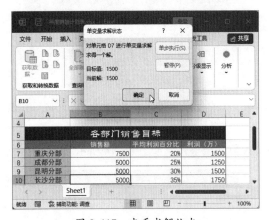

图 8-117 查看求解状态

图 8-118 查看求解结果

第9步 ▶ 接下来要计算的是，更改总利润的目标值，相关销售部门应该调整的销量。本例假设总利润要达到 9000 万元，需要调整长沙分部的销售额。选中"总利润"计算结果单元格，单击【数据】选项卡【预测】组中的【模拟分析】下拉按钮，在弹出的下拉菜单中选择【单变量求解】选项，如图 8-119 所示。

第10步 ▶ 打开【单变量求解】对话框，设置【目标值】为 9000，在【可变单元格】中引用要计算结果的单元格 B10，单击【确定】按钮，如图 8-120 所示。

图 8-119　选择【单变量求解】选项

图 8-120　设置求解参数

第11步 Excel 将自动计算出目标单元格 C3 中的结果达到目标值 9000 时，B10 单元格应达到的值，如图 8-121 所示。

第12步 接下来根据不同的销售额，制定多个销售计划。单击【数据】选项卡【预测】组中的【模拟分析】下拉按钮，在弹出的下拉菜单中选择【方案管理器】选项，如图 8-122 所示。

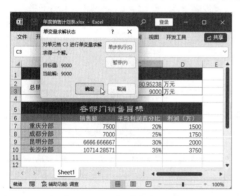

图 8-121　查看求解状态

图 8-122　选择【方案管理器】选项

第13步 在打开的【方案管理器】对话框中单击【添加】按钮，如图 8-123 所示。

第14步 打开【编辑方案】对话框，在【方案名】文本框中输入方案名称 "销售计划 1"，在【可变单元格】中引用单元格区域 B7:B10，单击【确定】按钮，如图 8-124 所示。

第15步 打开【方案变量值】对话框，单击【确定】按钮将当前单元格中的值作为方案中各可变单元格的值，完成第一个方案的添加，如图 8-125 所示。

第16步 使用相同的方法添加第二个方案，更改 B7:B10 单元格区域中的值，如图 8-126 所示。

第17步 使用相同的方法添加其他销售计划，完成方案添加后，在【方案管理器】对话框的【方

图 8-123　单击【添加】按钮

案】列表框中可以看到这四个方案的选项，单击【摘要】按钮，如图 8-127 所示。

图 8-124　单击【确定】按钮　　图 8-125　添加　　图 8-126　添加　　图 8-127　单击
　　　　　　　　　　　　　第一个方案　　　　第二个方案　　　　【摘要】按钮

第18步● 打开【方案摘要】对话框，在【结果单元格】中引用单元格 C2 和 C3，单击【确定】按钮，如图 8-128 所示。

第19步● 返回工作表，即可看到生成的方案摘要，修改摘要报表中的部分单元格内容，将原本引用单元格地址的文本内容更改为对应的标题文字，并调整表格的格式，如图 8-129 所示。

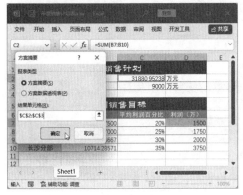

图 8-128　设置摘要参数

图 8-129　查看方案摘要

本章小结

　　本章的重点在于掌握在 Excel 中使用模拟运算表、方案运算、规划求解和数据分析工具库的操作，主要包括单变量模拟运算表和双变量模拟运算表的使用方法、使用方案运算的方法、使用规划模型求解，以及使用 Excel 数据分析工具库分析数据的方法。首先通过 ChatGPT 学习理论知识，再通过实例介绍如何使用多种数据分析工具，快速地分析和预测数据。

第 9 章

制作数据分析报告展现结果

本章导读

在数据分析的过程中，很多人都会忽略数据分析报告的重要性。可是，数据分析报告是检视最终工作成果的标杆，无论前面的数据分析多么科学、严谨，细节多么完善，没有数据分析报告的支持，一切都是一盘散沙，没有任何说服力。本章将通过ChatGPT了解数据分析报告，并分析数据分析报告的结构，让分析结果完整地呈现在众人面前。

知识要点

- 了解数据分析报告的种类。
- 了解数据分析报告的作用。
- 了解数据分析报告的编写原则。
- 掌握数据分析报告的结构。

9.1 使用ChatGPT了解数据分析报告

数据分析报告是一个结构化的文档，用于解释和呈现数据分析的结果、趋势和建议，是一个将数据转化为有意义信息的重要工具。它通过数据可视化、结果解释和建议，帮助用户理解和利用数据，从而做出明智的决策。编写数据分析报告需要数据分析技巧、沟通能力和逻辑思维能力，以确保报告的准确性和有效性。

9.1.1 数据分析报告的种类

数据分析报告根据查看的目标、对象、时间等内容的不同，形式也会有所不同。而报告的形式又决定了报告的内容结构，所以分清报告的种类是撰写数据分析报告的第一任务。那么，不妨来看一下 ChatGPT 是如何为数据分析报告分类的。

提问：请介绍数据分析报告的种类。

ChatGPT：

数据分析报告可以根据其目的和内容的不同而分为多种类型。以下是几种常见的数据分析报告类型。

1. 描述性报告：描述性报告主要用于总结和描述数据的基本特征和趋势。它通常包括数据的汇总统计、频率分布、关键指标的概述等，帮助读者对数据的整体情况有一个直观的了解。

2. 探索性报告：探索性报告旨在发现数据中的模式、关联性和异常情况。它可以通过数据可视化、统计分析和探索性数据分析方法，帮助读者发现数据中的隐含信息和潜在关系，为后续深入分析和决策提供基础。

3. 比较报告：比较报告用于比较不同数据集、不同时间段或不同组织之间的数据。它可以揭示数据之间的差异、趋势和模式，帮助读者了解不同情况下数据的变化和影响。

4. 预测报告：预测报告基于历史数据和统计模型，用于预测未来的趋势和结果。它可以通过时间序列分析、回归分析、机器学习等方法来预测未来的变化和潜在结果，为决策者提供预测依据。

5. 推荐报告：推荐报告基于数据分析的结果和模型，提供针对特定问题或目标的建议和推荐。它可以基于数据模型、预测结果和优化算法等方法，为决策者提供最佳的行动方案和决策支持。

6. 效果评估报告：效果评估报告用于评估特定策略、项目或活动的效果和成效。它通过比较实际结果与预期结果，分析影响因素和效果，为决策者提供评估和改进的依据。

以上仅是一些常见的数据分析报告类型，实际上，数据分析报告可以根据具体的需求和应用领域的不同而有所变化。无论报告的类型如何，关键是根据目标和受众的需求，选择合适的分析方法和呈现方式，以确保报告的准确性、可理解性和实用性。

根据以上回答，在编写数据分析报告时，还需要根据目标受众和目的选择合适的报告类型，并确保报告清晰、准确、有逻辑地呈现数据分析结果。结合适当的数据可视化方式和解释性文本，使报告易于理解，并提供有用的见解和建议。

而在制作数据分析报告时，不要局限于使用 Excel 表格来制作，可以选择使用 Word 或 PowerPoint 软件的静态报告来陈述数据分析的结果。如果需要动态数据，可以在其中穿插动态的 Excel 报告。

如果报告是需要递交给上级或作为企业存档使用，可以选择使用 Word 制作报告。一份完整的 Word 报告的框架如图 9-1 所示，以文字为主，图片为辅。

如果数据分析报告需要在会议室、展会等公共场所中演示，可以选择使用 PPT 制作报告。PPT 报告以图片为主，文字为辅，其框架如图 9-2 所示。

图 9-1　Word 报告

图 9-2　PPT 报告

9.1.2　数据分析报告的作用

数据分析报告是一种沟通与交流的方式，可以将分析结果、可行性建议和其他有用的信息反馈给管理人员，给管理人员提供决策帮助。在报告中，需要对数据进行处理，让阅读者可以无障碍地查看数据，并根据数据做出正确的决策。如果想知道数据分析报告的具体作用，可以在 ChatGPT 中进行提问。

💬 **提问：** 数据分析报告的作用是什么？

⑤ ChatGPT：

数据分析报告在组织和决策过程中发挥着重要的作用。以下是几个数据分析报告的作用。

1. 决策支持：数据分析报告为决策者提供了基于数据的见解和洞察，帮助他们做出更明智的决策。通过对数据的分析和解释，报告可以揭示问题的根本原因、趋势和模式，为决策者提供决策依据。

2. 问题识别和解决：数据分析报告可以帮助识别问题和异常情况。通过对数据的分析，报告可以发现数据中的异常值、趋势变化和模式，从而帮助解决问题和采取适当的措施。

3. 洞察发现：数据分析报告可以帮助发现数据中的隐藏信息和潜在关系。通过数据可视化、统计分析和探索性数据分析方法，报告可以揭示数据背后的趋势、关联和规律，从而提供新的洞察和发现。

4. 绩效评估：数据分析报告可以用于评估绩效和结果。通过对数据的分析和对比，报告可以帮助评估策略、项目或活动的效果和成效，为决策者提供评估和改进的依据。

5. 沟通和共享：数据分析报告是将复杂数据和分析结果转化为易于理解和传达的形式的重要工具。报告可以通过可视化图表和摘要文本等方式呈现数据，使非专业人士也能理解和共享数据分析结果。

6. 监控和预测：数据分析报告可以用于监控业务指标和预测未来趋势。通过对历史数据和趋势的分析，报告可以帮助监测关键指标的变化，并预测未来的趋势和结果，为组织的战略规划和决策提供指导。

总而言之，数据分析报告可以帮助组织和决策者更好地理解数据、做出明智的决策、解决问题、发现洞察和评估绩效。它是将数据转化为有用信息和见解的桥梁，对于组织的发展和成功具有重要意义。

综上所述，数据分析报告在帮助组织做出决策、解决问题、评估绩效、预测未来等方面起着至关重要的作用。它可以将复杂的数据转化为有意义的见解，并提供基于数据的决策支持，为组织的成功和发展做出贡献。

9.1.3　数据分析报告的编写原则

数据分析报告的编写是为了有效传达数据分析的结果和见解，以便帮助决策者做出明智的决策和行动。为了确保报告的质量和有效性，在撰写数据分析报告前，可以在 ChatGPT 中查看其编写原则。

> 🔟 **提问：** 数据分析报告的编写原则是什么？

⑥ ChatGPT：

在编写数据分析报告时，有几个原则可以遵循，以确保报告的准确性、清晰性和有效性。以下是几个常见的数据分析报告编写原则。

1. 明确目标和受众：在编写报告之前，明确报告的目标和受众是非常重要的。了解报告要达到的目的和受众的需求可以帮助确定报告的内容、结构和风格。

2. 使用清晰简洁的语言：数据分析报告应使用清晰、简洁和易于理解的语言。避免使用过于专业或复杂的术语，确保报告能够被广泛的读者理解。

3. 结构清晰有序：组织报告的结构要清晰有序，以便读者能够轻松地导航和理解报告的内容。可以使用标题、子标题、段落和编号列表等来组织报告，并确保各个部分之间有明确的逻辑关系。

4. 数据可视化和图表化：数据分析报告中使用图表、图形和其他数据可视化工具可以帮助读者更好地理解和解释数据。选择适当的图表类型和数据可视化方式，以突出数据的关键信息和趋势。

5. 提供解释和分析：报告不仅仅是呈现数据，还应提供解释和分析。解释数据的背景、意义和影响，并提供对数据的深入分析和见解，帮助读者理解数据的含义和潜在影响。

6. 引用来源和数据质量：在报告中引用数据来源和数据质量信息是很重要的。确保使用可靠和可验证的数据来源，并提供有关数据的可靠性、准确性和完整性的信息。

7. 结论和建议：在报告的结尾部分提供结论和建议，总结报告的主要发现，并提出有针对性的建议和行动计划。确保结论和建议与报告的目标和受众的需求相符。

8. 审查和校对：在提交报告之前，进行仔细的审查和校对是必要的。检查报告中的拼写、语法和逻辑错误，并确保报告的一致性和准确性。

以上原则可作为编写数据分析报告的指导，帮助确保报告的质量和有效性。每个报告都应根据具体情况和要求进行调整和定制，以满足特定的目标和受众需求。

综上所述，数据分析报告的编写应遵循明确目标、简洁清晰、结构合理、数据可视化、准确可信、洞察解释和实用建议的原则。通过遵循这些原则，可以编写出高质量、有影响力的数据分析报告，为决策者提供有价值的见解和指导。

9.2　数据分析报告的结构

数据分析报告的结构可以根据实际需求和报告的目标而有所变化，但一般来说，它通常包括标题页、目录、前言、正文、结论与建议及附录，这样的结构有助于组织和传达数据分析的结果，使报告易于阅读和理解。

9.2.1　标题页

　　标题页就是报告的封面页，也是整个数据分析报告给人的第一印象，所以标题的拟定需要慎重。下面跟随ChatGPT一起来学习一下标题页的制作方法。

> 🔟 **提问：** 数据分析报告的标题类型有哪些？

---

⑤ ChatGPT:

　　在数据分析报告中，可以使用多种类型的标题来突出报告的重点和内容。以下是几种常见的数据分析报告标题类型。

　　1. 描述性标题：描述性标题简明扼要地概括了报告的主题和内容。它们通常是简短的短语或句子，用于吸引读者的注意并传达报告的核心信息。

　　例如，销售趋势分析报告、市场份额调研结果、用户行为数据分析。

　　2. 问题导向标题：问题导向标题通过提出一个问题来引起读者的兴趣，并在报告中回答这个问题。这种类型的标题可以激发读者的好奇心，并让他们想要了解更多。

　　例如，为什么销售额在第三季度中下降？如何提高用户转化率？最受欢迎的产品类别有哪些？

　　3. 重点突出标题：重点突出标题直接指明报告的重要发现或结果，突出报告的主要亮点。这种类型的标题可以吸引读者的注意，并迅速传达报告的核心信息。

　　例如，销售额飙升！用户满意度达到历史新高！最畅销的产品细分市场。

　　4. 指导性标题：指导性标题通过指导读者采取特定行动或提供建议来激发读者的兴趣。这种类型的标题强调报告的实用性和应用性。

　　例如，优化市场营销策略的关键洞察；提升用户体验的建议和策略。

　　5. 引人入胜的标题：引人入胜的标题通过使用有趣或引人注目的词语或表达方式来吸引读者的注意。这种类型的标题可以激发读者的兴趣，并使他们愿意继续阅读报告。

　　例如，数据背后的故事——揭秘销售增长的秘密；数据大爆炸——解读用户行为的奥秘。

　　以上是一些常见的数据分析报告标题类型。根据报告的目的、受众和内容特点选择适合的标题类型，以确保报告能够吸引读者的注意并有效地传达数据分析的结果。

　　以上是一些常见的标题类型，但是根据数据分析的内容不同，标题的选择可以更加多元化，尽量贴合主题。有时，还需要在报告的标题下方给出作者姓名、所在部门、日期等信息，以便查阅者参考。图 9-3 和图 9-4 所示分别是在 Word 和 PPT 中制作的标题页。

图 9-3　Word 的标题页　　　　　　　　　　图 9-4　PPT 的标题页

9.2.2 目录

目录的作用是让读者快速地找到所需的内容，它是整个数据分析报告的大纲，可以体现出报告的分析思路。在制作目录时，要注意不要长篇大论，简洁的目录才是最受欢迎的。如果还不知道怎样制作目录，可以在 ChatGPT 中查看目录的制作要点。

> 🔟 **提问：** 数据分析报告目录的制作要点有哪些？

⑥ ChatGPT：

数据分析报告目录的制作要点如下。

1. 标题层次清晰：使用适当的标题层次结构，使目录条目之间的层次关系清晰可见。通常，使用主标题、副标题和子标题来表示不同层次的内容。

2. 与正文一致：确保目录中的条目与报告正文的章节和内容一致。每个章节或部分应该在目录中有相应的条目，并使用相同的标题或关键词来描述。

3. 缩进和对齐：使用缩进和对齐来显示条目之间的层次关系。较低层次的条目应该比较高层次的条目缩进，以突出它们之间的层次关系。

4. 页面编号：在目录中包含每个章节或部分的页码，以便读者可以快速定位到感兴趣的内容。确保页码准确无误，并与正文中的页码一致。

5. 简洁明了：目录应该简洁明了，只包含必要的章节和部分，不要包含过多的细节。确保目录能够快速概览报告的结构和内容，帮助读者快速导航到感兴趣的部分。

6. 格式统一：保持目录的格式统一和一致，包括字体、字号、颜色和对齐方式等。使用清晰易读的字体，确保条目清晰可见。

7. 更新维护：在撰写报告的过程中，随时更新和维护目录，以反映报告的最新结构和内容变化。确保目录与报告的实际内容一致。

通过遵循上述要点，制作一个清晰、准确和易于使用的数据分析报告目录，可以帮助读者快速了解报告的结构和内容，提高报告的可读性和可导航性。同时，确保目录与报告的内容一致，使读者能够方便地定位和查找感兴趣的部分。

在查看了目录的制作要点后，就可以开始着手目录的制作了。如果是使用 Word 来撰写报告，数据量比较大，使用目录为读者提供索引，可以帮助读者快速定位到需要查看的位置。使用 Word 目录时，如果为文档中的标题设置了标题 1、标题 2、标题 3 等样式，就可以让 Word 自动为这些标题生成具有不同层次结构的目录，如图 9-5 所示。

如果是使用 PPT 来制作报告，那目录的作用是让读者快速了解这份报告的内容框架，也可以作为幻灯片的索引，因为在该页停留的时间不长，所以内容不宜过多。在使用 PPT 撰写目录时，因为篇幅有限，只需要列出一级标题即可，如图 9-6 所示。

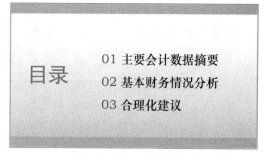

图 9-5　Word 的目录　　　　　　　　　　　　图 9-6　PPT 的目录

9.2.3　前言

前言的作用不亚于正文。在前言中，我们可以进行背景分析、目的分析和思路分析，告诉读者为什么要进行此次分析，分析的意义又在于哪里，通过这次分析能解决什么问题等。所以，前言的写作一定要慎重。那么，在制作前言时，有哪些需要注意的事项呢？可以让 ChatGPT 来为我们解答。

> 🔟 **提问：** 请介绍制作数据分析报告前言的注意事项。

⑤ ChatGPT：

在制作数据分析报告的前言时，有以下注意事项。

1. 简明扼要：前言应该简洁明了，概括地介绍报告的目的、范围和主要内容。避免过多的细节和技术术语，以便读者能够快速理解报告的背景和目标。

2. 引起兴趣：前言应该能够引起读者的兴趣，激发他们继续阅读整个报告。可以通过提出引人注目的问题、突出报告的重要性或突出报告的关键结果来吸引读者的注意。

3. 清晰明了：前言应该清晰地表达报告的核心内容和关键信息。避免使用过于复杂或晦涩的语言，确保读者能够轻松理解报告的主要观点和结论。

4. 约定词汇：如果报告中使用了特定的术语或缩写词汇，可以在前言中进行解释和约定，以便读者理解报告中的专业术语和符号。

5. 勾勒框架：前言可以简要概述报告的整体框架和结构，使读者对报告的组织和内容有一个整体的了解。可以提到报告的各个章节或部分，并简要介绍它们的内容和目的。

6. 链接上下文：前言应该与报告的正文和结论相连接，使读者能够明确前言与报告其他部分的关系。可以提及报告的重要发现或预期结果，以便读者能够在阅读过程中与前言进行关联。

7. 激发行动：在前言的结尾，可以鼓励读者采取进一步行动，如阅读报告的其他部分、参考附录或进行进一步的数据分析。这样可以激发读者的兴趣，并促使他们深入研究和利用报告的内容。

通过注意以上事项，在数据分析报告的前言中能够清晰、准确地传达报告的核心信息，吸引读者的兴趣，并与报告的其他部分形成连贯的整体。这样可以为读者提供一个良好的入口，帮助他们理解报告的背景和目标，并激发他们对报告内容的进一步探索。

综上所述，在制作前言时，要介绍清楚前情发展，交代清楚背景与目的，常以综述、导读等形式出现。图 9-7 所示是在 Word 中编写前言的案例。

如果是在 PPT 中,不宜使用长篇大论来阐述背景,可以使用图片、图表、表格等形式简单介绍,如果有需要则辅以简单的文字,如图 9-8 所示。

图 9-7 Word 的前言

图 9-8 PPT 的前言

9.2.4 正文

正文是数据分析报告最重要的部分,是整个报告的核心内容。在正文中,要系统而全面地阐述数据分析的过程和结果,并对每一部分进行分析总结。那么,在制作正文时,有哪些需要注意的事项呢?可以让 ChatGPT 来为我们解答。

> 🔟 **提问:** 请介绍制作数据分析报告正文的注意事项。

⑤ ChatGPT:

在制作数据分析报告的正文时,有以下注意事项。

1. 结构清晰:确保报告的结构清晰明了,按照逻辑顺序组织内容。可以采用标题和子标题的方式,将报告划分为不同的部分和章节,以帮助读者理解报告的组织和内容。

2. 数据可视化:使用图表、表格和图形等数据可视化工具来展示和解释数据。确保图表和表格清晰易读,注明单位和标注,以便读者准确理解数据的含义和趋势。

3. 简明扼要:在正文中表达清晰、简洁的观点和结论。避免冗长的叙述和不必要的技术术语,以便读者能够迅速理解核心信息。

4. 逻辑严谨:确保正文中的数据分析过程和推理具有逻辑性和严谨性。清晰地陈述假设、方法和数据分析的步骤,提供支持性的证据和解释,以便读者能够理解和验证分析的过程和结论。

5. 结果解释:在正文中对数据分析结果进行解释和说明。不仅要报告结果,还要提供解释、背景和相关上下文信息,以帮助读者理解结果的意义和影响。

6. 结论总结:在正文的结尾,对整个数据分析过程和结果进行总结和归纳。重点强调关键发现和结论,并提供对进一步研究或行动的建议。

7. 精确性和准确性:确保报告中的数据和分析结果准确无误,核实和验证数据的来源和计算过程。避免误导性的描述或错误的推断,以保证报告的可信度和可靠性。

8. 语言清晰:使用简洁明了、易于理解的语言撰写报告。避免使用过多的行业术语和复杂的句子结构,以便广大读者能够轻松理解和消化报告的内容。

通过遵循以上注意事项,可以制作出结构清晰、内容准确、易于理解的数据分析报告正文。这样可以确保报告传达的信息清晰明了,读者能够准确理解分析结果,并从中获取有价值的洞察和决策支持。

在 ChatGPT 的帮助下，我们在撰写正文时，根据分析思路，有条不紊地把每一项内容讲述清楚。在讲述的过程中，充分利用各种分析方法，通过图表与文字相结合的方法，形成报告正文。

例如，在 Word 中撰写数据分析报告正文时，可以图文结合，让阅读更加轻松，如图 9-9 所示。而在 PPT 中撰写数据分析报告正文时，可以使用表格展示数据，如图 9-10 所示。

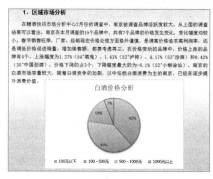

图 9-9　Word 的正文　　　　　　　　　　图 9-10　PPT 的正文

9.2.5　结论与建议

报告的结论展示是对整份报告的综合描述，是总结报告、提出建议、解决问题的关键所在。一个好的结尾可以加深阅读者对数据的认识，引起共鸣。那么，在制作结论时，应该怎样才能有一个完美的收尾呢？可以在 ChatGPT 先搜索一下注意事项。

> **提问：** 怎么编写数据分析报告的结论与建议？

ChatGPT：

编写数据分析报告的结论与建议时，可以按照以下几个步骤进行。

1. 总结主要发现：首先对分析的数据和结果进行总结，突出报告中的主要发现和趋势。简明扼要地说明数据所揭示的关键信息，以及它们对业务或问题的影响。

2. 归纳结论：根据数据分析的结果，提出明确的结论。结论应该是基于数据和事实的客观判断，回答报告中所涉及的问题或目标。确保结论具备清晰性、简洁性和可理解性，以便读者能够迅速理解报告的核心内容。

3. 提供解释和支持：在结论的基础上，提供数据和分析结果的解释和支持。引用具体的数据、图表或统计指标，说明它们是如何得出结论的。这有助于增强结论的可信度和说服力，并让读者更好地理解分析的依据。

4. 提出建议：基于结论和数据分析，提出可行的建议或行动计划。建议应该是具体、可操作和与分析结果相一致的。确保建议能够解决业务问题或优化业务绩效，并根据数据提供有关实施方法、时间表和预期效果的详细说明。

5. 结束语：在报告的结尾，进行总结和概述，强调报告的重要性和价值。可以再次强调结论和建议的关键要点，并鼓励读者进一步探索和采取行动。

在编写结论与建议时，要确保语言简练、明确，避免使用过多的行业术语和复杂的表达方式。同时，根据报告的受众和目的，灵活调整结论和建议的形式和内容，以便更好地满足读者的需求。

总之，数据分析报告的结论是以数据分析结果为依据的，通常以综述性的文字来说明。虽然在正文中也有总结性的文字，但结论却是总体论点，是去粗求精后的精华所在。

例如，图 9-11 所示是在 Word 中编写结论的案例，通过对调查结果的分析，对之后的销售方向提出意见。

图 9-12 所示是在 PPT 中编写结论的案例，因为之前已经展示过数据分析结果，此处就只需要简短的意见即可。

图 9-11　Word 的结论

图 9-12　PPT 的结论

9.2.6　附录

附录也是数据分析报告中很重要的一部分。当数据分析报告的主体已经完成时，如果在正文中涉及了某个领域的信息，但是又没有详细阐述，这时就需要提供附录，让阅读者清楚信息的来源，从而使数据信息更加严密。接下来让 ChatGPT 来回答附录的制作要点。

> 🔟 **提问：** 请介绍数据分析报告中附录的制作要点。

> ⑥ **ChatGPT：**
> 制作数据分析报告中的附录时，有以下要点需要考虑。
> 1. 标题和编号：为每个附录提供清晰的标题，并使用编号进行标识，例如，附录 A、附录 B 等。这有助于读者快速定位和查找所需的附录内容。
> 2. 内容的组织：根据附录的内容进行合理的组织和分类。可以按照相关性、主题或数据类型进行排序，并在附录之间使用分隔符或页面分隔符进行区分。
> 3. 数据和图表：如果附录包含数据表格、图表、图形或其他相关资料，请确保它们清晰可读。提供适当的标注和解释，以帮助读者理解数据的含义和背景。如果有多个数据表格或图表，可以使用子标题或编号进行区分。
> 4. 补充信息和细节：附录可以包括补充信息、计算方法、模型说明、问卷调查等内容。确保这些信息与主文档的分析结果相关，并提供足够的上下文和解释，以便读者能够理解其重要性和用途。
> 5. 参考文献和引用：如果在附录中引用了外部资料或其他来源，请提供相应的引用和参考文献信息。

这有助于读者进一步查阅相关资料，并验证数据的来源和可信度。

6. 文件格式和结构：选择适当的文件格式来保存附录，如PDF、Word文档或Excel表格等。确保文件的结构清晰、易于导航和浏览。可以考虑使用书签或目录功能，使读者能够快速定位到所需的附录内容。

7. 页面布局和格式：保持附录与主文档的一致性，包括字体、字号、行距和页边距等方面的格式设置。使用清晰的标题、子标题和标注，以及适当的缩进和对齐方式，使附录内容更易于阅读和理解。

8. 可选项：根据需要，还可以包括其他补充材料，如调查问卷、原始数据、计算方法的详细说明等。这些附加材料可以为读者提供更深入的了解和参考。

重要的是，附录应该与主文档相补充，为读者提供进一步的信息和支持。确保附录内容的准确性、可读性和易于访问，以提高数据分析报告的完整性和可信度。

总而言之，在附录中，可以列举相关的术语解释、计算方法、数据来源、相关图片或论文等信息，作为报告的补充部分。但是，并不是所有的报告都需要添加附录，可以根据情况，确实需要添加才添加到结论的后面。

例如，在Word中撰写数据分析报告的附录时，可以将参考的数据来源一一罗列出来，以供阅读者参考，如图 9-13 所示。而在PPT中撰写数据分析报告的附录时，可以使用表格展示历史数据，以佐证正文的内容，如图 9-14 所示。

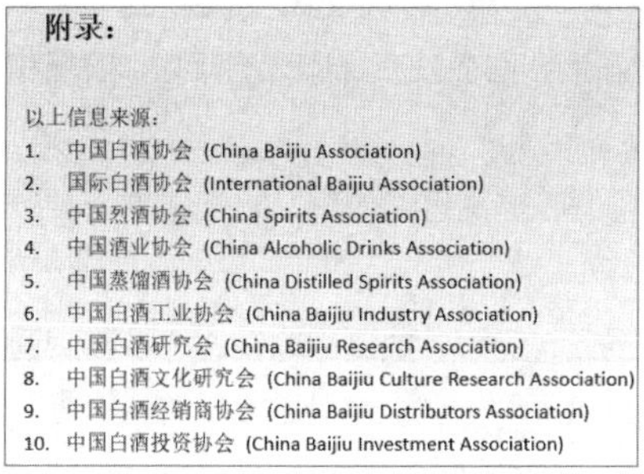

附录：

以上信息来源：

1. 中国白酒协会 (China Baijiu Association)
2. 国际白酒协会 (International Baijiu Association)
3. 中国烈酒协会 (China Spirits Association)
4. 中国酒业协会 (China Alcoholic Drinks Association)
5. 中国蒸馏酒协会 (China Distilled Spirits Association)
6. 中国白酒工业协会 (China Baijiu Industry Association)
7. 中国白酒研究会 (China Baijiu Research Association)
8. 中国白酒文化研究会 (China Baijiu Culture Research Association)
9. 中国白酒经销商协会 (China Baijiu Distributors Association)
10. 中国白酒投资协会 (China Baijiu Investment Association)

图 9-13 Word的附录

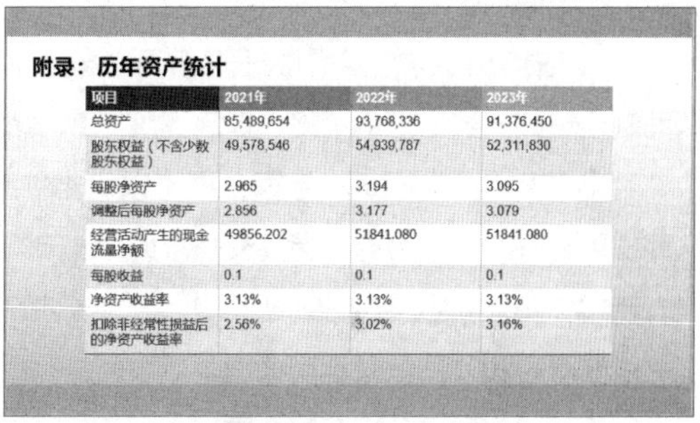

附录：历年资产统计

项目	2021年	2022年	2023年
总资产	85,489,654	93,768,336	91,376,450
股东权益（不含少数股东权益）	49,578,546	54,939,787	52,311,830
每股净资产	2.965	3.194	3.095
调整后每股净资产	2.856	3.177	3.079
经营活动产生的现金流量净额	49856.202	51841.080	51841.080
每股收益	0.1	0.1	0.1
净资产收益率	3.13%	3.13%	3.13%
扣除非经常性损益后的净资产收益率	2.56%	3.02%	3.16%

图 9-14 PPT的附录

9.3 ChatGPT答疑解惑

通过前面知识的学习，相信读者已经掌握了制作数据分析报告的基本方法。下面结合本章内容，让ChatGPT介绍一些在制作数据分析报告时常用的知识，让你在制作数据分析报告时可以清楚地阐述分析结果。

9.3.1 数据分析师的前景如何

在当今的数字化时代，数据分析的前景非常广阔。随着数据的快速增长和企业对数据驱动决策的需求增加，数据分析师成为许多行业中的关键角色。数据分析不仅可以帮助企业了解和解读数据，还可以发现隐藏在数据中的趋势、模式和见解，为企业提供有价值的洞察和决策支持。如果对数据分析师的前景还有疑问，不妨先问一问 ChatGPT 吧。

> 🔟 **提问：**请说一说数据分析的前景。

ChatGPT：

数据分析在当今世界的各个领域中都具有广阔的前景。随着技术的发展和数据的大规模产生，数据分析成了帮助组织和企业做出更明智决策的关键工具。以下是数据分析的广阔前景所涵盖的领域。

1. 商业和市场分析：数据分析可以帮助企业了解市场趋势、消费者需求和竞争对手行为，从而制定有效的营销策略、优化产品定位和增加市场份额。

2. 金融和投资：金融机构和投资者利用数据分析来评估风险、制定投资策略、优化投资组合和预测市场走势，以提高投资回报和降低风险。

3. 医疗保健：数据分析在医疗保健领域中的应用广泛，可以帮助医疗机构提高患者护理质量、优化资源分配、改善疾病预测和治疗效果。

4. 教育和学术研究：数据分析可以帮助教育机构了解学生表现、评估教学效果和优化课程设计。在学术研究中，数据分析有助于发现新的模式、验证假设和推动科学进展。

5. 城市规划和智能城市：数据分析在城市规划和智能城市建设中起着关键作用。通过分析城市的交通流量、能源消耗、人口分布等数据，可以优化城市规划、提高交通效率、减少能源浪费。

6. 社交媒体和数字营销：数据分析可以帮助企业和品牌了解消费者在社交媒体上的行为、偏好和意见，从而制定精确的数字营销策略，提高品牌知名度和用户参与度。

7. 物流和供应链管理：数据分析可以优化物流和供应链管理，提高运输效率、降低成本、减少库存，从而提供更好的客户服务、提高交货准时性。

8. 政府和公共服务：政府机构利用数据分析来改善公共服务，例如，预测犯罪模式、改善交通规划、优化税收筹划和改善公共健康管理。

综上所述，数据分析在各个领域中都有广泛的应用前景，它能够帮助组织和企业更好地理解和利用数据，做出更明智的决策，并取得更好的业务结果和社会效益。随着数据量的不断增长和分析技术的不断发展，数据分析的前景将变得更加广阔。

在这个数字化时代，数据分析已经成为企业成功的关键因素之一。因此，掌握数据分析技能并不断提升自己的能力将为个人带来广阔的职业发展机会。数据分析的前景非常令人兴奋，为有志于此领域的人们带来了无限的可能性。

9.3.2 数据分析师的职业要求有哪些

随着数据在各个行业的不断积累和增长，企业对于数据分析师的需求也日益增加。在企业中，数据分析师发挥着至关重要的作用，他们可以帮助企业做出明智的决策、发现商机并优化业务流程。那么，要成为一名合格的数据分析师，需要哪些要求呢？来看一看 ChatGPT 是怎样看待这个问题的。

> 🔟 **提问：**请说一说数据分析师的职业要求。

⑤ ChatGPT:

作为数据分析师,以下是一些常见的职业要求。

1. 数学和统计学知识:数据分析师需要具备扎实的数学和统计学基础,能够理解和应用各种统计方法和模型。

2. 数据处理和分析工具:熟练掌握数据处理和分析工具,如 Excel、SQL、Python、R 等,能够使用这些工具进行数据清洗、转换、分析和可视化。

3. 数据挖掘和机器学习:具备数据挖掘和机器学习的知识和技能,能够应用这些技术来发现数据中的模式、趋势和关联性,并进行预测和分类分析。

4. 业务理解和洞察力:了解所在行业的业务模型和运作方式,能够将数据分析结果转化为对业务的洞察和决策支持。

5. 沟通和解释能力:能够将复杂的数据分析结果以简明的方式呈现给非技术人员,并解释数据背后的洞察和影响。

6. 解决问题能力:具备解决问题的能力和方法论,能够通过数据分析找到问题的根源并提出相应的解决方案。

7. 统筹规划和项目管理:具备统筹规划和项目管理的能力,能够合理安排工作时间和资源,高效完成数据分析项目。

8. 持续学习和适应性:数据分析领域不断发展和变化,作为数据分析师需要保持持续学习的态度,不断更新知识和技能,适应新的工具和技术。

此外,一些组织可能会对数据分析师有额外的要求,如具备行业特定的知识或经验,具备数据隐私和安全意识等。综上所述,作为数据分析师,除了对技术和方法的掌握,还需要具备业务理解、沟通能力和问题解决能力等综合能力,以便更好地应对数据分析的挑战并提供价值。

综上所述,数据分析师的职业要求涵盖了技术、数学、业务理解、沟通和学习能力等多个方面。只有具备这些关键能力,才能在数据驱动的世界中发挥出色,为企业带来真正的价值和竞争优势。

9.3.3 数据分析师的常用工具有哪些

数据分析师在日常工作中经常使用各种分析工具来处理和分析数据。这些工具具有强大的功能和灵活性,可以帮助数据分析师从庞大的数据集中提取有价值的信息,并得出深入的洞察和结论。虽然本书的重点是使用 Excel 来分析数据,但想要在数据分析的路上走得更远,了解其他数据分析工具是必不可少的。下面就让 ChatGPT 为我们简单介绍一下。

> 🔟 **提问:** 数据分析师常用的分析工具有哪些?

⑤ ChatGPT:

数据分析师常用的分析工具如下。

1. Microsoft Excel: Excel 是广泛使用的电子表格软件,它提供了丰富的数据分析功能,如排序、筛选、数据透视表、图表等。它是数据分析师最常用的工具之一。

2. SQL（Structured Query Language）：SQL 是用于管理和操作关系型数据库的标准化语言。数据分析师可以使用 SQL 来提取、过滤和分析大规模数据集。

3. Python 和 R：Python 和 R 是两种常用的编程语言，广泛用于数据科学和分析领域。它们提供了丰富的数据分析库和工具，如 NumPy、Pandas、Matplotlib、Scikit-learn（Python）和 Dplyr、Ggplot2（R）等。

4. Tableau：Tableau 是一种数据可视化和商业智能工具，可以帮助数据分析师通过交互式的仪表板和报表展示数据，并进行数据探索和分析。

5. Power BI（Business Intelligence）：Power BI 是微软提供的商业智能工具，可以连接多个数据源并创建交互式的数据报表和仪表板。它提供了强大的数据分析和可视化功能。

6. SAS（Statistical Analysis System）：SAS 是一套专业的统计分析软件，被广泛应用于数据分析和预测建模领域。它提供了丰富的统计分析和数据处理功能。

7. SPSS（Statistical Package for the Social Sciences）：SPSS 是一种常用的统计分析软件，主要用于社会科学和市场研究领域。它提供了多种统计分析方法和数据可视化功能。

8. Apache Hadoop 和 Spark：Hadoop 和 Spark 是用于大数据处理和分析的开源框架。它们提供了分布式计算和存储能力，可以处理大规模数据集的分析任务。

这些工具都具有不同的特点和适用场景，数据分析师可以根据自己的需求和项目要求选择合适的工具来进行数据分析和处理。

总之，数据分析师是当今信息时代不可或缺的角色，他们通过分析数据来揭示问题和机会，并为企业和组织的决策提供支持。通过不断学习和掌握各种数据分析工具，数据分析师可以不断提升自己的能力和价值，为数据驱动的决策和业务成功做出贡献。

9.4 实训：数据分析报告范例

在了解了数据分析报告的制作方法之后，接下来介绍一份简单的数据分析报告范例，了解完整数据分析报告的结构。实例最终效果见"结果文件\第 9 章\年度销售报告 .pptx"文件。

在本范例中，首先介绍标题页。标题页中采用了两级标题的形式，主标题点明主题，副标题制定分析范围和对象，并且在下方添加分析部门及时间等信息，体现报告的时效性，如图 9-15 所示。

标题页之后是目录，目录的作用是帮助阅读者对此分析报告的内容有一个大概的了解。例如，本实例列出了该分析报告总共分四大部分，分别是行业前景、目前产品、近四年收益和销售计划。这四大部分分别对应了前言、正文、结论和建议，如图 9-16 所示。

接下来介绍分析报告的行业前景，也就是前言部分，这里介绍了分析背景，如图 9-17 所示。

然后是数据分析报告的正文部分，在这份报告中，分别以文字、表格和图表等形式分析了近几年的销售情况，如图 9-18 ~ 图 9-20 所示。

数据分析报告的结尾得出本次分析的结论并展望未来，为下一年的销售计划提出了意见和数据支持，如图 9-21 所示。

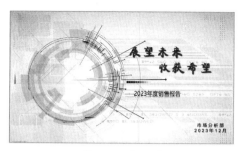

图 9-15　标题页

图 9-16　目录

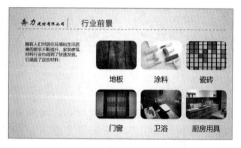

图 9-17　前言

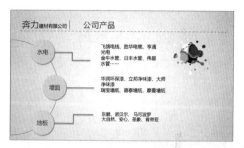

图 9-18　正文

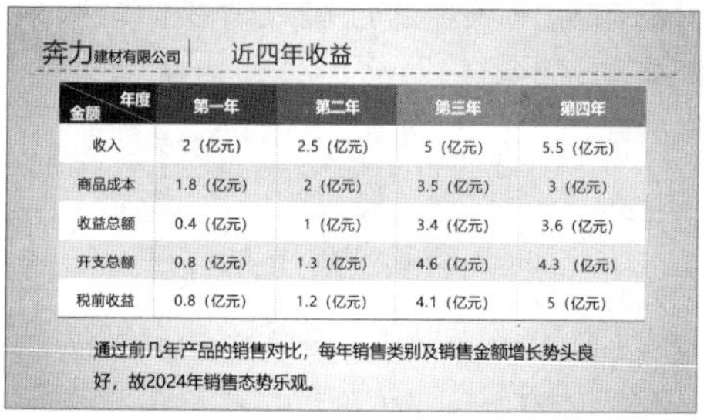

图 9-19　正文

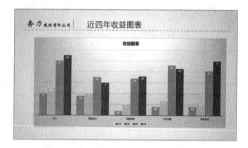

图 9-20　正文

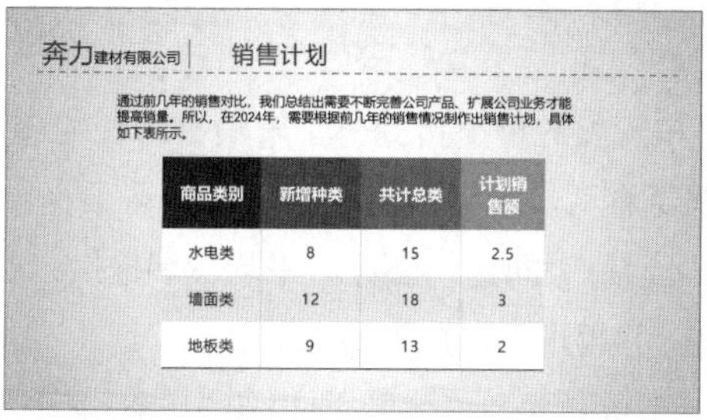

图 9-21　结论和建议

本章小结

　　在本章中，我们通过 ChatGPT 了解了数据分析报告的基础知识和结构，明白了如何通过数据分析报告，将数据分析的结果以清晰、有序和易于理解的方式呈现给读者，帮助他们更好地理解数据、获取有价值的见解并做出决策。

第 10 章

实战应用：数据分析与处理综合案例

本章导读

　　数据分析与处理是现代商业和决策过程中不可或缺的一环。通过对大量数据的收集、整理、分析和解读，可以帮助我们深入了解问题的本质、发现隐藏的模式和趋势，并为决策提供有力的支持和指导。在学习了大量的理论知识之后，如果没有实践的支持，等于纸上谈兵，在接下来的综合案例中，通过实践操作，能够加深对数据分析的理解和掌握，进一步提升自己在数据驱动决策和问题解决方面的能力。

10.1　公司销售增长趋势分析

　　销售增长是衡量公司业绩和发展的重要指标，了解销售增长的趋势对于制定战略决策、优化销售策略和预测未来发展具有重要意义。本案例将利用历史销售数据，运用数据分析和可视化技术，全面探索公司销售的增长趋势。通过对同比、环比、平均发展速度、销售额增长速度等指标的分析，深入了解公司销售的发展情况，并得出关键的洞察和结论。

　　实例效果如图 10-1 所示，最终效果见"结果文件\第 10 章\家电销售统计表.xlsx"文件。

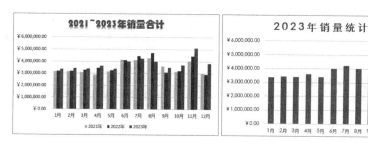

图 10-1　销售数据表分析效果图

10.1.1　分析销售额的同比增长速度

公司统计了近三年的销售数据，现在需要根据销售额的变化趋势，制定下一步的销售计划。由于公司的产品受节假日、固定段的活动促销影响较大，如"618""双 11"等，所以可以对数据进行同比分析，操作方法如下。

第1步 打开"素材文件\第 10 章\家电销售统计表.xlsx"，选中"2022 年同比增长"工作表中的 B2 单元格，输入"="（等号）和"("（括号），然后单击"2022 年销量"工作表标签，如图 10-2 所示。

第2步 切换到"2022 年销量"工作表，单击 B2 单元格引用数据，如图 10-3 所示。

图 10-2　输入"="和"("

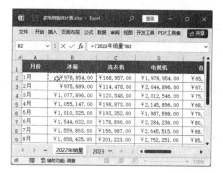

图 10-3　引用 B2 单元格

第3步 接着输入"-"（减号），单击"2021 年销量"工作表标签，如图 10-4 所示。

第4步 切换到"2021 年销量"工作表，单击 B2 单元格引用数据，如图 10-5 所示。

图 10-4　输入"-"

图 10-5　引用 B2 单元格

第5步 使用相同的方法输入剩余的公式，完整公式为"=('2022年销量'!B2-'2021年销量'!B2)/'2021年销量'!B2*100%"，如图 10-6 所示。

第6步 按【Enter】键得到计算结果，选中 B2 单元格向右填充至 F2 单元格，如图 10-7 所示。

第7步 选中 B2:F2 单元格区域，将数据填充到其他数据区域，如图 10-8 所示。

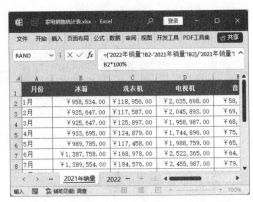

图 10-6 输入完整公式

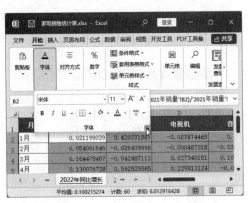

图 10-7 填充公式

图 10-8 填充公式

第8步 选中 B2:F13 单元格区域，单击【开始】选项卡【字体】组中的【字体设置】按钮⤵，如图 10-9 所示。

第9步 打开【设置单元格格式】对话框，在【分类】列表框中选择【百分比】选项，在右侧的【小数位数】微调框中设置小数位数为"2"，单击【确定】按钮，如图 10-10 所示。

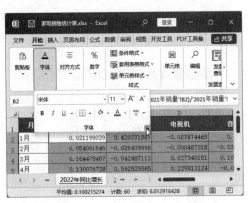

图 10-9 单击【字体设置】按钮

图 10-10 设置小数位数

第10步 返回工作表，即可看到同比增长数据，正数代表增长，负数代表下降，如图 10-11 所示。

第11步 使用相同的方法计算 2023 年同比增长速度即可，如图 10-12 所示。

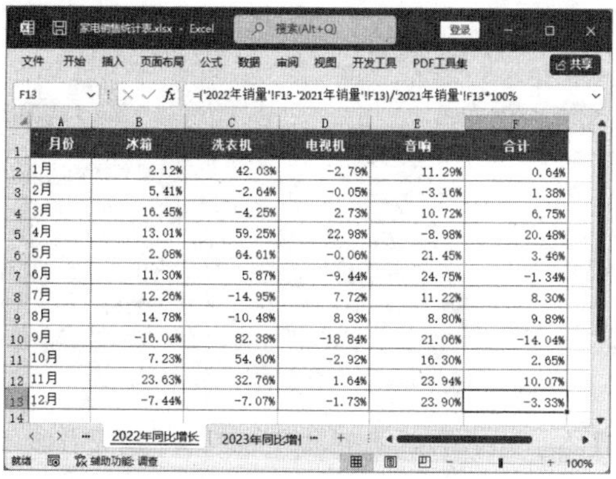

月份	冰箱	洗衣机	电视机	音响	合计
1月	2.12%	42.03%	-2.79%	11.29%	0.64%
2月	5.41%	-2.64%	-0.05%	-3.16%	1.38%
3月	16.45%	-4.25%	2.73%	10.72%	6.75%
4月	13.01%	59.25%	22.98%	-8.98%	20.48%
5月	2.08%	64.61%	-0.06%	21.45%	3.46%
6月	11.30%	5.87%	-9.44%	24.75%	-1.34%
7月	12.26%	-14.95%	7.72%	11.22%	8.30%
8月	14.78%	-10.48%	8.93%	8.80%	9.89%
9月	-16.04%	82.38%	-18.84%	21.06%	-14.04%
10月	7.23%	54.60%	-2.92%	16.30%	2.65%
11月	23.63%	32.76%	1.64%	23.94%	10.07%
12月	-7.44%	-7.07%	-1.73%	23.90%	-3.33%

图 10-11　查看同比增长数据

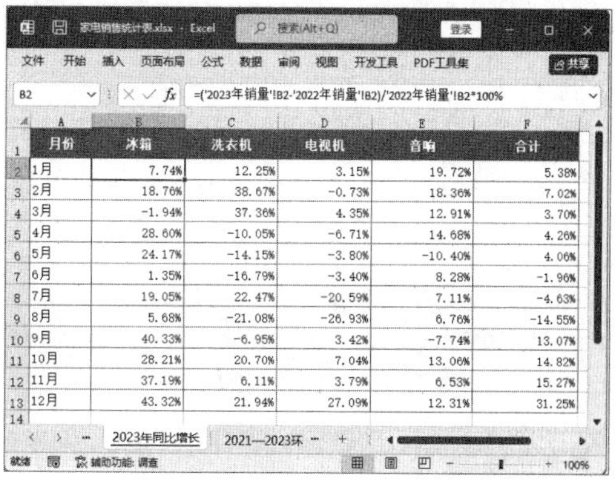

月份	冰箱	洗衣机	电视机	音响	合计
1月	7.74%	12.25%	3.15%	19.72%	5.38%
2月	18.76%	38.67%	-0.73%	18.36%	7.02%
3月	-1.94%	37.36%	4.35%	12.91%	3.70%
4月	28.60%	-10.05%	-6.71%	14.68%	4.26%
5月	24.17%	-14.15%	-3.80%	-10.40%	4.06%
6月	1.35%	-16.79%	-3.40%	8.28%	-1.96%
7月	19.05%	22.47%	-20.59%	7.11%	-4.63%
8月	5.68%	-21.08%	-26.93%	6.76%	-14.55%
9月	40.33%	-6.95%	3.42%	-7.74%	13.07%
10月	28.21%	20.70%	7.04%	13.06%	14.82%
11月	37.19%	6.11%	3.79%	6.53%	15.27%
12月	43.32%	21.94%	27.09%	12.31%	31.25%

图 10-12　计算 2023 年同比增长速度

10.1.2 计算销售额的环比发展速度

计算环比发展速度的操作方法，与计算同比增长速度的操作方法大致相同。因为计算 1 月的环比增长速度需要参照上一年的销售统计表中 12 月的数据，这样在定义公式时容易出错，所以可以先将 2021—2023 这 3 年的销售数据汇总到同一个工作表中，再计算各月的环比增长，操作方法如下。

第1步 接上一例操作，在“2021—2023 环比增长”工作表中输入“=(”，单击“总销量表”工作表标签，如图 10-13 所示。

第2步 在“总销量表”工作表中引用单元格数据，输入公式，其完整公式为“=(总销量表!C3-总销量表!C2)/总销量表!C2*100%”，如图 10-14 所示。

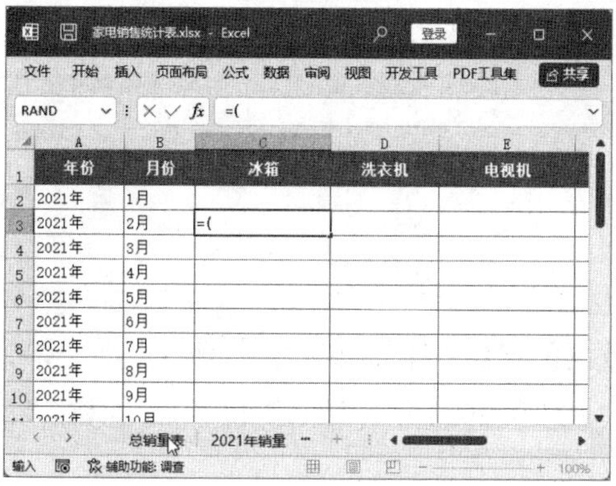

图 10-13　单击“总销量表”工作表标签

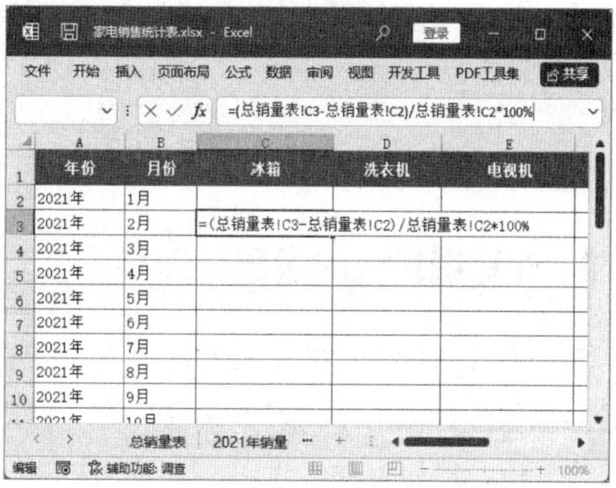

图 10-14　输入公式

第3步 按【Enter】键得到计算结果，如图 10-15 所示。

第4步 将公式填充到其他数据区域，然后选中所有数据区域，单击【开始】选项卡【数字】组中的【百分比样式】按钮 %，如图 10-16 所示。

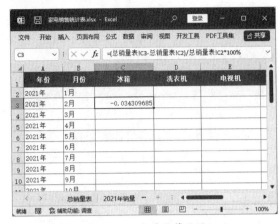

图 10-15　查看计算结果

图 10-16　设置百分比样式

第5步 ▶ 默认小数位数为 0，保持数据的选中状态，单击两次【开始】选项卡【数字】组中的【增加小数位数】按钮 ，增加两位小数位数，如图 10-17 所示。

第6步 ▶ 操作完成后，即可看到 2021—2023 年环比增长数据，正数代表增长，负数代表下降，如图 10-18 所示。

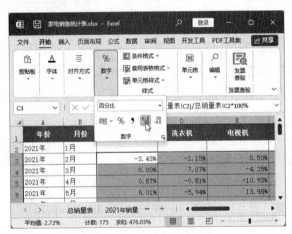

图 10-17　增加小数位数

图 10-18　查看环比增长数据

10.1.3　计算销售额的发展速度

如果要计算销售额的平均发展速度，需要先将数据整理到一个工作表中。例如，要计算 2023 年各月销售合计值的环比发展速度，需要将 2022 年 12 月和 2023 年各月的销售额合计值整理到一个工作表中，然后再进行计算，操作方法如下。

第1步 ▶ 接上一例操作，在 "2023 年环比发展" 工作表的 D3 单元格中输入公式 "=C3/C2*100%"，如图 10-19 所示。

第2步 ▶ 按【Enter】键，计算出 2023 年 1 月销售额合计值的环比发展速度，如图 10-20 所示。

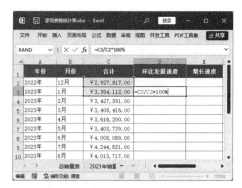

图 10-19　输入公式　　　　　　　　　　图 10-20　计算环比发展速度

第3步 ▶ 将公式填充到D4:D14 单元格区域，如图 10-21 所示。

第4步 ▶ 选中D3:D14 单元格区域，右击，在弹出的快捷菜单中选择【设置单元格格式】选项，如图 10-22 所示。

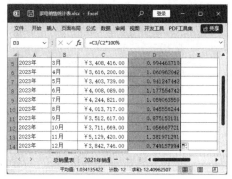 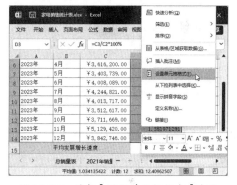

图 10-21　填充公式　　　　　　　图 10-22　选择【设置单元格格式】选项

第5步 ▶ 打开【设置单元格格式】对话框，在【分类】列表框中选择【百分比】选项，在右侧的【小数位数】微调框中设置小数位数为"2"，单击【确定】按钮，如图 10-23 所示。

第6步 ▶ 返回工作表，即可看到 2023 年各月销售额合计值的环比发展速度，大于 100% 代表增长，小于 100% 代表下降，如图 10-24 所示。

图 10-23　设置小数位数　　　　　　　　　图 10-24　查看环比发展速度

10.1.4 计算销售额的平均发展速度

2023 年销售额的环比发展速度数据中，既有高于 100%，也有低于 100% 的数据，那么怎么查看 2023 年整体的发展速度呢？此时，可以使用函数来计算 2023 年销售额的平均发展速度，操作方法如下。

第1步 ▶ 接上一例操作，在"2023 年环比发展"工作表的 D15 单元格中输入公式 "=POWER(D3*D4*D5*D6*D7*D8*D9*D10*D11*D12*D13*D14,1/12)"，如图 10-25 所示。

第2步 ▶ 按【Enter】键得到 2023 年销售额的平均发展速度，大于 100% 代表增长，小于 100% 代表下降，如图 10-26 所示。

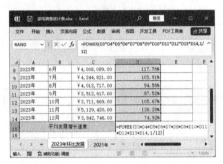
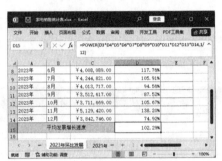

图 10-25　输入公式　　　　　　　　图 10-26　查看平均发展速度

10.1.5 计算销售额的增长速度

计算销售额增长速度的方法很简单，因为上一例中已经计算出了环比发展速度，现在只需要用环比发展速度减去 100% 即可，操作方法如下。

第1步 ▶ 接上一例操作，在"2023 年环比发展"工作表的 E3 单元格中输入公式 "=D3-100%"，如图 10-27 所示。

第2步 ▶ 按【Enter】键得到 2023 年 1 月销售额的增长速度，如图 10-28 所示。

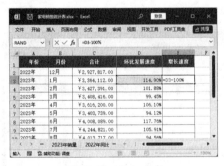
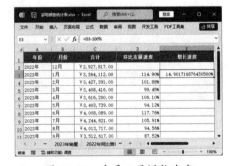

图 10-27　输入公式　　　　　　　　图 10-28　查看 1 月增长速度

第3步 ▶ 将公式填充到 E4:E15 单元格区域，将其设置为百分比格式，并将小数位数设置为 2 位，如图 10-29 所示。

第4步 ▶ 在 E15 单元格中，可以看到 2023 年销售额的增长速度，如图 10-30 所示。

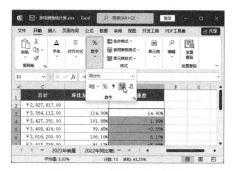

图 10-29   设置百分比格式

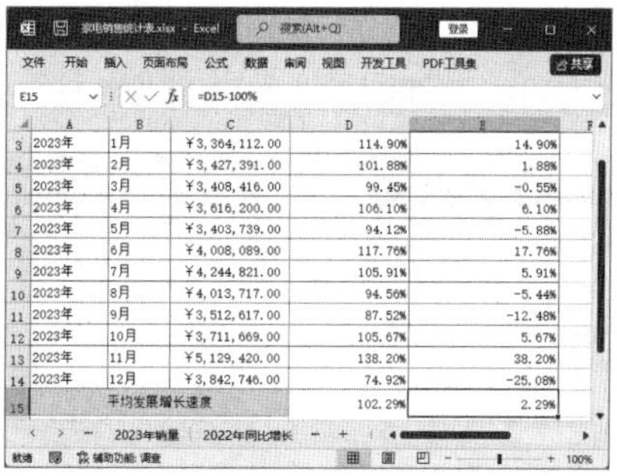

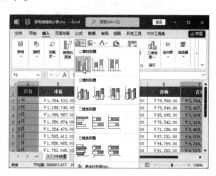

图 10-30   查看增长速度

10.1.6 使用图表分析数据

通过公式的计算可以很容易看出销售额是增长还是下降，但是却很难一眼看出销售数据的发展趋势。此时，可以创建图表来表现数据信息，让数据更加直观地展现。

1. 同比分析图表

为了更加清晰地查看各月销售额的变化情况，对于同比分析数据，可以使用柱形图展示数据之间的差异。例如，要查看 2023 年的销量变化情况，操作方法如下。

第1步 ▶ 接上一例操作，在"2023 年销量"工作表中选中 A1:A13 和 F1:F13 单元格区域，单击【插入】选项卡【图表】组中的【插入柱形图或条形图】下拉按钮，在弹出的下拉菜单中选择【簇状柱形图】选项，如图 10-31 所示。

第2步 ▶ 选中图表，然后拖动图表到合适的位置，如图 10-32 所示。

第3步 ▶ 保持图表的选中状态，单击【开始】选项卡【字体】组中的【字体】下拉按钮，在弹出的下拉菜单中选择一种字体样式，如图 10-33 所示。

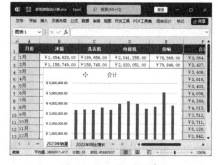

图 10-32   拖动图表

图 10-31   选择【簇状柱形图】选项

图 10-33   设置字体样式

第4步 ▶ 在【开始】选项卡的【字体】组中设置标题的字号，单击【加粗】按钮B，然后单击【字体设置】按钮，如图 10-34 所示。

第5步 打开【字体】对话框，在【字符间距】选项卡的【间距】下拉列表中选择【加宽】选项，在【度量值】微调框中设置数值为 "5" 磅，单击【确定】按钮，如图 10-35 所示。

图 10-34　单击【字体设置】按钮　　　　　　图 10-35　设置字符间距

第6步 在任意数据系列上右击，在弹出的快捷菜单中选择【设置数据系列格式】选项，如图 10-36 所示。

第7步 打开【设置数据系列格式】窗格，在【系列选项】选项卡的【系列选项】组中设置【间隙宽度】为 "120%"，如图 10-37 所示。

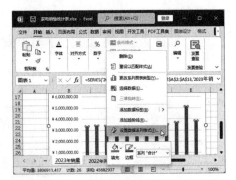

图 10-36　选择【设置数据系列格式】选项　　　图 10-37　设置间隙宽度

第8步 切换到【填充与线条】选项卡，在【填充】组的【颜色】下拉列表中选择一种与表格颜色同系列的颜色，单击【关闭】按钮✕，关闭【设置数据系列格式】窗格，如图 10-38 所示。

第9步 返回工作表，即可看到图表的最终效果，如图 10-39 所示。

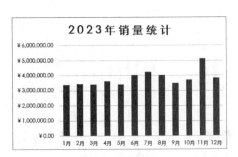

图 10-38　设置系列颜色　　　　　　　　图 10-39　查看图表效果

2. 环比分析图表

环比分析与同比分析类似，都需要对销售额的大小进行对比，所以可以选用簇状柱形图来展示数据，操作方法如下。

第1步 接上一例操作，在"2021—2023年销量合计"工作表中选中任意数据单元格，单击【插入】选项卡【图表】组中的【插入柱形图或条形图】下拉按钮 ，在弹出的下拉菜单中选择【簇状柱形图】选项，如图 10-40 所示。

第2步 将图表移动到合适的位置，然后拖动图表四周的控制点，调整图表的大小，如图 10-41 所示。

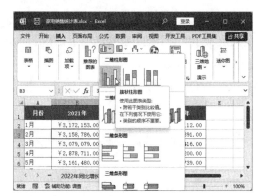

图 10-40 选择【簇状柱形图】选项

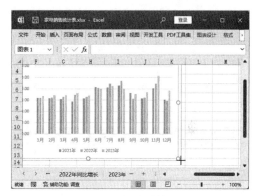

图 10-41 调整图表大小

第3步 将光标定位到原本的图表标题，删除标题中的文本并输入需要的标题文本，然后选中标题文本框，在【格式】选项卡的【艺术字样式】组中选择一种艺术字样式，如图 10-42 所示。

第4步 保持标题文本框的选中状态，单击【格式】选项卡【艺术字样式】组中的【文本填充】下拉按钮，在弹出的下拉菜单中选择一种填充颜色，如图 10-43 所示。

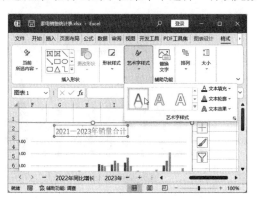

图 10-42 选择艺术字样式

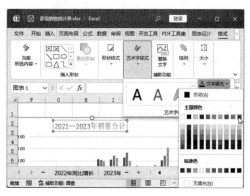

图 10-43 设置文本填充

第5步 保持标题文本框的选中状态，在【开始】选项卡的【字体】组中设置字体和字号，如图 10-44 所示。

第6步 右击【2023年数据】系列，在弹出的快捷菜单中选择【设置数据系列格式】选项，如图 10-45 所示。

图 10-44　设置字体和字号

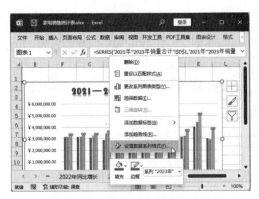

图 10-45　选择【设置数据系列格式】选项

第7步 打开【设置数据系列格式】窗格，在【系列选项】选项卡的【系列选项】组中分别设置【系列重叠】为"0%"和【间隙宽度】为"100%"，如图 10-46 所示。

第8步 在【填充与线条】选项卡的【填充】组中，在【颜色】下拉列表中选择合适的填充颜色，如图 10-47 所示。

图 10-46　设置系列重叠和间隙宽度

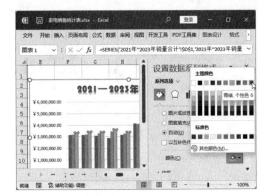

图 10-47　设置系列颜色

第9步 使用相同的方法设置其他数据系列的填充颜色，即可完成环比分析图表的制作，如图 10-48 所示。

3. 销售走势图表

环比分析与同比分析的图表是为了展示某个时间点的数据变化，所以选择了柱形图。如果要查看某个时间段内的销售走势，则需要使用折线图。

图 10-48　查看图表效果

需要制作近三年的销售走势图表，横坐标轴应该是日期，且日期中需要包含年和月，所以需要先将数据源表的年和月合并到一列，操作方法如下。

第1步 接上一例操作，切换到"总销量表"工作表，选中 C 列，右击，在弹出的快捷菜单中选择【插入】选项，如图 10-49 所示。

第2步 ▶ 在表头中输入文本"日期"，如图 10-50 所示。

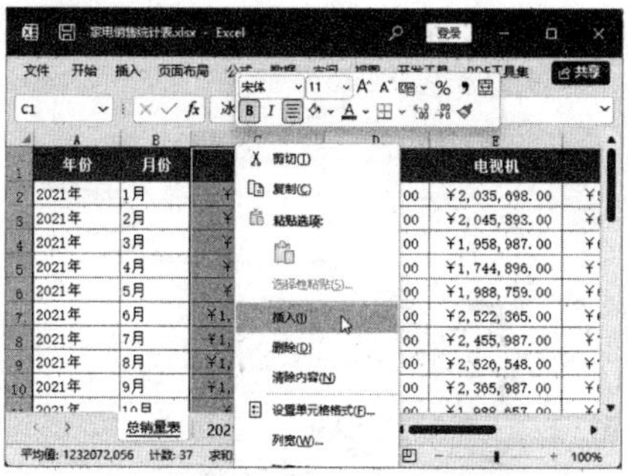

图 10-49　选择【插入】选项

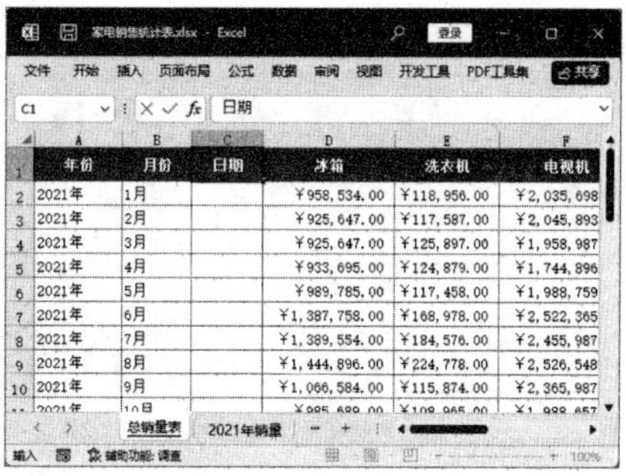

图 10-50　输入表头

第3步 ▶ 在 C2 单元格中输入公式"=A2&B2"，如图 10-51 所示。

第4步 ▶ 按【Enter】键即可合并 A2:B2 单元格区域中的数据，如图 10-52 所示。

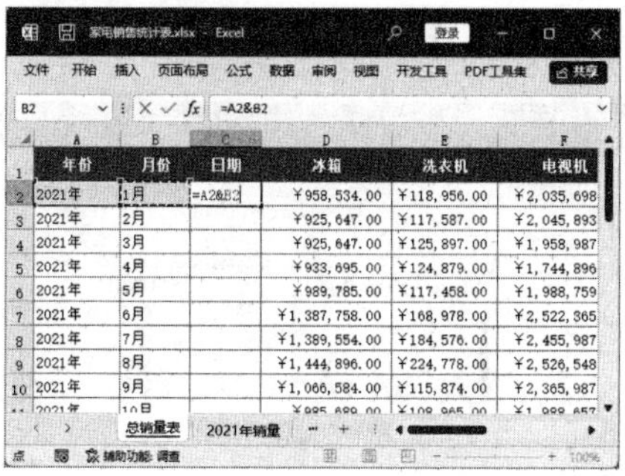

图 10-51　输入公式

图 10-52　查看合并数据

第5步 ▶ 将 C2 单元格中的数据填充到 C3:C37 单元格区域，如图 10-53 所示。

第6步 ▶ 选中 C1:C37 和 H1:H37 单元格区域，单击【插入】选项卡【图表】组中的【插入折线图或面积图】下拉按钮 ∿ ˅，在弹出的下拉菜单中选择【带数据标记的折线图】选项，如图 10-54 所示。

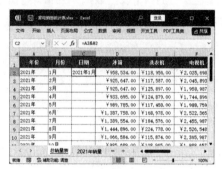

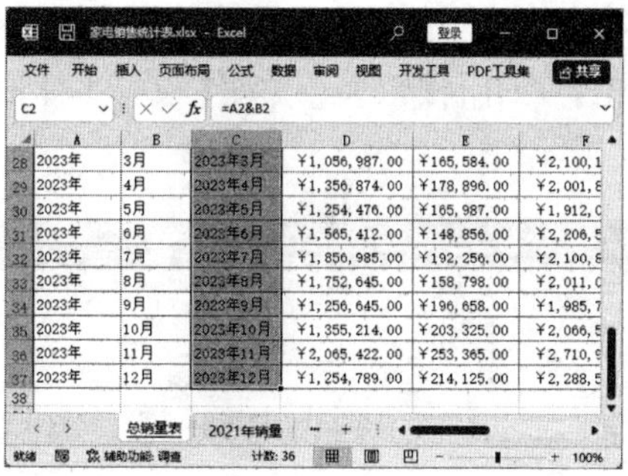

图 10-53　填充数据

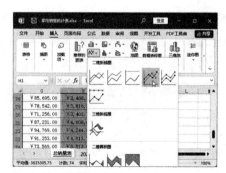

图 10-54　选择【带数据标记的折线图】选项

第7步 ▶ 将光标定位到原本的图表标题，删除标题中的文本并输入需要的标题文本，如图 10-55 所示。

第8步 ▶ 保持文本框的选中状态，在【开始】选项卡的【字体】组中设置字体、字号和字体颜色，如图 10-56 所示。

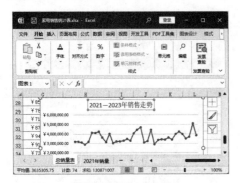

图 10-55　输入标题

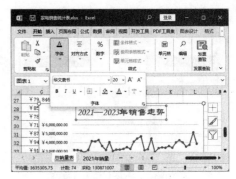

图 10-56　设置字体样式

第9步 ▶ 右击折线图，在弹出的快捷菜单中选择【设置数据系列格式】选项，如图 10-57 所示。

第10步 ▶ 打开【设置数据系列格式】窗格，在【填充与线条】选项卡的【线条】组中，在【颜色】下拉列表中选择线条的颜色，如图 10-58 所示。

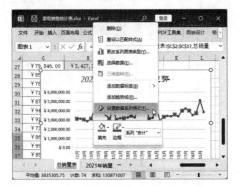

图 10-57　选择【设置数据系列格式】选项

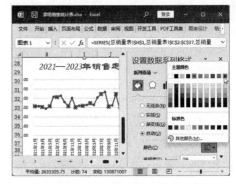

图 10-58　设置线条颜色

第11步 ▶ 单击【标记】标签，在【填充】组的【颜色】下拉列表中选择标记的颜色，如图 10-59 所示。

第12步 ▶ 选择垂直（值）轴，在【设置坐标轴格式】窗格中切换到【坐标轴选项】选项卡，在【坐标轴选项】组中分别设置【最大值】和【最小值】，单击【关闭】按钮 ✕，关闭【设置坐标轴格式】窗格，如图 10-60 所示。

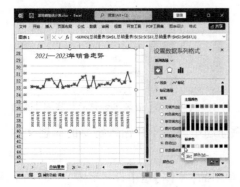

图 10-59　设置标记颜色

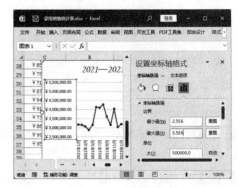

图 10-60　设置坐标轴

第13步 选中图表，单击【图表设计】选项卡【图表布局】组中的【添加图表元素】下拉按钮，在弹出的下拉菜单中选择【趋势线】选项，在弹出的子菜单中选择【线性】选项，如图 10-61 所示。

第14步 选中趋势线，单击【格式】选项卡【形状样式】组中的【形状轮廓】下拉按钮，在弹出的下拉菜单中选择趋势线的颜色，如图 10-62 所示。

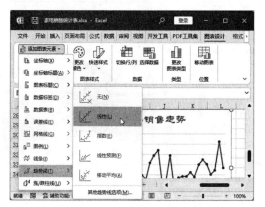

图 10-61 选择【线性】选项

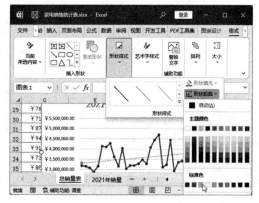

图 10-62 设置趋势线颜色

第15步 操作完成后，即可完成销售走势图表的制作。通过图表可以明显地看出趋势线呈上升状态，由此可以判断，近三年的销售情况也呈上升状态，如图 10-63 所示。

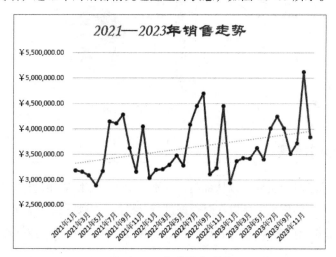

图 10-63 查看图表效果

10.2 企业人力资源数据分析

在企业管理中，人力资源工作是企业发展过程中重要的一环。在对企业中的人力进行规划时，首先需要对人力资源结构进行分析。例如，在职员工的性别、年龄、学历等，充分了解企业目前的人力资源状况，有助于更好地分配人力资源。

实例效果如图 10-64 所示，最终效果见"结果文件\第 10 章\员工信息表.xlsx"文件。

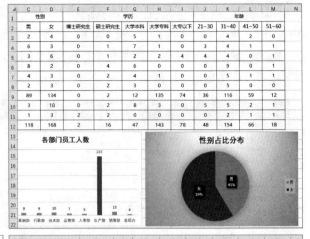

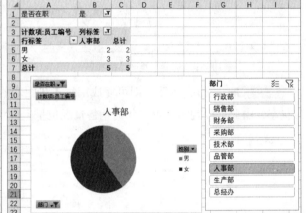

图 10-64　人力资源数据分析效果图

10.2.1　统计员工结构信息

在分析员工结构信息时，主要可以从部门、性别、学历、年龄等角度进行分析。但是，员工信息表中还包含了离职员工的信息，所以在对数据进行分析前，需要先统计出在职员工的信息。

在 Excel 中，如果要统计在职员工信息，可以使用筛选法、函数法和数据透视表法。

1. 筛选法

自动筛选是一个基础的数据分析工具，只需要简单的操作就可以筛选出符合条件的数据。

第1步 ▶ 打开"素材文件\第 10 章\员工信息表.xlsx"，在"员工基本信息表"工作表中选中任意数据单元格，单击【数据】选项卡【排序和筛选】组中的【筛选】按钮，如图 10-65 所示。

第2步 ▶ 进入筛选状态，单击"是否在职"右侧的下拉按钮▼，在弹出的下拉菜单中只选中【是】复选框，单击【确定】按钮，如图 10-66 所示。

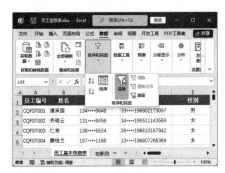

图 10-65 单击【筛选】按钮

图 10-66 选中【是】复选框

第3步 返回工作表，即可看到已经筛选出了在职员工信息。单击"部门"右侧的下拉按钮▼，在弹出的下拉菜单中选中【财务部】复选框，单击【确定】按钮，如图 10-67 所示。

第4步 返回工作表，即可看到财务部的在职员工信息已经被筛选出来了。工作簿的左下方显示"在 364 条记录中找到 6 个"，表示财务部的在职员工人数为 6，如图 10-68 所示。

图 10-67 选中【财务部】复选框

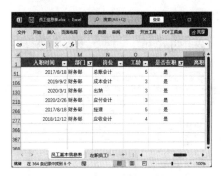

图 10-68 查看筛选结果

第5步 切换到"在职员工结构"工作表，在B3单元格中输入"6"，如图 10-69 所示。

第6步 切换到"员工基本信息表"工作表，单击"性别"右侧的下拉按钮▼，在弹出的下拉菜单中选中【男】复选框，然后单击【确定】按钮，如图 10-70 所示。

图 10-69 输入数据

图 10-70 选中【男】复选框

第7步 返回工作表，即可看到财务部男性的在职员工信息已经被筛选出来了。工作簿的左下方显示"在 364 条记录中找到 2 个"，表示财务部男性的在职员工人数为 2，如图 10-71 所示。

第8步 切换到"在职员工结构"工作表，在C3单元格中输入"2"，如图 10-72 所示。

图 10-71　查看筛选数据

图 10-72　输入数据

第9步 在 D3 单元格中输入公式"=B3-C3"，计算出财务部女性的在职员工人数，如图 10-73 所示。

第10步 接下来计算财务部不同学历的在职员工人数。切换到"员工基本信息表"工作表，单击"性别"右侧的下拉按钮，在弹出的下拉菜单中选中【全选】复选框，然后单击【确定】按钮，如图 10-74 所示。

图 10-73　使用公式计算

图 10-74　选中【全选】复选框

第11步 单击"学历"右侧的下拉按钮，在弹出的下拉菜单中选中【大学本科】复选框，然后单击【确定】按钮，如图 10-75 所示。

第12步 返回工作表，即可看到财务部学历为大学本科的在职员工信息已经被筛选出来了。工作簿的左下方显示"在 364 条记录中找到 5 个"，表示财务部学历为大学本科的在职员工人数为 5，如图 10-76 所示。

图 10-75　选中【大学本科】复选框

图 10-76　查看筛选结果

第13步●　切换到"在职员工结构"工作表，在G3
单元格中输入"5"。因为财务部员工的学历，除了大
学本科就是大学专科，所以可以使用公式来计算大学
专科的在职员工人数。在H3单元格中输入公式"=B3-
G3"，按【Enter】键计算出财务部学历为大学专科的在职
员工人数，如图10-77所示。

第14步●　接下来计算财务部各年龄段的在职员工
人数。切换到"员工基本信息表"工作表，单击"学历"
右侧的下拉按钮，在弹出的下拉菜单中选中【全选】
复选框，然后单击【确定】按钮，如图10-78所示。

图 10-77　查看统计结果

第15步●　单击"年龄"右侧的下拉按钮，在弹出的下拉菜单中选择【数字筛选】选项，在弹出
的子菜单中选择【介于】选项，如图10-79所示。

图 10-78　选中【全选】复选框

图 10-79　选择【介于】选项

第16步●　打开【自定义自动筛选方式】对话框，在【大于或等于】右侧的文本框中输入"21"，
在【小于或等于】右侧的文本框中输入"30"，完成后单击【确定】按钮，如图10-80所示。

第17步●　返回工作表，即可看到财务部年龄在21~30岁的在职员工信息已经被筛选出来了。
工作簿的左下方显示"在364条记录中找到0个"，表示财务部年龄在21~30岁的在职员工人数为
0，可以不填写，也可以填写数字"0"，如图10-81所示。

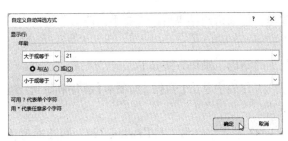

图 10-80　设置筛选参数

图 10-81　查看筛选结果

第18步 单击 "年龄" 右侧的下拉按钮 ☑，在弹出的下拉菜单中选择【数字筛选】选项，在弹出的子菜单中选择【介于】选项，如图 10-82 所示。

第19步 打开【自定义自动筛选方式】对话框，在【大于或等于】右侧的文本框中输入 "31"，在【小于或等于】右侧的文本框中输入 "40"，完成后单击【确定】按钮，如图 10-83 所示。

图 10-82　选择【介于】选项

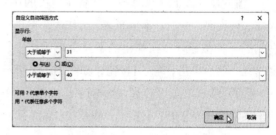

图 10-83　设置筛选参数

第20步 返回工作表，即可看到财务部年龄在 31～40 岁的在职员工信息已经被筛选出来了。工作簿的左下方显示 "在 364 条记录中找到 4 个"，表示财务部年龄在 31～40 岁的在职员工人数为 4，如图 10-84 所示。

第21步 切换到 "在职员工结构" 工作表，在 K3 单元格中输入 4，然后使用相同的方法计算财务部其他年龄段的在职员工人数，如图 10-85 所示。

图 10-84　查看筛选结果

图 10-85　填充筛选数据

2. 函数法

使用筛选法统计在职员工的结构，操作比较简单，但筛选出结果后，需要手工填写数据，在填写过程中容易发生错误。

为了避免错误，下面使用函数法来统计在职员工的结构，操作方法如下。

第1步 接上一例操作，在 "员工基本信息表" 工作表中单击【数据】选项卡【排序和筛选】组中的【筛选】按钮，取消筛选状态，如图 10-86 所示。

第2步 在 "在职员工结构" 工作表中选中 B3:M3 单元格区域，按【Delete】键，删除通过筛选法统计的数据，如图 10-87 所示。

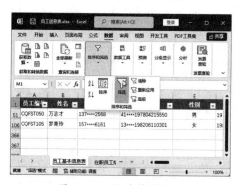

图 10-86　取消筛选状态

图 10-87　删除数据

第3步 ▶ 选中 B3 单元格，单击【公式】选项卡【函数库】组中的【其他函数】下拉按钮，在弹出的下拉菜单中选择【统计】选项，在弹出的子菜单中选择【COUNTIFS】函数，如图 10-88 所示。

第4步 ▶ 打开【函数参数】对话框，将光标定位到【Criteria_range1】参数框，如图 10-89 所示。

图 10-88　选择【COUNTIFS】函数

图 10-89　定位光标

第5步 ▶ 切换到"员工基本信息表"工作表，选中 P2:P365 单元格区域，如图 10-90 所示。

第6步 ▶ 返回【函数参数】对话框，在【Criteria1】参数框中输入"是"，然后将光标定位到【Criteria_range2】参数框，如图 10-91 所示。

图 10-90　选择计算单元格

图 10-91　定位光标

第7步 ▶ 切换到"员工基本信息表"工作表，选中 M2:M365 单元格区域，如图 10-92 所示。

第8步 ▶ 返回【函数参数】对话框，将光标定位到【Criteria2】参数框，如图 10-93 所示。

图 10-92　选择计算单元格

图 10-93　定位光标

第9步▶ 选中"在职员工结构"工作表中的A3单元格，如图 10-94 所示。

第10步▶ 因为两个条件对应的统计区域是相对固定的，所以可以将其设置为绝对引用。方法是：分别选中【Criteria_range1】和【Criteria_range2】参数框中的数据区域，按【F4】键，即可将其设置为绝对引用，完成后单击【确定】按钮，如图 10-95 所示。

图 10-94　选择计算单元格

图 10-95　设置绝对引用

温馨提示●

在使用函数统计财务部的在职员工人数时，首先需要清楚统计条件和统计区域。该统计包含两个条件，一是在职，二是财务部，所以这两个条件对应的统计区域是"员工基本信息表"工作表中的 P2:P365 和 M2:M365 单元格区域。

第11步▶ 返回工作表，即可看到统计出的财务部的在职员工人数，如图 10-96 所示。

第12步▶ 将B3单元格中的公式向下填充到B4:B11单元格区域，即可计算出其他部门的在职员工人数，如图 10-97 所示。

图 10-96　查看计算结果

图 10-97　填充公式

第13步 接下来计算各部门不同性别的在职员工人数。双击 B3 单元格，使其进入编辑状态，在编辑栏中选中公式，然后按【Ctrl+C】组合键进行复制，如图 10-98 所示。

第14步 按【Enter】键退出编辑状态。双击 C3 单元格进入编辑状态，按【Ctrl+V】组合键进行粘贴，将公式粘贴到 C3 单元格中，然后单击编辑栏左侧的【插入函数】按钮 *fx*，如图 10-99 所示。

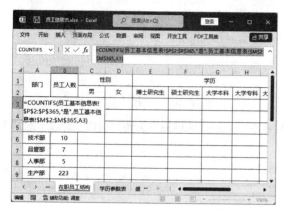

图 10-98　复制公式

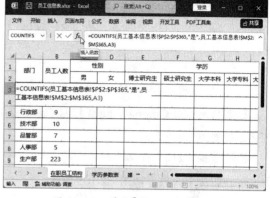

图 10-99　单击【插入函数】按钮

> **温馨提示**
>
> 在计算财务部不同性别的在职员工人数时，有 3 个参数，分别是在职、财务部、男或女。所以，在统计财务部不同性别的在职员工人数时，前两个条件与统计财务部的在职员工人数相同，只需要在原公式的基础上增加一个条件，所以可以复制之前的公式再添加条件即可。

第15步 打开【函数参数】对话框，单击【Criteria2】参数框，即可添加一个新的参数框，将光标定位到【Criteria_range3】参数框，如图 10-100 所示。

第16步 在"员工基本信息表"工作表中选中 E2:E365 单元格区域，如图 10-101 所示。

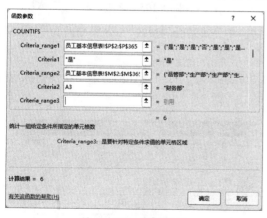

图 10-100　定位光标

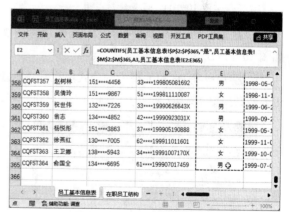

图 10-101　选择计算单元格

第17步 拖动函数参数右侧的滚动条，可以看到下方的【Criteria3】参数框，将光标定位到【Criteria3】参数框，如图 10-102 所示。

第18步 在"在职员工结构"工作表中选中 C2 单元格，如图 10-103 所示。

图 10-102　定位光标

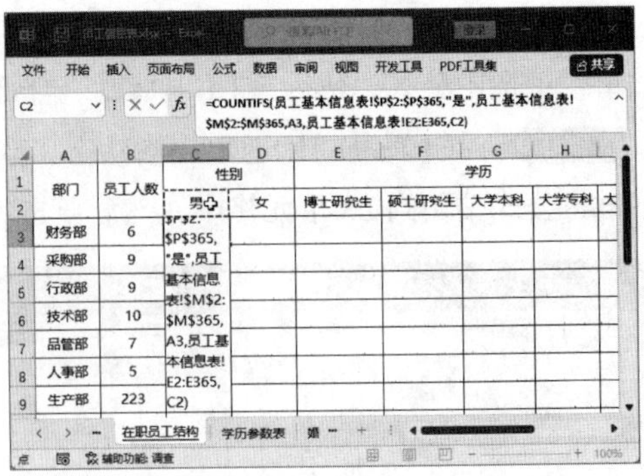

图 10-103　选择计算单元格

第19步● 将【Criteria_range3】和【Criteria3】参数框中的统计区域设置为绝对引用，单击【确定】按钮，如图 10-104 所示。

第20步● 返回工作表，将C3 单元格中的公式填充到C4:C11 单元格区域，即可统计出各部门男性的在职员工人数，如图 10-105 所示。

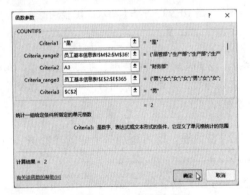

图 10-104　设置绝对引用

图 10-105　填充公式

第21步● 将C3 单元格中的公式复制到D3 单元格，将公式最后的参数 "$C$2" 更改为 "$D$2"，如图 10-106 所示。

第22步● 将D3 单元格中的公式填充到D4:D11 单元格区域，即可统计出各部门女性的在职员工人数，如图 10-107 所示。

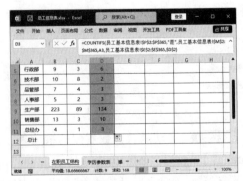

图 10-106　更改计算参数

图 10-107　填充公式

第23步▶ 接下来统计各部门不同学历的在职员工人数。首先统计博士研究生的在职员工人数，将 C3 单元格中的公式复制到 E3 单元格，然后打开【函数参数】对话框，将【Criteria_range3】参数框中的统计区域更改为"$K$2:$K$365"，【Criteria3】参数框中的参数更改为"$E$2"，然后单击【确定】按钮，如图 10-108 所示。

第24步▶ 返回工作表，即可看到财务部学历为博士研究生的在职员工人数，复制 E3 单元格中的公式到 F3 单元格，将公式最后的参数"$E$2"更改为"$F$2"，如图 10-109 所示。

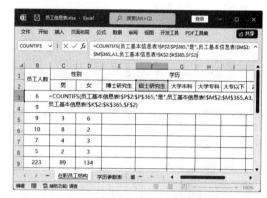

图 10-108　更改计算参数　　　　图 10-109　复制并更改公式

第25步▶ 使用相同的方法分别计算财务部学历为大学本科、大学专科和大专以下的在职员工人数，如图 10-110 所示。

第26步▶ 选中 E3:I3 单元格区域，向下填充公式到 E4:I11 单元格区域，即可统计出其他部门不同学历的在职员工人数，如图 10-111 所示。

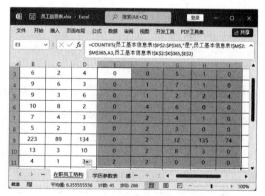

图 10-110　计算其他数据　　　　图 10-111　填充公式

第27步▶ 最后统计各部门不同年龄段的在职员工人数。首先统计年龄在 21 ~ 30 岁的在职员工人数。将 C3 单元格中的公式复制到 J3 单元格，然后打开【函数参数】对话框，将【Criteria_range3】参数框中的统计区域更改为"$G$2:$G$365"，【Criteria3】参数框中的参数更改为">=21"；【Criteria_range4】参数框中的统计区域与【Criteria_range3】相同，为"$G$2:$G$365"，将【Criteria4】参数框中的参数设置为"<=30"，然后单击【确定】按钮，如图 10-112 所示。

第28步▶ 返回工作表，将 J3 单元格中的公式复制到 K3 单元格，并更改公式中的统计条件为

"≥31"和"≤40",如图 10-113 所示。

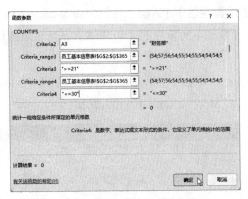

图 10-112　设置计算参数 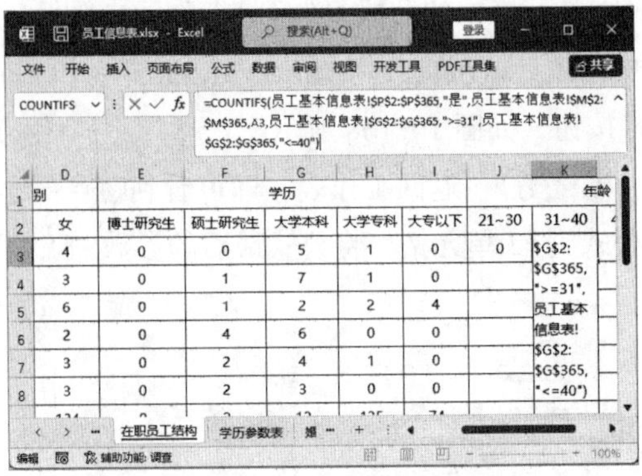　　　　　　　图 10-113　更改统计条件

第29步 使用相同的方法统计出财务部年龄在 41~50 岁和 51~60 岁的在职员工人数,如图 10-114 所示。

第30步 选中 J3:M3 单元格区域,然后将公式填充到 J4:M11 单元格区域,如图 10-115 所示。

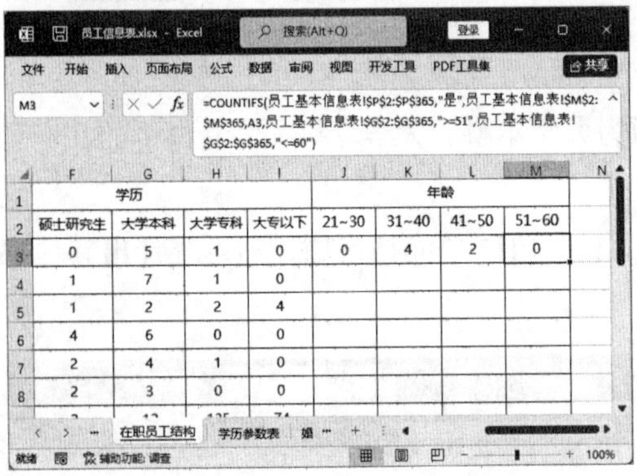

图 10-114　统计其他数据 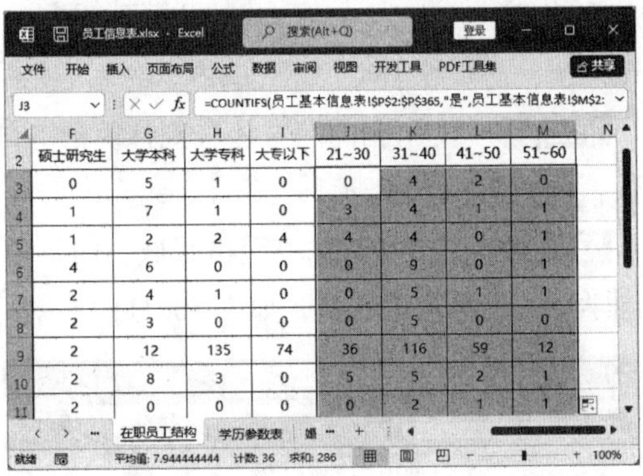　　　　　　　图 10-115　填充公式

第31步 在 B12 单元格中输入公式 "=SUM(B3:B11)",然后向右填充即可完成统计,如图 10-116 所示。

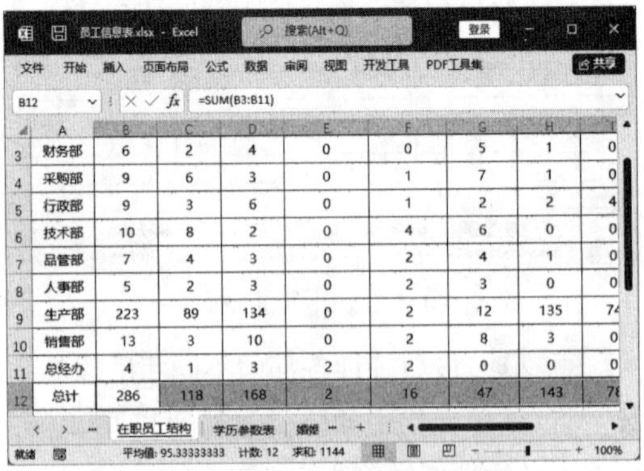

3. 数据透视表法

在分析数据时,使用数据透视表可以更方便地统计数据,操作方法如下。

第1步 接上一例操作,在"员工基本信息表"工作表中选中任意数据单元格,单击【插入】选项卡【表格】组中的【数据透视表】按钮,如图 10-117 所示。

第2步 打开【来自表格或区域的数据透视表】对话框,此时已经自动选择了整个数据区域,并默认选择将数据透视表放置在新工作表中,直接单击【确定】按钮,如图 10-118 所示。

图 10-116　完成统计

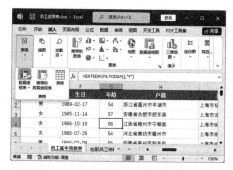

图 10-117　单击【数据透视表】按钮

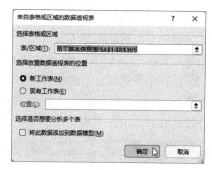

图 10-118　单击【确定】按钮

第3步 ▶ 返回工作表，即可看到已经新建了一个工作表，并创建了一个数据透视表的框架，还默认打开了【数据透视表字段】窗格，如图 10-119 所示。

第4步 ▶ 在【选择要添加到报表的字段】列表框中选择【部门】字段，按住鼠标左键不放，将其拖动到【行】区域，然后在【选择要添加到报表的字段】列表框中选择【员工编号】字段，按住鼠标左键不放，将其拖动到【值】区域，即可统计出各部门的员工人数，如图 10-120 所示。

图 10-119　查看数据透视表

图 10-120　布局字段

第5步 ▶ 现在统计出的数据是"员工基本信息表"工作表中的所有员工人数，包括了离职员工，所以需要添加一个筛选字段，筛选出在职员工人数。在【选择要添加到报表的字段】列表框中右击【是否在职】字段，在弹出的快捷菜单中选择【添加到报表筛选】选项，如图 10-121 所示。

第6步 ▶ 即可在数据透视表中添加一个筛选字段【是否在职】，单击该字段右侧的下拉按钮，在弹出的下拉菜单中选择【是】选项，然后单击【确定】按钮，如图 10-122 所示。

图 10-121　选择【添加到报表筛选】选项

图 10-122　选择【是】选项

第7步 在数据透视表中可以看到有行标签的字样，这是因为默认的数据透视表布局方式为压缩形式，所以字段被压缩到了一行或一列中，导致无法给定一个明确的标题。此时，可以将数据透视表的布局更改为"以表格形式显示"。单击【设计】选项卡【布局】组中的【报表布局】下拉按钮，在弹出的下拉菜单中选择【以表格形式显示】选项，如图 10-123 所示。

第8步 返回数据透视表，即可看到报表中的行标签字样已经显示为正确的列标题，如图 10-124 所示。

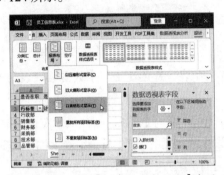

图 10-123 选择【以表格形式显示】选项

图 10-124 查看列标题

第9步 然后统计财务部不同性别的在职员工人数。在"员工基本信息表"工作表中选中任意数据单元格，然后单击【插入】选项卡【表格】组中的【数据透视表】按钮，如图 10-125 所示。

第10步 打开【来自表格或区域的数据透视表】对话框，此时已经自动选择了整个数据区域，在【选择放置数据透视表的位置】栏中选中【现有工作表】单选按钮，将光标定位到下方的参数框，如图 10-126 所示。

图 10-125 单击【数据透视表】按钮

图 10-126 选中【现有工作表】单选按钮

第11步 选中"Sheet1"工作表中的 E1 单元格，然后单击【确定】按钮，如图 10-127 所示。

第12步 返回工作表，即可看到已经在"Sheet1"工作表中创建了数据透视表，如图 10-128 所示。

第13步 将【是否在职】字段添加到【筛选】区域；将【性别】字段添加到【列】区域；将【部门】字段添加到【行】区域；将【员工编号】字段添加到【值】区域，如图 10-129 所示。

图 10-127 选中 E1 单元格

图 10-128　查看数据透视表

图 10-129　布局字段

第14步● 单击【是否在职】字段右侧的下拉按钮 ▼，在弹出的下拉菜单中选择【是】选项，单击【确定】按钮，如图 10-130 所示。

第15步● 即可统计出各部门不同性别的在职员工人数，如图 10-131 所示。

图 10-130　选择【是】选项

图 10-131　查看统计数据

第16步● 使用相同的方法统计各部门不同学历的在职员工人数，如图 10-132 所示。

第17步● 统计完成后，可以看到学历按照首字母升序排序，但是在日常工作中更习惯按学历高低排列，所以可以将"硕士研究生"移动到"博士研究生"之后。选中"硕士研究生"字段所在的单元格，将光标移动到单元格的边框处，光标将变为可移动状态，如图 10-133 所示。

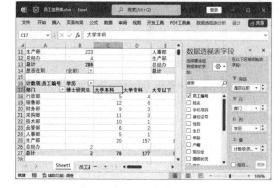

图 10-132　统计其他数据

图 10-133　选择移动单元格

第18步 按住鼠标左键不放，将其拖动到"博士研究生"字段之后释放鼠标，如图 10-134 所示。

第19步 操作完成后，即可将"硕士研究生"字段移动到"博士研究生"字段之后，如图 10-135 所示。

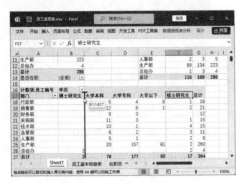

图 10-134 拖动数据列

图 10-135 查看移动数据

第20步 使用相同的方法统计各部门不同年龄段的在职员工人数，如图 10-136 所示。

第21步 数据透视表默认按具体年龄划分字段，所以需要根据实际的需求划分年龄段。右击数据透视表"年龄"字段所在的单元格，在弹出的快捷菜单中选择【组合】选项，如图 10-137 所示。

图 10-136 统计其他数据

图 10-137 选择【组合】选项

第22步 打开【组合】对话框，在【起始于】文本框中输入"21"，在【终止于】文本框中输入"60"，在【步长】文本框中输入"10"，单击【确定】按钮，如图 10-138 所示。

第23步 返回数据透视表，即可看到各部门的在职员工已经按照不同年龄段进行了汇总，如图 10-139 所示。

图 10-138 设置组合参数

图 10-139 查看组合结果

10.2.2 分析员工结构

分析员工结构不仅可以了解企业的人员结构分配，还可以根据当前企业的发展来判断当前人员结构是否符合企业的发展趋势。

在分析数据趋势时，为了避免枯燥，可以使用图表来展现数据。

1. 使用简单图表分析

如果只是简单地分析在职员工的结构，可以使用简单图表，如分析部门人数、员工的性别占比、员工的学历分布情况、员工的年龄分布情况等，操作方法如下。

第1步 ▶ 接上一例操作，在"在职员工结构"工作表中选中A3:B11单元格区域，单击【插入】选项卡【图表】组中的【插入柱形图或条形图】下拉按钮，在弹出的下拉菜单中选择【簇状柱形图】选项，如图 10-140 所示。

第2步 ▶ 返回工作表，即可看到已经插入了图表，拖动图表到合适的位置，如图 10-141 所示。

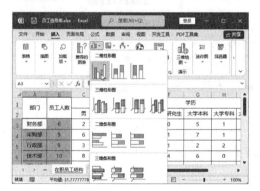

图 10-140　选择【簇状柱形图】选项

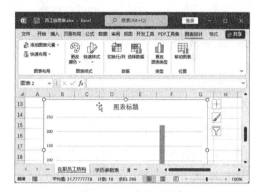

图 10-141　拖动图表

第3步 ▶ 删除图表标题文本框中的默认文本，输入需要的图表标题，在【开始】选项卡的【字体】组中设置图表标题的文本样式，如图 10-142 所示。

第4步 ▶ 选中图表，单击【图表设计】选项卡【图表布局】组中的【添加图表元素】下拉按钮，在弹出的下拉菜单中选择【数据标签】选项，在弹出的子菜单中选择【数据标签外】选项，如图 10-143 所示。

图 10-142　设置文本样式

图 10-143　选择【数据标签外】选项

第5步▶ 从图表中可以看出,生产部的在职员工人数最多,可以为其设置单独的填充颜色,加深记忆。单击两次【生产部】所在的数据系列,单击【格式】选项卡【形状样式】组中的【形状填充】下拉按钮,在弹出的下拉菜单中选择【红色】,如图 10-144 所示。

第6步▶ 单击两次【生产部】所在的数据标签,单击【开始】选项卡【字体】组中的【字体颜色】下拉按钮 △ ⌄,在弹出的下拉菜单中选择【红色】,如图 10-145 所示。

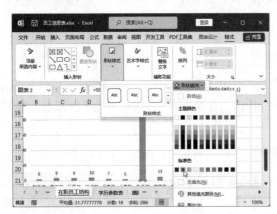

图 10-144　选择填充颜色　　　　　　图 10-145　设置标签颜色

第7步▶ 操作完成后,可以看到图表中在职员工人数最多的生产部已经被突出显示,如图 10-146 所示。

第8步▶ 然后分析员工的性别占比。在"在职员工结构"工作表中分别选中 C2:D2 和 C12:D12 单元格区域,单击【插入】选项卡【图表】组中的【插入饼图或圆环图】下拉按钮 ⌄,在弹出的下拉菜单中选择【饼图】选项,如图 10-147 所示。

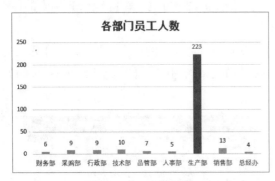

图 10-146　查看图表

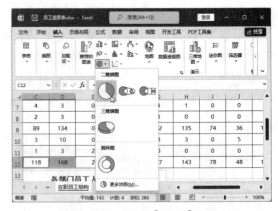

图 10-147　选择【饼图】选项

第9步▶ 删除原来的标题文本,输入需要的标题。单击【图表设计】选项卡【图表布局】组中的【快速布局】下拉按钮,在弹出的下拉菜单中选择一种带百分比的布局样式,如【布局 1】,如图 10-148 所示。

第10步▶ 单击【图表设计】选项卡【图表样式】组中的【快速样式】下拉按钮,在弹出的下拉菜单中选择一种图表样式,如图 10-149 所示。

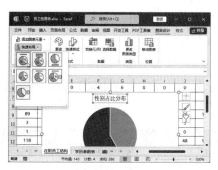

图 10-148　选择布局样式

图 10-149　选择图表样式

第11步 操作完成后，即可看到员工性别占比，如图 10-150 所示。

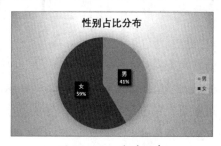

图 10-150　查看图表

2. 多级联动图表

简单图表多用于分析单一因素的数据，如果需要分析多因素对在职员工人数的影响，例如，分析各部门员工的性别分布情况、学历分布情况、年龄分布情况等，可以使用多级联动图表，操作方法如下。

第1步 接上一例操作，在"员工基本信息表"工作表中选中任意数据单元格，单击【插入】选项卡【图表】组中的【数据透视图】按钮，如图 10-151 所示。

第2步 打开【创建数据透视图】对话框，保持默认设置，单击【确定】按钮，如图 10-152 所示。

图 10-151　单击【数据透视图】按钮

图 10-152　单击【确定】按钮

第3步 ▶ 返回工作表，即可看到已经在新工作表中创建了一个空白的数据透视表和一个空白的数据透视图，如图 10-153 所示。

第4步 ▶ 在【数据透视图字段】窗格中，将【是否在职】字段拖动到【筛选】区域；将【部门】字段拖动到【图例】区域；将【性别】字段拖动到【轴】区域；将【员工编号】字段拖动到【值】区域，如图 10-154 所示。

图 10-153　创建数据透视表和数据透视图

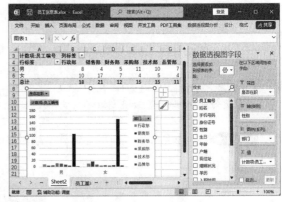

图 10-154　布局字段

第5步 ▶ 默认创建的数据透视图为条形图，并不能清晰地展示出员工的性别分布情况，所以需要更改图表类型。选中数据透视图，单击【设计】选项卡【类型】组中的【更改图表类型】按钮，如图 10-155 所示。

第6步 ▶ 打开【更改图表类型】对话框，在左侧选择【饼图】选项，在右侧选择【饼图】选项🍩，然后单击【确定】按钮，如图 10-156 所示。

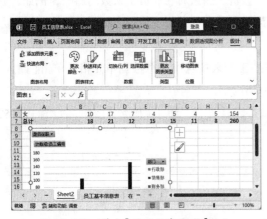

图 10-155　单击【更改图表类型】按钮

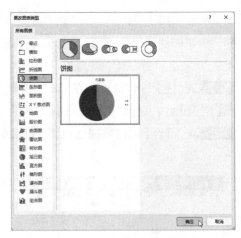

图 10-156　选择图表类型

第7步 ▶ 单击图表中的【是否在职】下拉按钮，在弹出的下拉菜单中选择【是】选项，然后单击【确定】，如图 10-157 所示。

第8步 ▶ 此时，数据透视表和数据透视图同时更改为在职员工的性别分布情况，如图 10-158 所示。

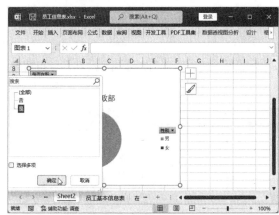

图 10-57　选择【是】选项

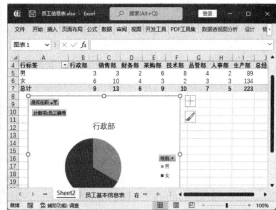

图 10-158　查看筛选结果

第9步 在数据透视图中单击【部门】下拉按钮，在弹出的下拉菜单中选中【品管部】复选框，然后单击【确定】按钮，如图 10-159 所示。

第10步 此时，数据透视表和数据透视图同时更改为品管部在职员工的性别分布情况，如图 10-160 所示。

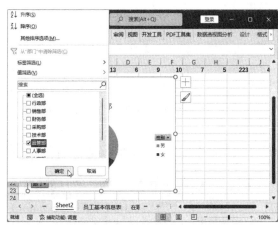

图 10-159　选中【品管部】复选框

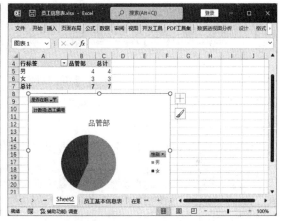

图 10-160　查看筛选结果

第11步 为了更方便地筛选，还可以添加切片器。选中数据透视表中的任意数据单元格，或者选择数据透视图，单击【数据透视图分析】选项卡【筛选】组中的【插入切片器】按钮，如图 10-161 所示。

第12步 打开【插入切片器】对话框，在列表框中选中【部门】复选框，单击【确定】按钮，如图 10-162 所示。

图 10-161　单击【插入切片器】按钮

> **温馨提示●**
> 如果选择了数据透视表，则需要单击【数据透视表分析】选项卡【筛选】组中的【插入切片器】按钮。

第13步● 返回工作表，在切片器中单击任意部门，即可筛选出该部门在职员工的性别分布情况，如图 10-163 所示。

图 10-162 选中【部门】复选框

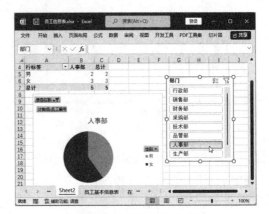

图 10-163 使用切片器筛选

10.3 固定资产折旧计算表

针对不同类型的固定资产，进行折旧计算的方法也有所不同。利用 Excel 创建一个动态的固定资产折旧计算表，可以根据不同的折旧方法动态计算固定资产折旧数据，避免一些不必要的重复劳动，从而大大提高工作效率。

实例效果如图 10-164 所示，最终效果见"结果文件\第 10 章\固定资产折旧计算表.xlsx"文件。

固定资产清单														
时间:	2023/7/11													
资产编号	资产名称	资产类别	规格型号	生产厂商	资产来源	启用时间	可用年限	资产状态	使用部门	折旧方法	资产原值	净残值率	资产残值	累计使用月数	本年折旧月数
15014	办公楼	房屋	5万平方米	自建	自建	2019/1/17	70	正常使用	二分公司	固定余额递减法	6,500,000.00	10%	650,000.00	53	11
15015	职工宿舍	房屋	10万平方米	自建	自建	2023/5/13	70	正常使用	二分公司	固定余额递减法	8,000,000.00	10%	800,000.00	1	7
15016	笔记本电脑	办公设备	V470	联想	购入	2019/3/2	5	正常使用	办公室	年限总和法	4,000.00	1%	40.00	51	9
15017	笔记本电脑	办公设备	V470	联想	购入	2023/4/6	5	正常使用	办公室	年限总和法	4,000.00	1%	40.00	2	8
15018	笔记本电脑	办公设备	A43	华硕	购入	2022/3/17	5	正常使用	销售部	直线法	4,300.00	1%	43.00	15	9
15019	笔记本电脑	办公设备	A43	华硕	购入	2021/4/20	5	正常使用	销售部	固定余额递减法	4,300.00	1%	43.00	26	8
15020	仓库	房屋	10万平方米	自建	自建	2019/4/5	70	正常使用	二分公司	固定余额递减法	5,000,000.00	10%	500,000.00	50	8
15021	厂房	房屋	20万平方米	自建	自建	2009/4/5	70	正常使用	二分公司	固定余额递减法	8,000,000.00	10%	800,000.00	170	8
15022	传真机	办公设备	FAX888	兄弟	购入	2020/2/20	8	正常使用	办公室	固定余额递减法	800.00	1%	8.00	39	9
15023	传真机	办公设备	FAX888	兄弟	购入	2020/3/20	8	正常使用	办公室	年限总和法	800.00	1%	8.00	39	9
15024	复印机	办公设备	IR2420	佳能	购入	2020/3/19	10	正常使用	办公室	年限总和法	5,800.00	1%	58.00	39	9
15025	复印机	办公设备	IR2420	佳能	购入	2023/3/19	10	正常使用	办公室	直线法	5,800.00	1%	58.00	3	9
15026	货车	运输工具	10吨	东风汽车	购入	2020/5/24	15	正常使用	销售部	双倍余额递减法	1,000,000.00	4%	40,000.00	37	7
15027	货车	运输工具	10吨	东风汽车	购入	2022/6/25	15	正常使用	销售部	双倍余额递减法	1,000,000.00	4%	40,000.00	12	6
15028	机床	生产设备	CA6136	沈阳机床厂	购入	2022/3/14	15	正常使用	二分公司	双倍余额递减法	60,000.00	3%	1,800.00	15	9
15029	机床	生产设备	CAK3675v	沈阳机床厂	购入	2020/3/21	15	正常使用	二分公司	双倍余额递减法	80,000.00	3%	2,400.00	39	9
15030	机床	生产设备	CAK6136	沈阳机床厂	购入	2021/6/7	15	正常使用	二分公司	双倍余额递减法	90,000.00	3%	2,700.00	24	8
15031	机床	生产设备	CAK63285	沈阳机床厂	购入	2021/9/15	15	正常使用	二分公司	双倍余额递减法	130,000.00	3%	3,900.00	21	8
15032	轿车	运输工具	别克	上海通用	购入	2020/2/15	15	正常使用	二分公司	年限总和法	1,000,000.00	4%	40,000.00	40	10
15033	台式电脑	办公设备	组装机	X电子公司	购入	2022/4/20	5	正常使用	办公室	直线法	3,800.00	1%	38.00	14	8
15034	台式电脑	办公设备	组装机	X电子公司	购入	2023/3/13	5	正常使用	办公室	直线法	3,500.00	1%	35.00	3	9

固定资产折旧计算表					
当前日期	2023/7/11	启用时间	2019/1/17	累计使用月数	53
资产编号	15014	资产来源	自建	资产折旧方法	固定余额递减法
资产名称	办公楼	可用年限	70	资产原值	6,500,000.00
资产类别	房屋	使用部门	二分公司	净残值率	10%
规格型号	5万平方米	资产状态	正常使用	净残值	650,000.00

固定资产折旧计算					
年份	年折旧额	年折旧率	月折旧额	月折旧率	累计折旧额	折余价值
0						6,500,000.00
1	190666.67	0.029333	15888.89	0.00244	190666.6667	6309333.333
2	201898.67	0.031061	16824.89	0.00259	392565.3333	6107434.667
3	195437.91	0.030067	16286.49	0.00251	588003.2427	5911996.757
4	189183.9	0.029105	15765.32	0.00243	777187.1389	5722812.861
5	183130.01	0.028174	15260.83	0.00235	960317.1505	5539682.85
6	177269.85	0.027272	14772.49	0.00227	1137587.002	5362412.998
7	171597.22	0.0264	14299.77	0.0022	1309184.218	5190815.782
8	166106.11	0.025555	13842.18	0.00213	1475290.323	5024709.677
9	160790.71	0.024737	13399.23	0.00206	1636081.032	4863918.968
10	155645.41	0.023945	12970.45	0.002	1791726.439	4708273.561
11	150664.75	0.023179	12555.4	0.00193	1942391.193	4557608.807
12	145843.48	0.022437	12153.62	0.00187	2088234.675	4411765.325
13	141176.49	0.021719	11764.71	0.00181	2229411.165	4270588.835
14	136658.84	0.021024	11388.24	0.00175	2366070.008	4133929.992
15	132285.76	0.020352	11023.81	0.0017	2498355.768	4001644.232

图 10-164　固定资产折旧计算表效果图

10.3.1　创建固定资产清单

制作固定资产折旧计算表的第一步是创建一张固定资产清单表格，操作方法如下。

第1步▶ 打开"素材文件\第 10 章\固定资产折旧计算表.xlsx"，在 B2 单元格中输入公式"=TODAY()"，按【Enter】键确认，计算出当前日期，如图 10-165 所示。

第2步▶ 选中 B4 单元格，单击【视图】选项卡【窗口】组中的【冻结窗格】下拉按钮，在弹出的下拉菜单中选择【冻结窗格】选项，如图 10-166 所示。

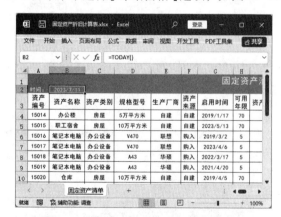

图 10-165　输入公式

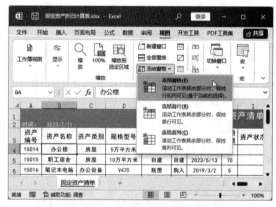

图 10-166　选择【冻结窗格】选项

第3步▶ 返回工作表，滚动工作表时，以所选单元格为基准，工作表部分行与列始终可见。在 I4 单元格中输入公式"=IF(AND(YEAR($B$2)=YEAR(G4),MONTH($B$2)=MONTH(G4)),"本月新增",IF((DAYS360(G4,$B$2))/365<=H4,"正常使用","报废"))"，按【Enter】键确认，得到资产状态，如图 10-167 所示。

第4步▶ 使用填充功能，将公式复制到 I5 到 I24 单元格，如图 10-168 所示。

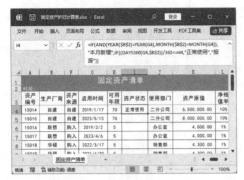

图 10-167　输入公式

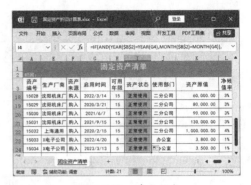

图 10-168　填充公式

第5步 在 M4 单元格中输入公式 "=K4*L4"，如图 10-169 所示。

第6步 按【Enter】键确认，然后使用填充功能，将公式复制到 M5 到 M24 单元格，如图 10-170 所示。

图 10-169　输入公式

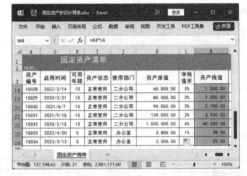

图 10-170　填充公式

第7步 在 N4 单元格中输入公式 "=IF(A4="","",IF(I4="本月新增",0,(YEAR($B$2)−YEAR(G4))*12+MONTH($B$2)−MONTH(G4)−1))"，按【Enter】键确认，然后使用填充功能，将公式复制到 N5 到 N24 单元格，如图 10-171 所示。

第8步 在 O4 单元格中输入公式 "=IF(I4="报废",0,IF(AND(YEAR(G4)<YEAR($B$2),YEAR($B$2)<YEAR(G4+H4)),12,12−MONTH(G4)))"，然后使用填充功能，将公式复制到 O5 到 O24 单元格，如图 10-172 所示。

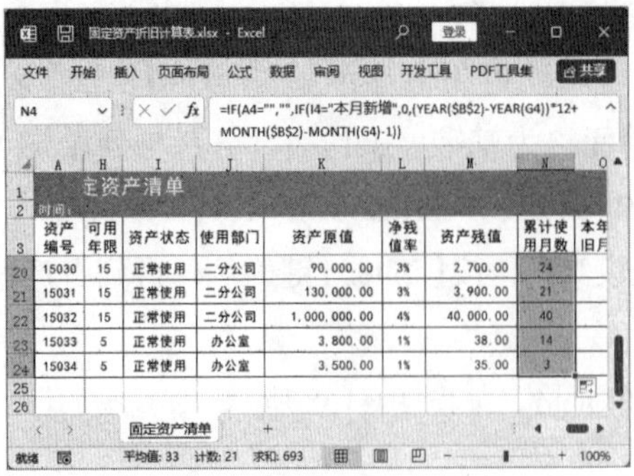

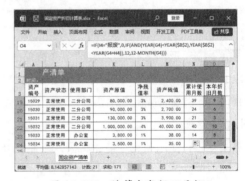

图 10-171　计算累计使用月数

图 10-172　计算本年折旧月数

10.3.2　创建辅助计算列并定义名称

在创建了固定资产清单之后，为了制作固定资产折旧计算表，还需要在其中添加辅助计算列。同时，需要定义名称，以便之后使用公式和函数时能够简化输入，操作方法如下。

第1步 ► 接上一例操作，在"固定资产清单"工作表中选中K列，右击，在弹出的快捷菜单中选择【插入】选项，如图 10-173 所示。

第2步 ► 可以看到在"资产原值"列前插入了空白列，在K3 单元格中输入文本"折旧方法"。选中K4:K24 单元格区域，单击【数据】选项卡【数据工具】组中的【数据验证】按钮，如图 10-174 所示。

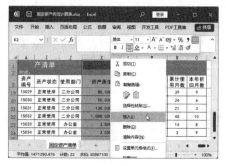

图 10-173　选择【插入】选项

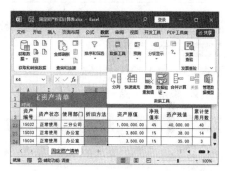

图 10-174　单击【数据验证】按钮

第3步 ► 打开【数据验证】对话框，在【设置】选项卡的【允许】下拉列表中选择【序列】选项，在【来源】文本框中输入"直线法,年限总和法,双倍余额递减法,固定余额递减法"（以英文状态下的逗号隔开），完成后单击【确定】按钮，如图 10-175 所示。

第4步 ► 返回工作表，选中设置了数据验证的单元格，单击该单元格右侧出现的下拉按钮▾，在弹出的下拉列表中选择需要输入的折旧方法即可，如图 10-176 所示。

图 10-175　设置数据验证

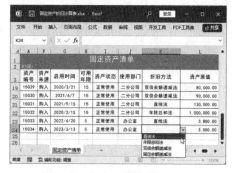

图 10-176　选择折旧方法

第5步 ► 选中A4:A24 单元格区域，单击【公式】选项卡【定义的名称】组中的【定义名称】按钮，如图 10-177 所示。

第6步 ► 打开【新建名称】对话框，在【名称】文本框中输入"资产编号"，在【范围】下拉列表中选择【工作簿】选项，在【引用位置】文本框中输入"=固定资产清单!$A$4:$A$24"，完成后单击【确定】按钮即可，如图 10-178 所示。

图 10-177　单击【定义名称】按钮

图 10-178　设置新建名称

10.3.3　使用公式和函数创建折旧计算表

完成上述操作后，就可以利用公式和函数制作出动态的固定资产折旧计算表了，操作方法如下。

第1步 单击工作表标签右侧的【新工作表】按钮＋，新建一张空白工作表，如图 10-179 所示。

第2步 双击默认工作表名称，输入"固定资产折旧计算表"，按【Enter】键重命名工作表，如图 10-180 所示。

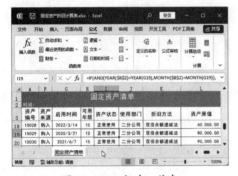

图 10-179　新建工作表

图 10-180　重命名工作表

第3步 在工作表中输入基本表格内容，适当设置文本格式、表格样式等，如图 10-181 所示。

第4步 在 B2 单元格中输入公式"=TODAY()"，按【Enter】键确认，如图 10-182 所示。

图 10-181　输入表格内容

图 10-182　输入公式

第5步 选中 B3 单元格，单击【数据】选项卡【数据工具】组中的【数据验证】按钮，如图 10-183 所示。

第6步 打开【数据验证】对话框，在【设置】选项卡的【允许】下拉列表中选择【序列】选项，在【来源】文本框中输入 "=资产编号"，然后单击【确定】按钮，如图 10-184 所示。

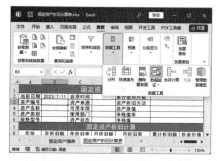

图 10-183　单击【数据验证】按钮

图 10-184　设置数据验证参数

第7步 返回工作表，选中 B3 单元格，单击该单元格右侧出现的下拉按钮 ，在弹出的下拉列表中选择需要输入的资产编号，如图 10-185 所示。

第8步 在 B4 单元格中输入公式 "=VLOOKUP($B$3,固定资产清单!$A:$P,2,FALSE)"，按【Enter】键确认，将数据从 "固定资产清单" 工作表引用到 "固定资产折旧计算表" 工作表中，如图 10-186 所示。

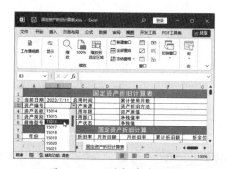

图 10-185　选择资产编号

图 10-186　输入公式

第9步 复制 B4 单元格中的公式到 B5 单元格，修改第 3 项参数 "2" 为 "3"（代表返回匹配值的列标，在 "固定资产清单" 工作表中查看），按【Enter】键即可得到资产类别参数，如图 10-187 所示。

第10步 使用相同的方法将其他数据引用到 "固定资产折旧计算表" 工作表中，如图 10-188 所示。

图 10-187　更改参数

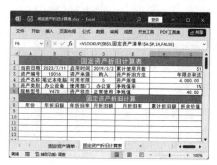

图 10-188　引用其他数据

第11步 在 A9 单元格中输入 "0"，在 A10 单元格中输入公式 "=IF((ROW()-ROW($A$9))<=$D$4,ROW()-ROW($A$9),"")"，按【Enter】键确认，如图 10-189 所示。

第12步 利用填充柄向下复制公式，根据固定资产可用年限和启用时间自动生成折旧计算的年份序列，如图 10-190 所示。

图 10-189　输入公式　　　　　　　　　图 10-190　填充公式

第13步 在 B10 单元格中输入公式 "=IF(A10="","",IF($F$3="固定余额递减法",DB($F$4,$F$6,$D$4,A10,12-MONTH($D$2)),IF($F$3="双倍余额递减法",DDB($F$4,$F$6,$D$4,A10),IF($F$3="年限总和法",SYD ($F$4,$F$6,$D$4,A10),SLN($F$4,$F$6,$D$4)))))"，按【Enter】键确认，如图 10-191 所示。

第14步 使用填充柄向下复制公式，根据当前资产的资产折旧方法计算出年折旧额，如图 10-192 所示。

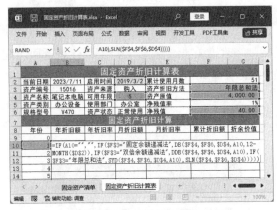
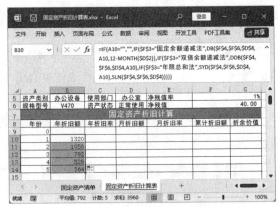

图 10-191　输入公式　　　　　　　　　图 10-192　填充公式

第15步 在 C10 单元格中输入公式 "=IF(A10="","",B10/$F$4)"，按【Enter】键确认，使用填充柄向下复制公式，得到年折旧率，如图 10-193 所示。

第16步 在 D10 单元格中输入公式 "=IF(A10="","",ROUND(B10/12,2))"，按【Enter】键确认，使用填充柄向下复制公式，得到月折旧额，如图 10-194 所示。

图 10-193 计算年折旧率　　　　　图 10-194 计算月折旧额

第17步● 在 E10 单元格中输入公式"=IF(A10="","",ROUND(C10/12,5))"，按【Enter】键确认，使用填充柄向下复制公式，得到月折旧率，如图 10-195 所示。

第18步● 在 F9 单元格中输入"0"，在 F10 单元格中输入公式"=IF(A10="","",B10+F9)"，按【Enter】键确认，使用填充柄向下复制公式，得到累计折旧额，如图 10-196 所示。

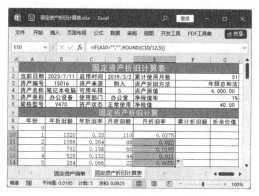

图 10-195 计算月折旧率　　　　　图 10-196 计算累计折旧额

第19步● 在 G9 单元格中输入公式"=$F$4"，按【Enter】键确认，如图 10-197 所示。

第20步● 在 G10 单元格中输入公式"=IF(A10="","",$G$9-F10)"，按【Enter】键确认，使用填充柄向下复制公式，得到折余价值，如图 10-198 所示。

图 10-197 输入公式　　　　　图 10-198 计算折余价值

第21步► 因为选择的资产编号"15016"使用年限只有 5 年，所以下方的固定资产折旧计算只有 5 年的数据。重新选择资产编号，如"15014"，如图 10-199 所示。

第22步► 利用填充柄将 A10 到 G10 单元格中的公式向下复制到需要的位置，即可查看其他年限的折旧数据，如图 10-200 所示。

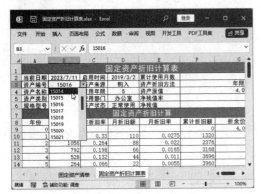

图 10-199　选择资产编号

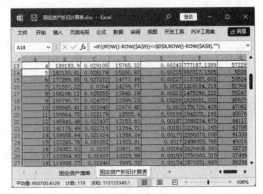

图 10-200　填充数据

本章小结

在本章综合案例中，通过数据分析和处理的方法，我们深入了解了数据分析的过程和工具，以及如何运用它们来解决实际问题。在制作案例时，使用各种分析方法和工具，如统计分析、图表、数据透视表和函数，对数据进行深入分析和解释。在不断发展和变化的商业环境中，数据分析和处理的重要性愈发突显。它可以帮助我们洞察市场动态、优化业务流程、发现潜在问题和机会，并为企业的长期发展提供战略指导。通过持续学习和实践数据分析的技能，可以更好地理解和应对复杂的商业挑战，为企业的成功和创新做出贡献。